机械设备混合智能故障诊断与预测

徐增丙　轩建平　王志刚　熊雯　严育才 ◎ 著

JIXIE SHEBEI HUNHE ZHINENG GUZHANG ZHENDUAN YU YUCE

華中科技大學出版社
http://press.hust.edu.cn
中国 · 武汉

内容简介

故障诊断与预测对保障机械设备安全稳定运行具有重要作用和意义。本书面向机械设备智能运维和健康管理，阐述了数据驱动的设备故障智能诊断与预测的概念，基于机器学习、深度学习、迁移学习的故障诊断与预测方法，重点阐述了无监督浅层机器学习的混合智能诊断、有监督浅层机器学习混合智能诊断、混合深度学习智能诊断、浅层机器学习和深度学习迁移诊断、多模式故障预测等方法，利用相关案例进行了验证分析，涵盖了机械设备从传统浅层机器学习到深度学习的混合智能故障诊断与预测的新方法。

本书可供高等院校、科研机构及企业中从事机械设备故障诊断、预测及维护等的研究人员使用，也可作为高等院校机械工程、控制工程、自动化及系统工程等专业的教师、研究生和高年级本科生的教材或参考书。

图书在版编目(CIP)数据

机械设备混合智能故障诊断与预测/徐增丙等著.—武汉：华中科技大学出版社，2023.7
ISBN 978-7-5680-9901-1

Ⅰ.①机…　Ⅱ.①徐…　Ⅲ.①机械设备-故障诊断　Ⅳ.①TH17

中国国家版本馆 CIP 数据核字(2023)第 143360 号

机械设备混合智能故障诊断与预测
Jixie Shebei Hunhe Zhineng Guzhang Zhenduan yu Yuce

徐增丙　轩建平　王志刚　熊　雯　严育才　著

策划编辑：张　毅
责任编辑：李曜男
封面设计：廖亚萍
责任监印：朱　玢
出版发行：华中科技大学出版社(中国·武汉)　电话：(027)81321913
武汉市东湖新技术开发区华工科技园　邮编：430223
录　　排：武汉正风天下文化发展有限责任公司
印　　刷：武汉市洪林印务有限公司
开　　本：710mm×1000mm　1/16
印　　张：13.25
字　　数：250 千字
版　　次：2023 年 7 月第 1 版第 1 次印刷
定　　价：79.00 元

华中出版

前　　言

故障诊断与预测是保障机械设备安全稳定运行的重要手段，一直是机械设备健康管理与智能运维的研究热点和难点。随着计算机技术和工业互联网技术的发展，为了保障企业生产设备安全稳定运行，一些关键机械设备配置了状态监测系统，从而获取了大量反映机械设备状态的传感信号，因此数据驱动的故障诊断与预测方法的研究已成当前设备故障诊断领域研究的热点。

信号处理的故障诊断方法主要是从信号中提取故障特征参数，通过与设备故障类型对应的特征参数进行比对，实现设备故障的诊断分析。该方法需事先明晰设备故障机理，而事实上，机械设备的结构复杂性、层次性、多场耦合性等多种复杂因素导致很多故障机理不明确。随着人工智能技术的发展，基于人工智能的智能故障诊断方法因不需了解设备故障机理而为解决设备故障诊断的问题提供了一种重要途径，但传统智能故障诊断方法面临故障数据样本少、噪声强、工况多变、单一智能诊断模型有局限性等问题，导致诊断精度和鲁棒性不足。混合智能故障诊断方法应运而生，通过融合各种智能方法的优势，提高了设备故障诊断的精度和鲁棒性。

本书对混合智能故障诊断方法的概念进行了简单介绍，重点阐述了无监督混合智能诊断、有监督混合智能诊断、混合深度学习智能诊断、迁移诊断和混合智能故障预测等方法，涵盖了机械设备从传统的浅层机器学习到深度学习的混合智能故障诊断和预测的方法及技术。本书可供高等院校、科研机构及企业中从事机械设备故障诊断、预测及维护等的研究人员使用，也可作为高等院校机械工程、控制工程、自动化及系统工程等专业的教师、研究生和高年级本科生的教材或参考书。

本书主要在多项国家自然科学基金、企业横向课题等的支持下完成，融入了团队多年的科研成果。本书第 1～7 章全部由徐增丙独立撰写，其中第 1 章～第 3 章得到了轩建平老师的指导，第 4 章～第 6 章得到了王志刚和熊雯老师的指导。本书由严育才负责统稿。王英、唐鑫雨、孟飞、李小娟、谭俊杰、刘冬冬等研究生也在本书的撰写过程中做了大量工作，在此向他们表示感谢！本书参考了大量已发表的相关文献，在此对有关作者表示衷心的感谢！

由于本书涉及的学科与内容广泛，很多相关技术与应用仍处于发展和完善阶段，同时由于作者水平有限，书中难免有错误与不妥之处，敬请各位读者与专家批评指正。

目　　录

第1章 绪　论

故障诊断与预测是机械设备故障预测与健康管理的关键,也是保障机械设备安全稳定运行的基础。当前,数据驱动的故障智能诊断与预测方法因设备状态监测数据获取方便且不需关注机械设备故障机理而被广泛应用,一直是设备故障诊断领域的研究热点。

数据驱动的故障智能诊断与预测方法在对机械设备故障进行诊断与预测分析时,一直面临着无标签故障数据样本、少故障数据样本、数据样本不均衡、强噪声等系列问题。传统单一的智能诊断方法的自身局限性常导致设备故障诊断与预测精度和鲁棒性有待提高。混合智能故障诊断与预测方法因能综合利用各种智能方法的优势,有效缓解了这个问题,因此成为当前机械设备故障诊断领域新的研究方向和热点。本章在给出混合智能故障诊断与预测的概念的基础上,阐述了其意义、研究内容和研究现状,并介绍了本书的结构体系与特点。

1.1 混合智能故障诊断与预测的概念

机械设备是高新技术行业和国防现代化发展的载体和战略基础。在交通、石化、能源、电力、冶金、航空航天等国家重点行业和武器装备领域,复杂的机械设备(如火力发电和核电机组、大型化工设备、船舶、轧机成套设备、高速列车、飞机、核潜艇等)都在被广泛应用。随着智能化、无人化的发展,这些机械设备的结构越来越复杂、零部件越来越多,零部件之间的联系也更加紧密,但随着服役时间增长以及工况复杂多变和恶劣工作环境影响,机械设备故障时常发生。某个零部件发生故障,可能导致其他零部件发生故障,进而可能导致整个机械设备性能发生劣化甚至损坏,轻则导致生产停工,造成经济上的重大损失,重则出现机毁人亡的严重后果。古今中外,机械设备发生故障导致灾难性后果的事例不胜枚举。

状态监测与故障诊断是保障机械设备安全稳定运行的重要技术手段。为保障设备安全稳定运行,关键机械设备均配有规模、大小不等的状态监测系统:三一重工为不同型号、不同系列泵车、起重机等近10万台设备配置了标准的监测系统,实现了设备状态的远程在线监控;武钢集团对多个轧钢生产线的工作状态进行了在线监测。由于监测的设备群规模大、测点多、测点的采样频率高、从开始服役到寿命终止的数据采样时间长,监测系统获取的是反映机械设备状态的大数据。该数据除了拥有一般大数据的数据量大、多样、高速率、易变等四个特点外，还具有低密度、高维度、非线性、数据不平衡以及低信噪比等特点。因此，研究如何有效利用这些数据对设备状态进行诊断和预测分析，具有重要的理论意义和应用价值。

数据驱动的故障诊断方法因监测数据获取方便且不需关注设备故障机理而被广泛应用，主要特点就是利用信号分析、机器学习、深度学习等对设备状态信号进行分析处理，从而找出故障特征和故障类型。信号处理方法常因监测的信号含有强噪声、强非线性和强非平稳性等导致提取的故障特征参数不准确，进而导致误诊；基于浅层机器学习和深度学习的智能故障诊断方法能建立特征参数与故障类型的映射关系，从而使故障诊断的精度更高、鲁棒性更强。

目前，基于浅层机器学习和深度学习的智能故障诊断方法因无须了解设备的故障机理且诊断过程智能而得到广泛研究，在相关的理论及工程应用研究方面均取得了令人瞩目的成就。虽然这些单一的智能诊断方法在某些特定的条件和场合下表现了出色的诊断能力，但它们仍有局限性(如诊断精度、泛化能力和通用性等仍有待提高)，从而限制了它们的应用：单一智能诊断方法存在的缺陷多样，如浅层机器学习和深度学习模型需要的训练故障样本较多且不能涵盖所有故障类型；忽略了领域专家的诊断经验知识；存在知识获取“瓶颈”、知识“窄台阶”、匹配冲突、组合爆炸及无穷递归等问题；权重形式的知识表达方式难以理解。若要解决这些问题，需一种新的思路和新的方法，综合利用不同人工智能方法的优势和互补性并结合不同的特征抽取方法的混合智能故障诊断方法应运而生。

混合智能技术研究始于 90 年代初，是人工智能领域的一个令人瞩目的研究方向，其主要特点就是综合利用不同智能技术的优势和互补性解决单一智能技术存在的问题，取得比单一智能技术更好的效果。基于此特点，混合智能技术也广泛应用于机械设备故障诊断与预测，取得了良好的诊断和预测效果。目前混合智能故障诊断与预测方法已受到国内外许多学者的青睐，取得了一定的研究进展。部分学者对混合智能故障诊断与预测方法进行了初步定义，但仍没有一个统一的、明确的定义。鉴于前人学者的相关研究成果，本书给出了机械设备混合智能故障诊断与预测的定义：结合先进的故障特征提取方法，利用不同人工智能方法(如浅层机器学习、深度学习等)的优势和互补性，并基于优势互补原则，利用相关融合机制，构建混合智能故障诊断与预测模型，以期实现机械设备故障诊断与预测精度和鲁棒性的提升。本书提出的混合智能诊断方法不仅能有效地提高故障诊断的鲁棒性、精确性，降低误诊率和漏诊率，而且能在不用理解机械设备故障机理的条件下，为维护人员提供准确的诊断决策。

1.2 混合智能故障诊断与预测的意义

机械设备在长期运行过程中受工作环境恶劣、工况复杂多变等因素影响，时常发生故障，因此开展设备故障诊断与预测的研究对设备实现“近零故障”的安全稳定运行具有重要意义。

复杂机械设备结构复杂、参数和结构的不确定、机理的复杂性、强耦合性、动态时变特性，以及所处工作环境和工作任务复杂，使设备故障具有复杂性、不确定性、多故障并发性、微弱性、层次性、相关性、延时性等特性，进而使机械设备状态监测的故障信号具有强非线性、非平稳性、微弱性、强噪声等。传统的“基于信号处理＋浅层机器学习模型”的智能诊断方法在进行故障诊断分析时，需人为地依靠信号处理和经验进行特征参数提取，然后利用浅层机器学习模型进行诊断分析。信号处理方法需在深入理解信号特性的基础上进行特征参数的提取，在面对多工况交替、故障信息耦合严重、模式不明且多变、强非线性、强非平稳性、强噪声等机械信号时，提取的典型特征参数“力不从心”，从而导致基于浅层机器学习模型的诊断能力及泛化性能均有不足；而具有自动抽取特征参数且具有“端到端”故障诊断能力的深度学习方法在进行诊断分析时，需要大量数据样本进行学习，而实际的工程应用中大量故障数据样本是很难获取到的，从而导致深度学习模型的诊断能力受限。

众所周知，单一智能技术均有自己的优势和劣势，因此单一智能故障诊断方法有局限性，在对这些机械设备的故障进行诊断与预测分析时存在诊断精度、鲁棒性及通用性不足的问题。混合智能故障诊断与预测方法能集众多智能方法之所长，缓解单一智能诊断方法的局限性，从而有效提升了机械设备故障诊断的能力。因此，如何有效融合各种智能诊断方法，构建混合智能故障诊断与预测模型，对提升机械设备故障诊断与预测的精度和鲁棒性具有重要意义。

1.3 混合智能故障诊断与预测的研究内容

机械设备混合智能故障诊断与预测的方法就是利用先进信号处理方法或深度学习模型提取特征参数，然后结合多种智能技术，融合而成混合智能诊断与预测模型，实现设备故障的诊断与预测分析，如图1.1所示。因此，混合智能故障诊断与预测方法的主要研究内容包括以下三个方面。

1）特征参数提取

特征参数提取是机械设备故障诊断的基础，它直接关系着机械设备故障诊断

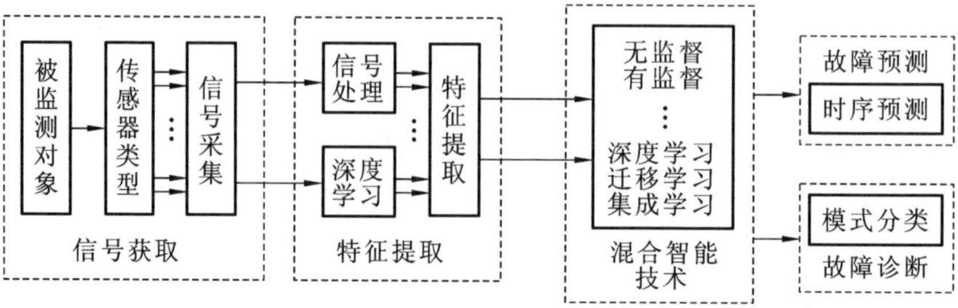

图 1.1 机械设备混合智能故障诊断与预测框架

和预测的准确性。特征参数的主要作用是描述设备故障状态信息，其优劣性直接决定了设备故障诊断与预测精度。不同的信号处理方法从不同角度提取故障特征参数，如常用的时域和频域统计分析、傅里叶变换和短时傅里叶变换、小波和小波包分析、时间序列分析、经验模式分解(EMD)等。不同的信号处理方法对不同的信号的处理能力也不同，机械设备状态信号常具有强非线性、强非平稳性、微弱性、耦合性、强噪声等特点，故障特征往往复杂且不明显，因此研究多种不同信号处理方法的联合使用将有利于从不同角度提取更多故障特征参数。另外，这些信号处理方法常依靠人工经验提取特征参数，增加了特征参数的不确定性，进而影响了故障诊断的稳定性。深度学习模型可以通过从大量数据样本中自动抽取故障表征参数，无须人工参与，因此如何构建深度学习模型从信号中自动提取特征参数也是特征参数提取的主要研究内容之一。

2）混合智能故障诊断方法

机械设备的状态信号不仅复杂(强非线性、非平稳性、故障微弱性、强噪声等)，而且可能无法得知机械设备故障数据样本的故障类型，甚至故障数据样本少、数据样本不平衡等，从而导致设备故障诊断异常困难。故障诊断的本质就是模式识别，机械设备故障的复杂多样性使单一智能诊断模型难以进行高精度识别分析，而基于优势互补理念的混合智能诊断模型则可有效地进行诊断分析。因此，针对机械设备故障复杂性问题，在分析故障信号特性的基础上，协同使用具有不同优势的单个智能诊断模型分别进行诊断分析，然后结合相应的融合机制，构建混合智能诊断模型，从而提升设备故障诊断的精度和鲁棒性，降低误诊率和漏诊率是混合智能故障诊断方法的主要研究内容。

3）混合智能故障预测方法

数据驱动的故障预测主要就是根据机械设备当前的性能指标参数，利用相关的时间序列预测方法对设备性能指标参数的退化趋势进行预测分析，以期为设备的故障状态进行预测，减少故障发生及停产现象的出现，实现设备“近零故障”。由于机械设备动态行为演变复杂且性能退化数据样本少，单一的智能故障预测方法对设备的性能指标参数进行预测分析时可能因预测模型自身局限性而导致预测精度不高。因此，利用各种预测模型的优势，研究预测模型的改进策略或多种预测模型的融合机制，提升设备性能指标预测的精度，是混合智能故障预测方法的关键研究内容。

1.4 混合智能故障诊断与预测的研究现状

混合智能故障诊断与预测方法能综合利用不同智能诊断方法之间的差异性和互补性，提高了故障诊断和预测的通用性和准确性，被广泛应用于机械设备故障诊断领域。目前，国内外学者均已对该方法开展了广泛研究，在基于浅层机器学习和深度学习的混合智能故障诊断与预测方面取得了较大进展。

1.4.1 基于浅层机器学习和深度学习的混合智能故障诊断方法

基于浅层机器学习的混合智能故障诊断方法的主要特点就是利用信号处理方法提取特征参数，然后结合混合的浅层机器学习模型进行故障诊断分析，在国内外均已得到了广泛应用。例如，国外学者用主分量分析法对输入特征参数的维数进行约减后，输入由神经网络和模糊 C 均值聚类混合而成的诊断模型，可实现腐蚀系统故障诊断精度的大幅提升；将 ART-Kohonen 神经网络和案例推理技术结合，可提升感应马达故障诊断的诊断能力。利用距离评估技术对从齿轮振动信号中提取的特征参数进行优化和权重提取后，结合加权的 K 近邻法，可对不同深度裂纹状态进行有效的诊断分析；利用遗传算法对从振动信号中提取的多个时域特征参数进行优选后，输入至 SVM 模型可对齿轮故障进行有效的诊断分析；利用决策树法对从信号中提取的时域特征参数进行优化后，输入 Proximal SVM 模型可提升轴承故障的诊断精度；利用遗传编程技术对轴承故障特征参数进行组合并输入 SVM 网络模型，可实现轴承不同故障状态的高精度诊断分析。利用遗传算法对 SVM 的结构参数进行优化，可实现多类故障高精度的识别分析；利用遗传算法对小波函数的阶数、分解层数和 MLP 网络的隐含层节点个数的优化，可实现齿轮故障诊断精度的提升。运用 Dempster-Shafer 理论将基于电流信号的神经网络和基于振动信号的神经网络模型的诊断结果进行融合，可提升感应马达故障诊断的准确性；从振动和电流信号中提取相关的特征参数，结合多个分类器模型建立基于多代理融合的诊断模型，也可获取较高的诊断精度。

在国内，许多学者对基于浅层机器学习的混合智能诊断方法进行了广泛研究和应用，取得了一定的成果。例如，利用模糊 C 均值算法离散连续属性获得各聚类中心以及属性值隶属于各聚类中心的隶属度矩阵，然后结合粗糙集方法从历史数据中挖掘故障诊断知识，可以实现汽轮机轴系故障诊断分析；将粗糙集理论、奇异值分解和模糊C均值聚类等方法进行综合，可有效地实现Bently转子不平衡、碰摩及油膜涡动等故障的高精度诊断分析。运用人工免疫算法对支持向量机（SVM）的参数进行优化，可对涡轮机故障进行有效诊断分析。结合多传感器信息，利用基于粗糙集约简的参数优化法建立神经网络模型结构，可实现踏面擦伤故障的诊断分析；运用小波变换方法对声强信号进行分解并提取发动机故障状态的各频带特征向量，输入组合神经网络模型，实现了丰田发动机故障的高精度诊断分析；运用距离评估技术对改进小波包分析提取的特征参数进行优选，并输入集成支持向量机进行诊断分析，实现了轴承故障的高精度高可靠诊断分析。

显然，运用信号处理方法（如时频谱分析、包络谱分析、短时傅里叶变换、小波分析、经验模式分解等）进行特征参数提取，并结合特征参数优化方法输入K近邻算法、支持向量机、人工神经网络等无监督、有监督或参数优化的有监督及集成的浅层机器学习模型，形成混合智能诊断模型进行诊断分析，均取得了良好的诊断效果。虽然这些信号处理方法在弱非线性信号的特征参数提取方面取得了较好的效果，但对强非线性信号的提取能力较差，且只有事先掌握设备故障机理才能提取更优特征参数。另外，浅层机器学习模型进行诊断分析时需人为地依靠经验提取特征参数，且特征参数与浅层机器学习模型匹配合适时才能提升故障诊断精度，从而导致基于浅层机器学习的智能诊断模型的诊断精度和鲁棒性仍有提升空间。

随着人工智能技术的发展，深度学习方法被提出并发展起来，其通过构建深层次的网络模型，从海量的训练数据样本中学习隐含的表征参数，建立表征参数与故障类别之间复杂的映射关系，即从大数据中自动提取特征参数，减少对专家故障诊断经验和信号处理技术的依赖，降低传统浅层机器学习诊断方法因人工参与导致特征提取和故障诊断之间的不确定性，从而实现设备“端到端”的故障诊断和预测分析，非常适合大数据背景下多样性、非线性、高维监测数据的诊断需求。基于此优点，国内外学者对其开展了深入的理论和应用研究，发展了多种深度学习模型，如典型的深层卷积神经网络（DCN）、深层堆栈降噪编码（SDA）、深度信念网络（DBN）等，并已在机械设备故障诊断领域得到了广泛应用。例如，通过DBN对轴承原始振动信号进行分析，可实现轴承故障的智能识别，效果明显优于传统浅层机器学习诊断模型；利用基于Teager能量算子（TEO）和DBN故障诊断方法，不仅可提取滚动轴承振动信号中的瞬时能量，而且能有效地对轴承故障进行诊断分析；将用奇异值分解法（SVD）提取的故障特征输入DBN模型，可有效地提高轴承故障的识别精度。将频域信号输入深度去噪自动降编码（DAE）模型，可实现齿轮故障的高精度诊断分析；利用快速傅立叶方法将振动信号转换为频域信号并输入DBN中，可实现高速列车不同故障的诊断分析。将振动信号转换成二维图像并利用定向梯度直方图提高图像质量，然后结合 DBN 可对转子系统故障进行诊断分析；通过 DCN 对轴心轨迹图进行分析，可实现旋转机械不同故障类型的诊断分析；将振动信号转换为二维图像并输入 CNN 模型，可实现轴承故障的高精度诊断分析；利用 S 变换将一维时序信号转换为二维时频图像并输入 CNN，可实现齿轮箱故障的高精度诊断分析。综合 DBN 和 CNN 的优势构建改进的卷积深度信念网络(CDBN)的故障诊断模型，并结合基于压缩感知的振动信号，可有效提高诊断模型的泛化能力和精度；将去噪编码融入稀疏自动编码器形成的深度神经网络模型(SDA)，可实现感应电动机故障的高精度诊断分析；利用稀疏自编码构建深度神经网络模型，可对故障特征进行自动提取并进行故障诊断分析。显然，这些深度学习模型结合一维时域信号、频域信号或二维信号可以有效地对故障进行诊断分析，但它们需要大量训练样本进行学习，且没有考虑实际故障样本少及数据样本不平衡的问题，因此诊断能力和诊断精度仍有待提升。

因此，国内外研究者对混合深度学习方法展开了研究，以期进一步提高深度学习模型的诊断精度。例如，基于声、振信号的深度随机森林融合方法和基于不同征兆域的多模式深度 SVM 融合方法，均可进一步提升齿轮故障诊断精度；基于多传感器融合的 DBN 模型，可进一步提升设备健康状态的诊断精度；将从不同传感器振动信号中提取的时域特征和频域特征进行融合并输入稀疏自动编码机(SAE)和 DBN 相结合的诊断模型，可提升轴承故障的诊断精度；将三个传感器信号的时频图融合并输入 CNN 诊断模型，可实现设备故障的高精度强鲁棒性诊断分析。考虑到 CNN 提取局部特征的局限性，将小波变换分解的不同频带子信号作为动态集成 CNN 的输入，可有效提升轴承故障诊断的精度。虽然这些融合了多个传感器、特征参数或深度学习模型的混合深度学习故障诊断模型可以提高故障诊断的准确率和泛化能力，能在一定程度上有效解决数据样本少、含噪强、样本不均衡等导致诊断精度低的问题，但诊断精度提升空间仍有限；而且诊断分析过程也没有考虑测试数据样本与训练数据样本是否满足独立同分布条件，导致诊断精度仍不足。

迁移学习是运用已存(源域)知识对不同但相关领域(目标域)问题进行求解的一种学习方法，它放宽了传统机器学习中的两个基本假设：①用于学习的训练样本与测试样本满足独立同分布条件；②必须有足够可利用的训练样本。目的是将从源域中学习的诊断或预测知识转移至目标域目标任务以期解决少数据样本或变工况下故障诊断或预测精度低的问题。基于此特点，国内外许多研究者将迁移学习融入各种浅层机器学习模型之中开展了深入研究，并广泛应用于设备故障诊断领域。例如，建立基于迁移因子的 SVM 诊断模型，解决了工况变化导致轴承故障诊断精度低的问题，且精度明显优于无迁移机制的 SVM 模型；结合基于奇异值分析提取的特征参数，利用 TrAdaBoost 迁移算法对不同工况下的轴承故障进行诊断分析，实现了少数据样本下的诊断精度提升；将迁移学习方法与LSSVM结合，通过在LSSVM分类器的目标损失函数中添加源域数据样本误差惩罚项，建立了样本迁移的LSSVM模型，实现了模拟电路故障诊断精度的提升。

后来，迁移学习也融入深度学习之中并得到了深入研究，在故障诊断领域也得到了广泛应用。例如，结合不同数据集之间的关联特征参数，建立了基于深度迁移学习的网络模型，解决了少数据样本、场景多变下电力设备识别精度低的问题；建立基于高阶KL散度(HKL)的域自适应堆栈自编码神经网络模型，解决了变工况下轴承故障诊断难题；建立了模型参数迁移的AlexNet网络模型，实现了变工况少样本下齿轮故障的高精度诊断分析；建立参数迁移的网络模型，实现了变工况轴承的高精度诊断分析。建立基于Hilbert-Huang谱和预训练VGG16模型的迁移学习故障诊断方法，解决了小样本下齿轮故障诊断难题。显然，基于迁移学习的浅层机器学习模型和深度学习模型在一定程度上不仅可以有效解决少数据样本下的故障诊断难题，而且可以实现变工况下设备故障诊断精度的提升。

1.4.2 基于浅层机器学习和深度学习的混合智能故障预测方法

数据驱动的故障预测方法的主要方法之一就是利用时间序列的预测方法对设备的健康状态指标参数进行预测分析，预测的指标参数达到设定的阈值被认为发生故障或达到寿命极限。单个预测方法因其自身缺点常导致预测精度不高，为了提高预测精度，混合智能故障预测方法引起了许多学者的高度关注。

在基于浅层机器学习的混合智能故障预测方面，国内外学者做了大量工作，各种混合智能预测模型相继被提出并得到了广泛应用。例如，结合单个预测模型构建线性和非线性组合预测模型，通过综合各单个预测模型的预测结果，从而获取最终的预测结果，有效提升了单个预测模型的预测精度；将线性回归(LR)、滑动平均自回归(ARMA)及前馈神经网络(FNN)等预测模型进行综合，实现了机床热变形误差的有效预测分析。将Fuzzy ART的“自适应”和GRNN模型的优势进行结合，建立自适应神经网络预测模型，实现了预测精度的有效提升；将自适应共振理论(ART)和对向传播神经网络结合，构建基于软竞争机制的自适应神经网络模型，可以使其预测性能明显优于对传神经网络模型。运用遗传算法优化神经网络模型，实现了机床热变形的高精度预测分析；建立基于进化算法的支持向量机预测模型，通过进化算法优化支持向量机的参数，实现了预测精度的大幅提升。建立基于自适应模糊C均值的健康状态评估特征参数，通过支持向量机对健康状态评估参数的追踪，实现了滚动轴承剩余寿命(RUL)预测分析；利用主成分分析对时域高维特征集进行约简并输入基于粒子群优化的支持向量机模型，实现了设备退化趋势的预测分析；利用深度置信网络模型构建设备健康因子并输入改进的粒子滤波模型，实现了航空发动机 RUL 预测分析；利用随机森林（RFs）、分类回归树（CART）、递归神经网络（RNN）、自回归（AR）模型、自适应网络模糊推理系统（ANFIS）和关联向量机（RVM）分别进行预测分析，并结合基于粒子群优化（PSO）和顺序二次优化（SQP）的权重分配法构建集成预测模型，实现了设备 RUL 的预测分析；建立基于改进灰色系统—支持向量机—神经模糊系统的智能混合预测模型，利用改进灰色系统弱化数据序列波动性、支持向量机处理小样本和模糊神经系统处理非线性模糊信息的优点分别进行趋势预测分析，并通过改进遗传算法对这三者的预测结果进行自适应加权组合，实现了机组振动趋势的有效预测分析。

在基于深度学习的混合智能故障预测方面，国内外学者也做了大量深入研究，并取得了一定的成果。例如，将不同类型传感器信号输入长短时记忆（LSTM）神经网络模型，实现了设备 RUL 的预测分析；将水平和垂直加速度信号作为一维卷积神经网络（CNN）的输入，实现了轴承 RUL 预测分析；建立基于长短时记忆和 Elman 神经网络的混合预测模型，实现了锂离子电池的 RUL 预测分析；结合多个深度学习预测模型，建立基于动态权重更新的加权平均融合预测模型，提高了设备 RUL 预测的泛化能力和精度；利用堆叠式自动编码器（SAE）、卷积神经网络（CNN）和长短时记忆（LSTM）等三种基预测模型，结合加权平均融合机制构建集成预测模型，实现了设备 RUL 预测性能的提升。

随着迁移学习技术的发展，基于迁移的浅层机器学习和深度学习预测模型均已得到发展。例如，利用源域历史电力负荷数据，结合聚类算法和门控循环单元网络构建特征迁移的预测模型，解决了目标域小样本下的电力负荷预测精度低的问题；建立基于迁移学习的残余序列网络模型，实现了旋转机械 RUL 预测精度的提升；结合基于收缩自编码提取的特征参数，构建基于迁移成分分析的 LSSVM 预测模型，实现了轴承 RUL 预测精度提升；建立基于迁移学习的双向短时记忆（BLSTM）递归神经网络预测模型，解决了少样本下设备 RUL 预测精度低的问题。

1.5　本书的结构体系与特点

综上可知，基于浅层机器学习和深度学习的混合智能诊断与预测方法在对设备故障进行诊断和预测分析时，混合无监督浅层机器学习和混合有监督浅层机器学习可有效地对无标签和有标签数据样本进行高精度强鲁棒性诊断分析；混合深度学习的故障诊断方法可以在自动提取特征参数的基础上实现设备故障的高精度高可靠诊断分析；基于迁移的浅层机器学习和深度学习可有效地对少样本和变工况设备故障进行高精度诊断分析。基于浅层机器学习和深度学习的混合预测方法及基于迁移的浅层机器学习和深度学习的预测方法可对设备故障进行高精度预测分析。鉴于此，本书将紧密围绕混合智能故障诊断方法，系统地从无监督、有监督、深度学习、迁移学习、时序预测等方面介绍不同混合智能故障诊断与预测方法，各章节内容安排如下。

第 1 章主要就书中涉及的混合智能故障诊断的概念、意义、研究内容和国内外研究现状等进行介绍。

第 2 章主要介绍基于自适应共振理论的模糊相似性(ART 模糊相似性)、软竞争 ART 模糊相似性、集成软竞争 ART 模糊相似性等无监督的混合智能故障诊断方法。

第 3 章主要介绍加权的 Fuzzy ARTMAP、混合竞争的 Fuzzy ARTMAP 和集成的 Fuzzy ARTMAP 等有监督的混合智能故障诊断方法。

第 4 章主要介绍多元信息融合深度度量学习、多尺度图像信息融合的胶囊神经网络、多尺度特征融合的 ViT 等混合深度智能故障诊断方法。

第 5 章主要介绍样本迁移的浅层机器学习、特征迁移的深度学习等迁移故障诊断方法。

第 6 章主要介绍改进的灰度模型、组合神经网络、深度迁移预测等混合智能预测方法。

第 7 章主要介绍混合智能故障诊断与预测方法的总结及展望。

参考文献

[1] LEE J, WU F, ZHAO W, et al. Prognostics and health management design for rotary machinery systems—Reviews, methodology and applications[J]. Mechanical Systems and Signal Processing, 2014, 42(1-2): 314-334.

[2] 王国彪，何正嘉，陈雪峰，等.机械故障诊断基础研究“何去何从”[J].机械工程学报，2013，49(01):63-72.

[3] 雷亚国，贾峰，周昕，等.基于深度学习理论的机械装备大数据健康监测方法[J].机械工程学报，2015，51(21):49-56.

[4] 徐增丙.基于自适应共振理论的混合智能诊断方法及其应用[D].华中科技大学，2009.

[5] YANG B S, HAN T, KIM Y S. Integration of ART-Kohonen neural network and case-based reasoning for intelligent fault diagnosis[J]. Expert Systems with Applications, 2004, 26(3): 387-395.

[6] LEI Y, ZUO M J. Gear crack level identification based on weighted K nearest neighbor classification algorithm[J]. Mechanical Systems & Signal Processing, 2009, 23(5): 1535-1547.

[7] SAMANTA B. Gear fault detection using artificial neural networks and support vector machines with genetic algorithms[J]. Mechanical Systems and Signal Processing, 2004, 18(3): 625-644.

[8] GUO H, JACK L B, NANDI A K. Feature generation using genetic programming with application to fault classification[J]. IEEE Transactions on Systems, Man, and Cybernetics, 2005, 35(1): 89-99.

[9] YANG B S, KIM K J. Application of Dempster-Shafer theory in fault diagnosis of induction motors using vibration and current signals[J]. Mechanical Systems and Signal Processing, 2006, 20: 403-420.

[10] 于达仁,胡清华,鲍文.融合粗糙集和模糊聚类的连续数据知识发现[J].中国电机工程学报,2004,24(06):205-210.

[11] 李增芳,何勇,徐高欢.基于声强信号分析和组合神经网络的发动机故障诊断[J].农业机械学报,2008,39(12):170-173.

[12] HU Q, HE Z, ZHANG Z, et al. Fault diagnosis of rotating machinery based on improved wavelet package transform and SVMs ensemble [J]. Mechanical Systems & Signal Processing, 2007, 21(2): 688-705.

[13] 李巍华,单外平,曾雪琼.基于深度信念网络的轴承故障分类识别[J].振动工程学报,2016,29(02):340-347.

[14] OH H, JUNG J H, JEON B C, et al. Scalable and unsupervised feature engineering using vibration-imaging and deep learning for rotor system diagnosis[J]. IEEE Transactions on Industrial Electronics, 2017, 65(99): 3539-3549.

[15] JEONG H, PARK S, WOO S, et al. Rotating machinery diagnostics using deep learning on orbit plot images[J]. Procedia Manufacturing, 2016, 5: 1107-1118.

[16] ZENG X, LIAO Y, LI W. Gearbox fault classification using S-transform and convolutional neural network[C]//International Conference on Sensing Technology. IEEE, 2016.

[17] 孙文珺,邵思羽,严如强.基于稀疏自动编码深度神经网络的感应电动机故障诊断[J].机械工程学报,2016,52(09):65-71.

[18] CHUAN, ZURITA, GROVER, et al. Gearbox fault diagnosis based on deep random forest fusion of acoustic and vibratory signals[J]. Mechanical Systems & Signal Processing, 2016.

[19] CHEN Z, LI W. Multisensor feature fusion for bearing fault diagnosis using sparse autoencoder and deep belief network [J]. IEEE Transactions on Instrumentation and Measurement, 2017: 1-10.

[20] LI H, HUANG J, JI S. Bearing fault diagnosis with a feature fusion method based on an ensemble convolutional neural network and deep neural network [J]. Sensors, 2019, 19(9): 2034.

[21] PAN S J, YANG Q. A survey on transfer learning[J]. IEEE Transactions on Knowledge and Data Engineering, 2010, 22(10): 1345-1359.

[22] PEI C, SHENGLI Z, JIONG T. Preprocessing-free gear fault diagnosis using small datasets with deep convolutional neural network-based transfer learning[J]. IEEE Access, 2018, 6: 26241-26253.

[23] SHI S M, XU L D, LIU B. Improving the accuracy of nonlinear combined forecasting using

neural networks[J].Expert Systems with Applications,1999,16(1):49-54.

[24] HOU S,LI Y.Short-term fault prediction based on support vector machines with parameter optimization by evolution strategy[J]. Expert Systems with Applications, 2009, 36 (10): 12383-12391.

[25] PENG K,JIAO R,DONG J,et al.A deep belief network based health indicator construction and remaining useful life prediction using improved particle filter[J]. Neurocomputing, 2019,361.

[26] ELSHEIKH A, YACOUT S, OUALI M. Bidirectional handshaking LSTM for remaining useful life prediction[J].Neurocomputing,2018,323.

[27] LI X,ZHANG L,WANG Z,et al.Remaining useful life prediction for lithium-ion batteries based on a hybrid model combining the long short-term memory and Elman neural networks [J].Journal of Energy Storage,2019,21(Feb.):510-518.

[28] MAO W,HE J,ZUO J M.Predicting remaining useful life of rolling bearings based on deep feature representation and transfer learning[J]. IEEE Transactions on Instrumentation and Measurement,2020,69(4):1594-1608.

第2章　无监督混合智能故障诊断方法

在实际的工业生产中，机械设备的状态监测信号通常是无标签信号，即事先并不知道监测的数据样本对应的故障类型，因此在对其进行诊断分析时常采用无监督机器学习故障诊断方法。用传统无监督故障诊断方法（如FCM、KNN、C均值等）进行诊断分析时需事先确定聚类节点的个数，学习相应的故障类别并进行诊断分析，但未学习的故障类别则无法识别，而设备实际发生故障的类别数无法事先确定，从而导致这些传统的无监督混合智能诊断方法的识别精度较低。基于自适应共振理论（ART）的无监督故障诊断方法采用增量式学习方法，不需事先确定聚类节点个数，而被广泛应用。本章在概述无监督混合智能故障诊断方法的基础上，介绍了基于ART模糊相似性聚类的无监督故障诊断方法，建立了软竞争ART模糊相似性聚类的无监督故障诊断方法，介绍了集成软竞争ART模糊相似性聚类的无监督故障诊断方法，并利用相关诊断案例进行了验证分析。

2.1　无监督混合智能故障诊断方法概述

无监督故障诊断方法主要是通过聚类或概率估计等方法，在无外在监督和指导的作用下，通过对无标签数据样本的学习而发现数据的统计规律或内在结构，实现数据样本的正确分类，从而为设备故障类别的区分提供有效技术手段。由于机械设备结构复杂、参数不确定和非线性等特性，其故障状态复杂多样（如多故障并发、微弱、模糊、相关等），因此单一的无监督故障诊断方法的精度较低。无监督混合智能诊断技术综合利用无监督聚类模型和其他智能技术的优点，结合一些先进的信号处理方法和特征选择技术，对机械设备故障状态进行异常检测和诊断分析，提高故障诊断的准确性、通用性和鲁棒性。基于自适应共振理论发展起来的无监督神经网络模型能很好地克服这些传统无监督学习诊断模型的缺点，如Fuzzy ART无监督神经网络因具有克服“稳定性”和“适应性”两难困境的优点而被广泛应用，但其在训练的过程中常因输入样本顺序的影响导致其分类性能不稳定。鉴于此，无监督ART混合智能诊断方法利用ART网络模型和其他智能方法（如模糊相似性聚类、混合竞争机制、集成学习等）的优势，并结合特征参数优选方法，实现机械设备无标签数据样本的诊断分析。

2.2 基于 ART 模糊相似性聚类的无监督故障诊断方法

传统 Fuzzy ART 模型的诊断性能受样本输入顺序影响，诊断精度不高且不稳定。本节在分析 Fuzzy ART 模型原理的基础上，建立了基于 ART 模糊相似性聚类的无监督智能诊断方法，对复杂机械设备的故障状态进行诊断分析：首先通过信号处理方法对信号进行分析，获取特征参数；然后利用距离区分技术对敏感特征参数进行选择；最后运用基于 Yu 范数的模糊相似性聚类和 ART 机制的无监督智能诊断方法进行诊断分析。

2.2.1 Fuzzy ART 的原理

Fuzzy ART 是一种增量式无监督网络模型，基于硬竞争机制和模式匹配原则，采用模糊集合运算规则对连续量进行运算，从而实现模式分类，可以解决传统无监督网络模型“稳定性”和“适应性”两难的问题。Fuzzy ART 网络拓扑结构如图 2.1 所示。

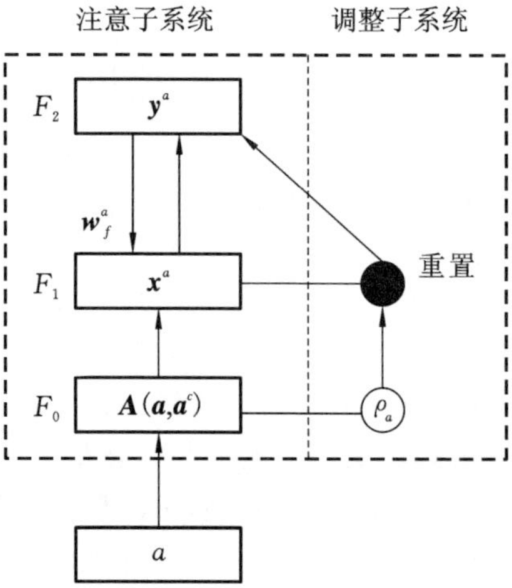

图 2.1 Fuzzy ART **网络拓扑结构**

由图 2.1 可知，Fuzzy ART 由注意子系统和调整子系统组成。F_0 为预处理层，对原始输入矢量进行余运算编码处理；F_1 为状态层，既接受自下而上的 F_0 的输入，又接受自上而下的 F_2 的输入；F_2 层为类别表示层，它的每个节点表示输入模式所属的类别编号。F_1 与 F_2 之间的连接权包含由底向上 $\boldsymbol{W}_{ij}$ 和由顶向下 $\boldsymbol{W}_{ji}$ 两种权重的作用，其中由顶向下的权矢量称为模板，在这种模板指导下网络可以有选择性地进行学习。该网络的具体算法如下。

1）预处理

假定输入样本矢量 $\boldsymbol{a}=(a_1,a_2,\cdots,a_M)$，$\boldsymbol{a}$ 的每一个分量为 $a_i\in[0,1]$，$i=1,2,\cdots,M$，如果输入样本矢量不满足这个条件，则需对其进行正则化处理。为了避免 Fuzzy ART 神经网络中出现类繁殖问题，则需对输入样本矢量进行补码编码处理，即将 M 维输入样本矢量 $\boldsymbol{a}=(a_1,a_2,\cdots,a_M)$ 扩展为一个 $2M$ 维的向量 $\mathbf{A}=(\boldsymbol{a},\boldsymbol{a}^c)=(a_1,\cdots,a_M,a_1^c,\cdots,a_M^c)$。其中 a_i^c 为 a_i 的补码，可通过下式得到：

$$a_i^c=1-a_i \tag{2.1}$$

$i=1,2,\cdots,M$。

因此，将 $\mathbf{A}$ 作为网络的输入，则其各个分量均为非负。

$$|\mathbf{A}|=|(\boldsymbol{a},\boldsymbol{a}^c)|=\sum_{i=1}^{M}a_i+\left(M-\sum_{i=1}^{M}a_i\right)=M \tag{2.2}$$

2）模式选择

当网络 F_1 层输入了一个经过余运算编码的输入样本向量时，其 F_2 层中各模式节点就会根据选择函数，即式(2.3)计算其与输入样本向量 $\mathbf{A}$ 的相似度，即

$$\frac{|\mathbf{A}\wedge \boldsymbol{w}_j|}{|\boldsymbol{w}_j|+\alpha}=T_j(\mathbf{A}) \tag{2.3}$$

$\boldsymbol{w}_j$ 为各模式节点对应的权值向量；α 是一个略大于 0 的选择参数，为常数，其作用是防止 $|\boldsymbol{w}_j|$ 过小时，$T_j(\mathbf{A})$ 过大造成溢出，实际计算时其值常取为 0.000 01。通过式(2.4)找出相似度最大的模式节点，即

$$T^*=\max\{T_1(\mathbf{A}),\cdots,T_j(\mathbf{A}),\cdots,T_N(\mathbf{A})\} \tag{2.4}$$

$T_j(\mathbf{A})$ 表示输入样本与模式矢量的相似度；N 为网络当前输出模式节点的数量。根据式(2.4)得到的最大输出模式节点多于 1 个时，选取索引号为最小的模式节点作为获胜者。

3）模式匹配

根据匹配函数式(2.5)计算获胜模式节点与输入样本矢量之间的匹配度，检验匹配度是否满足大于或等于警戒参数 ρ 这个条件。如果满足，则继续进行后面的步骤，此时称为进入了共振状态，否则将 T^* 作为已验证模式从未验证模式中删除，以禁止 T^* 参与竞争，并转到步骤 5)。$\boldsymbol{w}^*$ 是模式 T^* 对应的权重向量。

$$\frac{|\mathbf{A}\wedge \boldsymbol{w}^*|}{|\mathbf{A}|}\geqslant\rho \tag{2.5}$$

4）学习调整

一旦获胜的输出模式节点 j 被选定且通过警戒参数的检验，则网络进入学习阶段，其对应的连接权值向量便可通过式(2.6)进行调整。

$$\boldsymbol{w}_j^{\text{new}}=\beta(\mathbf{A}\wedge \boldsymbol{w}_j^{\text{old}})+(1-\beta)\boldsymbol{w}_j^{\text{old}} \tag{2.6}$$

$\boldsymbol{w}_j^{\text{old}}$ 表示模式节点 j 调整之前的权重向量；$\boldsymbol{w}_j^{\text{new}}$ 表示模式节点 j 调整之后的权

重向量；β 为学习速率，其取值范围为 $0 \leqslant \beta \leqslant 1$，常取 $\beta=1$，表示快速学习。

5）新模式节点生成

若根据步骤 2）获取的获胜模式节点不能满足式(2.5)，则需根据式(2.7)新生成 1 个模式节点，该节点对应的权重向量为 $\boldsymbol{A}'$，即

$$\boldsymbol{w}'=\boldsymbol{A}' \tag{2.7}$$

根据 Fuzzy ART 网络算法的特点，可知其具有自组织性、可扩展性且可完全避免陷入局部最小值问题等优点，但其性能易受输入样本顺序、异类相交、类别形状单调以及“饱和”等影响，导致分类出现错误。

2.2.2 基于 ART 模糊相似性聚类的无监督模型

在模糊逻辑领域中，被称为 Yu 范数的 T 范数和 S 范数的表达式为

$$T(x,y)=\max[0,(1+\tau)(x+y-1)-\tau xy] \tag{2.8}$$

$$Sn(x,y)=\min[1,x+y+\tau xy] \tag{2.9}$$

$\tau>-1$。根据 Yu 范数特有的性质，芬兰的 Pasi Luukka 提出用关系式描述两个数据样本的相似性，依此构建无监督聚类方法并将其应用于各种疾病的分类识别之中，均取得了较高识别精度。虽然这种无监督聚类方法可较准确地进行各种病症的识别，但是需要事先确定各种疾病类别的数量。

如前所述，Fuzzy ART 模型虽可以自适应地控制聚类节点的数量，但其分类性能常受训练样本输入顺序、单调、“饱和”和异类相交等问题的影响。因此，结合 Fuzzy ART 模型的优点，研究者建立了基于 Yu 范数相似性的 ART 无监督聚类模型，如图 2.2 所示。具体算法如下所述。

$$E(x,y)=T(Sn(\overline{x},y),Sn(x,\overline{y})) \tag{2.10}$$

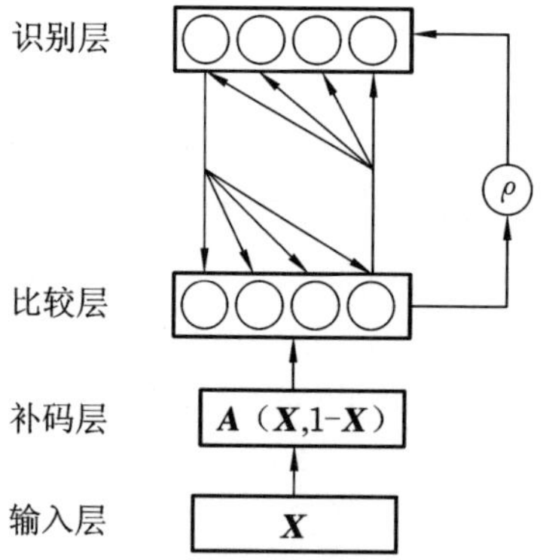

图 2.2 基于 ART 模糊相似性聚类模型的拓扑结构

1）预处理

如 Fuzzy ART 算法一样，先对 D 维输入样本矢量 $\boldsymbol{X}$ 进行正则化处理和补码编码分析。

2）模式选择

假定有 N 个模式节点，代表类 i 的模式节点的权重矢量若可以表示为 $\boldsymbol{V}_i=(v_i(1),\cdots,v_i(D))$，则输入样本矢量与该模式节点的相似性就可用式(2.11)计算得到，即

$$S\langle \boldsymbol{X},\boldsymbol{V}\rangle=\max(0,(1+\tau)(Sn(\overline{\boldsymbol{X}},\boldsymbol{V})+Sn(\boldsymbol{X},\overline{\boldsymbol{V}})-1-\tau Sn(\overline{\boldsymbol{X}},\boldsymbol{V})Sn(\boldsymbol{X},\overline{\boldsymbol{V}}))) \tag{2.11}$$

$Sn\langle \boldsymbol{X},\boldsymbol{V}\rangle=\min(1,\boldsymbol{X}+\boldsymbol{V}+\tau\boldsymbol{XV})$，对所有的 $\boldsymbol{X},\boldsymbol{V}\in[0,1]^D$ 有 $\overline{\boldsymbol{X}}=1-\boldsymbol{X}$ 且 $\tau>-1$。通过式(2.12)便可取得相似度最大的模式节点，即获胜模式节点 J。

$$S\langle \boldsymbol{X},\boldsymbol{V}_J\rangle>S\langle \boldsymbol{X},\boldsymbol{V}_j\rangle \tag{2.12}$$

$j,J=1,2,\cdots,N;j\neq J$。

$\boldsymbol{V}_J$ 是获胜模式节点的权重矢量。

3）模式匹配

根据式(2.11)可以得到获胜模式节点 J 与输入样本矢量的相似度 $S\langle \boldsymbol{X},\boldsymbol{V}_J\rangle$，将其与警戒参数 ρ 进行比较。如果 $S\langle \boldsymbol{X},\boldsymbol{V}_J\rangle>\rho$，即模式发生匹配，则表示该输入样本矢量被分类为该模式节点所代表的类；否则就重新建立一个新的模式节点，转入步骤 5)。

4）学习调整

当获胜的模式节点满足警戒参数 ρ 的要求时，网络的模式节点的权值矢量将按式(2.13)重新进行学习，即

$$\boldsymbol{V}_J=(n\times\boldsymbol{V}_{J0}+\boldsymbol{X})/(n+1) \tag{2.13}$$

$\boldsymbol{V}_{J0}$是原始的模式节点的权值矢量，$\boldsymbol{V}_J$ 是学习过后的权值矢量，n 是属于模式节点 J 所代表的类的样本数量。

5）模式节点建立

如果输入样本 $\boldsymbol{X}$ 与模式节点 J 的权值小于警戒参数 ρ，即 $S\langle \boldsymbol{X},\boldsymbol{V}_J\rangle<\rho$，则需重新建立一个新的模式节点，其权值矢量可表示为

$$\boldsymbol{V}_{n+1}=\boldsymbol{X} \tag{2.14}$$

2.2.3 特征参数提取及优选

特征参数提取是故障诊断的基础，常用来描述机械设备故障状态的信息。因此，在运用无监督智能诊断方法进行故障诊断分析之前，需对信号进行特征参数抽取。由于机械设备状态信号相当复杂，采用单一的信号处理方法很难准确获取反映设备故障信息的特征参数，常需采用多种信号分析方法从不同角度获取包含更多故障信息的特征参数。但在实际的机械设备故障诊断中，由于主客观原因，提取的大量特征参数中除了一些对故障分类比较敏感的特征外，还存在一些不相关或冗余的特征参数，易导致诊断性能受到影响。因此，为提高诊断精度，需对特征参

数进行优化选择。

1. 特征参数的抽取

对于复杂机械设备故障类型，单一域的特征参数难以描述其故障状态信息，常用多域特征参数进行表征。目前应用较为广泛的主要是时域特征参数和频域特征参数。

1）时域特征参数

信号的时域特征参数分为无量纲特征参数和有量纲特征参数。无量纲特征参数是由有量纲特征参数演变而来的，基本上不受工况（转速和载荷等）的影响。因此，基于这些特征参数的优点，选取 3 个有量纲特征参数和 6 个无量纲特征参数作为描述机械设备状态信息的一部分特征参数。

（1）假定一信号序列 $\boldsymbol{X}=(x_1,x_2,\cdots,x_i,\cdots,x_n)$，$n$ 为信号长度，则 3 个有量纲的时域特征参数如下所示。

① 均值的计算公式为

$$c_1=\frac{1}{n}\sum_{i=1}^{n}x_i \tag{2.15}$$

② 均方根值的计算公式为

$$c_2=\sqrt{\sum_{i=1}^{n}x_i^2/n} \tag{2.16}$$

③ 标准方差的计算公式为

$$c_3=\sqrt{\frac{n\sum x^2-\left(\sum x\right)^2}{n(n-1)}} \tag{2.17}$$

（2）6 个无量纲的时域特征参数如下所示。

① 偏度的计算公式为

$$c_4=\frac{n}{(n-1)(n-2)}\sum_{i=1}^{n}\left(\frac{x_i-c_1}{c_2}\right)^3 \tag{2.18}$$

② 峭度的计算公式为

$$c_5=\left[\frac{n(n+1)}{(n-1)(n-2)(n-3)}\sum_{i=1}^{n}\left(\frac{x_i-c_1}{c_2}\right)^4\right]-\frac{3\,(n-1)^2}{(n-2)(n-3)} \tag{2.19}$$

③ 波峰因子的计算公式为

$$\mathrm{CF}=\frac{\max(x)}{c_2} \tag{2.20}$$

④ 裕度因子的计算公式为

$$\mathrm{LF}=\frac{\max(|x|)}{\frac{1}{n}\sum_{i=1}^{n}|x|^{\frac{1}{2}})^2} \tag{2.21}$$

⑤ 波形因子的计算公式为

$$\mathrm{SF}=\frac{c_2}{\frac{1}{n}\sum_{i=1}^{n}|x_i|} \tag{2.22}$$

⑥ 冲击因子的计算公式为

$$\mathrm{IF}=\frac{\max(|x|)}{\frac{1}{n}\sum_{i=1}^{n}|x_i|} \tag{2.23}$$

2）频域特征参数

频域特征是对信号在另一个场域的描述。为了从频域中获取有关机械设备的状态信息，抽取了如下 7 个频域特征参数。

（1）平均频率的计算公式为

$$p_1=\sqrt{\frac{\sum_{i=1}^{K}f_i^2\cdot S(f_i)}{\sum_{i=1}^{K}S(f_i)}} \tag{2.24}$$

（2）平均频度的计算公式为

$$p_2=\sqrt{\frac{\sum_{i=1}^{K}f_i^4\cdot S(f_i)}{\sum_{i=1}^{K}f_i^2\cdot S(f_i)}} \tag{2.25}$$

（3）波形稳定因子的计算公式为

$$p_3=\frac{\sum_{i=1}^{K}f_i^2\cdot S(f_i)}{\sqrt{\sum_{i=1}^{K}S(f_i)\sum_{i=1}^{K}f_i^4\cdot S(f_i)}} \tag{2.26}$$

（4）变化系数的计算公式为

$$p_4=\frac{\sigma}{\overline{f}} \tag{2.27}$$

（5）频域偏度的计算公式为

$$p_5=\frac{\sum_{i=1}^{K}(f_i-\overline{f})^3\cdot S(f_i)}{\sigma^3 K} \tag{2.28}$$

（6）频域峭度的计算公式为

$$p_6=\frac{\sum_{i=1}^{K}(f_i-\overline{f})^4\cdot S(f_i)}{\sigma^4 K} \tag{2.29}$$

(7) 平方根比率的计算公式为

$$p_7=\frac{\sum_{i=1}^{K}\sqrt{(f_i-\overline{f})}\cdot S(f_i)}{\sqrt{\sigma}\cdot K} \tag{2.30}$$

上面各式中的 $S(f_i)$ 是根据信号时间序列通过 Welch 法估算得到的能谱密度;K 是用于计算这些特征参数的谱线数量。

$$\overline{f}=\frac{\sum_{i=1}^{K}f_i\cdot S(f_i)}{\sum_{i=1}^{K}S(f_i)} \tag{2.31}$$

$$\sigma=\sqrt{\frac{\sum_{i=1}^{K}(f_i-\overline{f})^2\cdot S(f_i)}{K}} \tag{2.32}$$

3) 时间序列模型参数

为了获取更多机械设备的状态信息,我们将振动信号的时间序列用自回归(AR)模型进行了分析,将模型参数作为反映机械设备状态的特征参数。因为时间序列分析是对有序的随机数据进行统计学意义上的处理和分析的一种数学方法,实测的时间序列反映了机械设备工作的动态过程,蕴含着系统的行为特征和系统本身固有的特性,建立时序参数模型就可把这些系统的行为特征和系统本身固有的特性很好地表达出来。

对于一个平稳的零均值的时间序列 $(x_1,x_2,\cdots,x_t,\cdots,x_n)$,可用如下的类似于线性回归模型 AR($p$)的随机差分方程来描述,即

$$x_t=\phi_1x_{t-1}+\phi_2x_{t-2}+\cdots+\phi_px_{t-p} \tag{2.33}$$

因 AR(p)模型中的自回归参数 $\phi_j(j=1,2,\cdots,p)$ 反映了系统本身固有的特性,故其可以被选作振动信号的特征量。根据经验,常选 $p=16$。

2. 基于距离区分技术的特征参数优选

当大量的特征参数输入故障诊断模型时,若特征参数之间存在冗余性和不相关性,则可能导致诊断精度下降和计算负担增加;若特征参数对设备故障类别均较为敏感,则可大大地提高诊断精度。目前常用的特征选择方法根据它们与后续分类算法的关系可分为两类:一类是过滤法,其特征选择与分类过程是分离的,但优选的特征参数的分类效果却依赖于最终选用的分类器;另一类是缠绕法,其将分类算法嵌入特征选择的过程中,是以最大分类准确率为准则的特征选择方法。这两类方法各有优缺点,前者效率高但效果稍差,后者效果好但效率低、鲁棒性差。一个理想的特征参数选择方法应是二者的优点的结合体。基于距离区分技术的特征

选择方法综合了上述过滤和缠绕这两类方法的优势，即先运用基于距离区分技术对特征参数集进行敏感度评估，其主要原理就是利用特征参数在同类的类内距离和不同类的类间距离的大小对特征参数的敏感度进行评估，若某特征参数在同一类的类内距离越小，不同类的类间距离越大，则表示该特征参数越敏感。

假定一个由 J 个类组成的包含 N 个样本的特征集，其中第 j 类有 $N_j(j=1,2,\cdots,J)$ 个样本，每个样本由 M 个特征参数表示，第 i 个样本的第 m 个特征参数可表示为 f_i^m，则特征选择的算法如下。

(1) 利用所有样本计算第 m 个特征参数的标准方差和均值。

$$\sigma_m^2=\frac{1}{N}\sum_{i=1}^{N}(f_i^m-\overline{f}^m)^2 \tag{2.34}$$

$$\overline{f}^m=\frac{1}{N}\sum_{i=1}^{N}f_i^m \tag{2.35}$$

(2) 根据属于第 j 类的样本数计算第 m 个特征参数的标准方差和均值。

$$\sigma_m'^2(j)=\frac{1}{N_j-1}\sum_{j=1}^{N_j}(f_j^m-\overline{f}_j^m)^2 \tag{2.36}$$

$$\overline{f}_j^m=\frac{1}{N_j}\sum_{j=1}^{N_j}f_j^m \tag{2.37}$$

(3) 对第 m 个特征，计算类中心 g_j 的加权的标准方差。

$$\sigma_m''^2=\sum_{j=1}^{J}\rho_j(g_j^m-g^m)^2=\mu_1-\mu_2^2 \tag{2.38}$$

$$\begin{cases}\mu_1=\sum_{j=1}^{J}\rho_j(g_j^m)^2\\ \mu_2=\sum_{j=1}^{J}\rho_j g_j^m\end{cases} \tag{2.39}$$

$$g^m=\sum_{j=1}^{J}\rho_j g_j^m \tag{2.40}$$

g^m 是根据所有样本计算得到的第 m 个特征的中心；g_j^m 是根据属于第 j 类的样本计算得到的第 m 个特征的中心；μ_1 和 μ_2 分别为其平方类中心和类中心；ρ_j 为第 j 类的先验概率，$\sum_{j=1}^{J}\rho_j=1$。

(4) 利用下式计算第 m 个特征的距离区分因子。

$$\lambda^m=d_b^m-\beta d_w^m=\frac{1}{\sigma_m^2}\left[\sigma_m''^2-\beta\sum_{j=1}^{J}\rho_j\sigma_m'^2(j)\right] \tag{2.41}$$

d_b^m 表示不同类之间第 m 个特征间的距离；d_w^m 表示同类之间第 m 个特征间的距离；β 是控制 d_w^m 影响的参数，通常设置为 2。

(5) 按降序方式排列各特征参数对应的距离区分因子 λ_m，并对其进行正则化处理，即

$$\bar{\lambda}_m = \frac{\lambda_m - \min(\lambda_m)}{\max(\lambda_m) - \min(\lambda_m)} \tag{2.42}$$

$\bar{\lambda}_m (m=1,2,\cdots,M)$ 反映了第 m 个特征对 J 个类进行区分的难易程度，$\bar{\lambda}_m$ 愈大，则表示其相对应的第 m 个特征越敏感，更容易对 J 个类进行区分。

(6) 设一门槛值 γ（取值范围为 0～1)，若 $\bar{\lambda}_m \geqslant \gamma$ 则表示其相对应的特征参数为敏感特征参数，否则其对应的特征参数被剔除。门槛值 γ 的设定原则：逐步提高 γ 的取值，以此进行特征参数的筛选，筛选后的特征参数输入后续的分类器中进行训练和测试，分类准确率达到最高时可终止特征参数的进一步选择。

基于距离区分技术的特征参数选择方法的流程如图 2.3 所示。为了便于对该特征选择方法的基本原理进行理解，这里用图中示例给予解析。如图 2.4 所示，以三种不同类别($J=3$)为例，对每个类用 2 个特征参数表示($M=2$)的特征进行评估，假定每个类别包含的样本数为 10 个($N_1=N_2=N_3=10$)。三个类别中，10 个样本在纵横坐标上的投影分别表示为特征参数 f^1 和 f^2，$d^2_{b(3,2)}$ 表示特征 f^2 在类 3 和类 2 间的距离，$d^2_{w(3)}$ 表示特征 f^2 在类 3 内的距离，其他的表示符号的意义可依次类推。从图 2.4 中可以看出，特征 f^1 中每个类别的 10 个样本比特征 f^2 要更集中，也就是说特征 f^1 的类内平均距离 d^1_w 小于特征 f^2 的类内平均距离 d^2_w，特征 f^1 的类间平均距离 d^1_b 大于特征 f^2 的类间平均距离 d^2_w，则有特征 f^1 的距离区分因子 $\bar{\lambda}_1$ 大于特征 f^2 的距离区分因子 $\bar{\lambda}_2$，即特征 f^1 比特征 f^2 在对此 3 类别区分的问题上要更敏感。这样，当选择特征 f^1 对这 3 个类别进行区分时，分类准确率必然要高于特征 f^2，图中的示例也清楚地表示了特征 f^1 能更清晰地对 3 种类别进行分离。

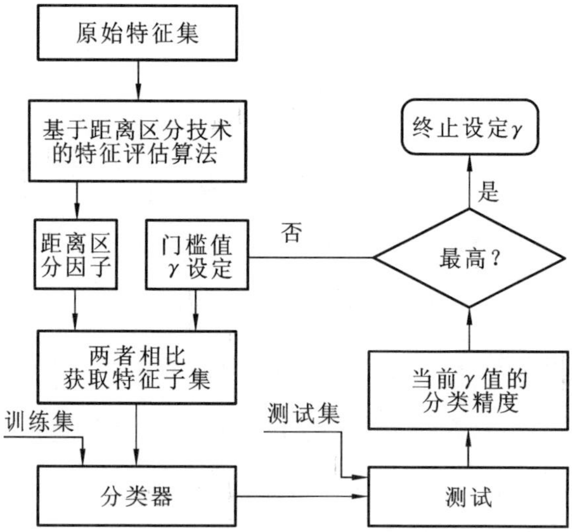

图 2.3　基于距离区分技术的特征参数选择方法的流程

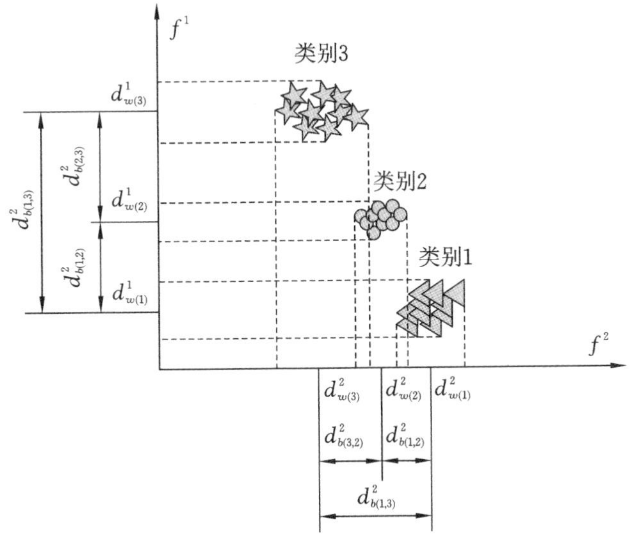

图 2.4　基于距离区分技术的示例描述图

2.2.4　基于 ART 模糊相似性聚类的无监督故障诊断算法

结合各种统计特征参数、特征优选技术和基于 ART 模糊相似性聚类模型，基于 ART 模糊相似性聚类的无监督混合智能诊断流程如图 2.5 所示。运用数学统计方法和时间序列分析方法对原始振动信号进行分析，获取相应的时域、频域及时间序列模型参数并以此作为特征参数，然后运用距离区分技术对其进行评估，选取敏感的特征参数作为基于 ART 模糊相似性聚类模型的输入并进行训练，从而实现设备故障状态的诊断分析。

2.2.5　诊断案例分析

为了验证基于 ART 模糊相似性聚类的无监督诊断方法的有效性，我们对布鲁塞尔自由大学的齿轮箱试验数据进行了诊断分析。试验对象是模数为 5 mm、齿数比为 41∶37 的斜齿轮副，如图 2.6 所示。在 41 齿齿轮上模拟了 5 种不同类型的故障（正常、轻度剥落、中度剥落、严重剥落和轻度磨损），齿轮振动信号采用压电式加速度传感器从箱体外轴承座部位拾取，经放大、抗混叠和 A/D 转换后输入电脑。41 齿轮轴转频为 10 Hz，采样频率为 10 kHz。选取 5 种不同故障类型（4 种不同程度的剥落及 1 种磨损）的数据集进行诊断分析，每种故障类型的数据样本数为 30。齿轮故障数据集的描述如表 2.1 所示。齿轮不同故障状态下的时域振动波形图如图 2.7 所示。

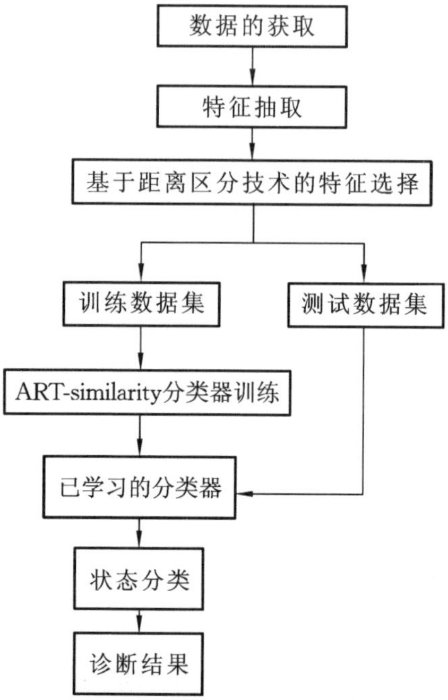

图 2.5　基于 ART 模糊相似性聚类的无监督混合智能诊断流程

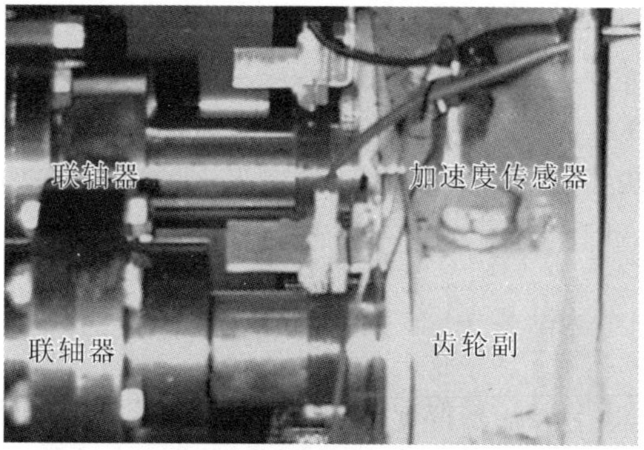

图 2.6　齿轮箱测试装置

表 2.1　齿轮故障数据集的描述

故障类型	正常	轻度剥落	中度剥落	重度剥落	轻度磨损
测试样本数	30	30	30	30	30

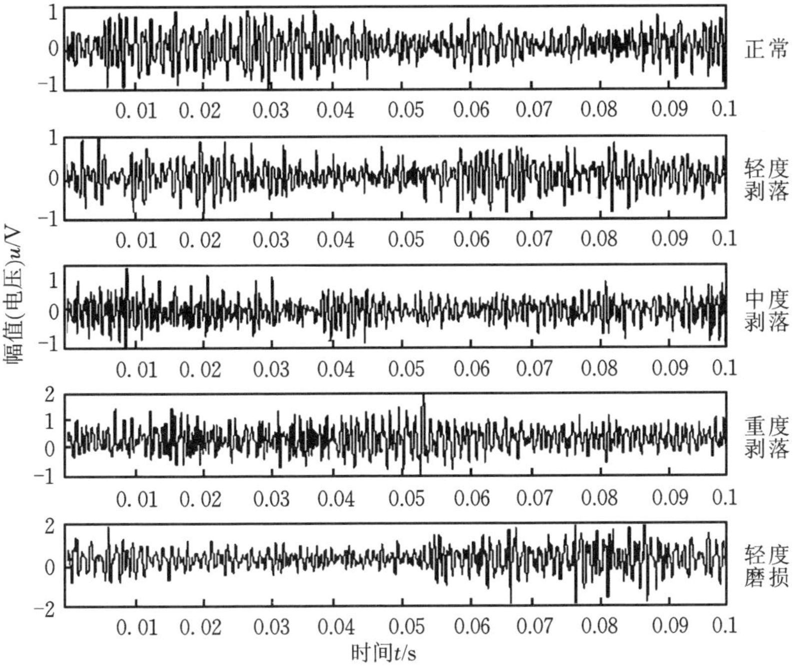

图 2.7　齿轮不同故障状态下的时域振动波形图

利用前述的特征提取方法从每个振动信号的数据样本中提取 9 个时域特征、7 个频域特征和 16 个 AR 模型参数(见图 2.8)对齿轮故障信息进行描述,运用距离区分技术对其进行敏感度评估。

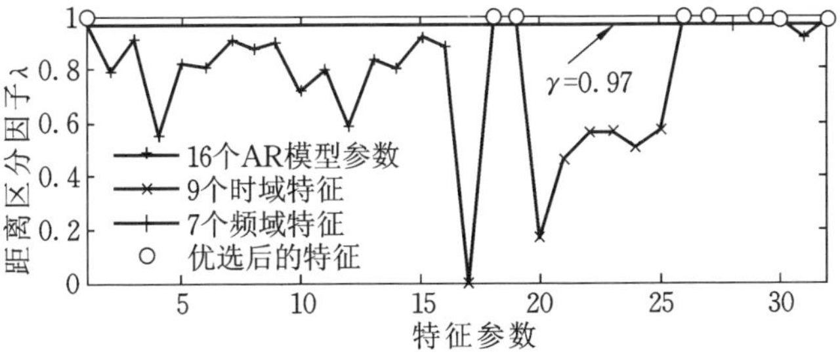

图 2.8　特征参数的选择

对特征优选的门槛值 γ 按由小到大的方式设定 16 次,根据 32 个特征参数对应的距离区分因子 $\bar{\lambda}_m\,(m=1,2,\cdots,32)$ 分别进行敏感特征参数的优选并输入基于 ART 模糊相似性聚类模型进行诊断分析。其中基于 ART 模糊相似性聚类模型的参数 τ 根据经验设定为 0.4,警戒参数 ρ 设为 0.999 995。当分类准确率达到最高时,进行特征参数筛选的门槛值 γ 为 0.97,相应地可得到 8 个敏感特征。图 2.8 给出了优选的特征参数，从图中也可看出这些敏感特征分别为 1 个 AR 模型参数，2 个时域特征和 5 个频域特征。

与此同时，为了说明特征参数优选方法在基于 ART 模糊相似性聚类模型的诊断过程中的关键作用，对门槛值 γ 与诊断精度、聚类节点数和特征参数数量的关系进行了分析，如图 2.9 所示。从图中三条曲线的变化趋势可以看出，当门槛值 γ 刚开始逐渐增大时，所挑选特征参数的敏感性越来越强，且随着冗余和不相关的特征被逐渐剔除后诊断精度也随之提高，而聚类节点数也越来越多；当门槛值增加到一定程度后，分类准确率开始下降，聚类节点数也随之减少，主要原因是特征参数的数量减少过多，导致其所包含的齿轮故障状态信息减少过多，以至于各个状态之间的差别越来越模糊，进而导致诊断精度随之下降。

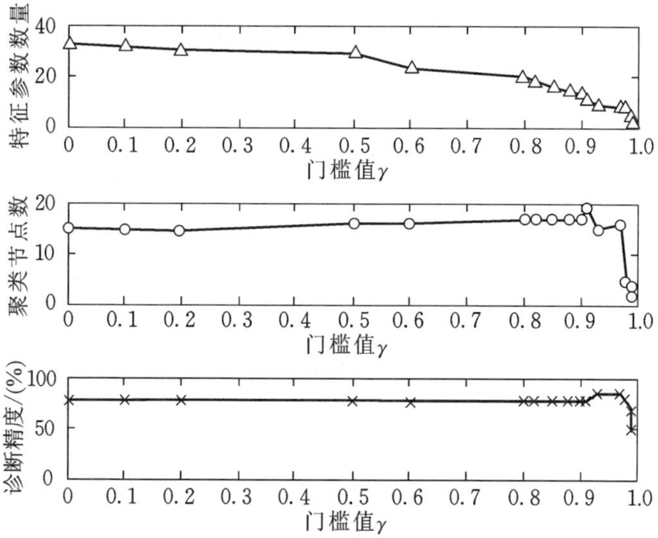

图 2.9　门槛值 γ 与诊断精度、聚类节点数和特征参数数量的关系

表 2.2 给出了门槛值 γ 分别为 0、0.93 和 0.97 时，将选择的特征参数（原始 32 个特征及优选的 9 个特征和 8 个特征）分别输入基于 ART 模糊相似性聚类模型进行诊断分析的结果。此外，为了验证基于 ART 模糊相似性聚类模型的优越性，Fuzzy ART 神经网络也对齿轮故障进行了诊断分析，如表 2.2 所示。其中 Fuzzy ART 模型的警戒参数与基于 ART 模糊相似性聚类模型的参数一致。从表 2.2 中可以看出，当原始的 32 个特征作为两种诊断模型的输入时，基于 ART 模糊相似性聚类模型的诊断精度（80%）明显高于 Fuzzy ART 的诊断精度（40%）。当特征参数进行优选后，两者最高的诊断精度均达到 86.667%。Fuzzy ART 对应的特征参数（9 个）要多于基于 ART 模糊相似性聚类模型（8 个），但后者的聚类节点数要多于前者。从表 2.2 还可看出，用基于 ART 模糊相似性聚类模型进行诊断分析且将优

选的 9 个特征与 8 个特征作为其输入时，诊断精度是相同的，这说明 9 个特征参数中有 1 个对齿轮的 5 种故障状态的分类是不相关的，需剔除，从而也可以进一步说明进行特征参数的选择对混合智能诊断算法是至关重要的。但这些诊断模型的诊断精度均不是很高，其主要原因有两点：一是齿轮的不同剥落程度的故障本身就不易诊断；二是无监督诊断模型的识别精度向来都不是很理想。另外，从齿轮故障诊断的试验可知，特征参数的个数越多并不代表诊断精度越高，因为它们包含大量不相关或冗余的特征，反而使诊断精度降低。只有通过特征选择，才能去除无用特征并获取敏感特征参数，从而减少计算负担，提高诊断精度。

表 2.2　齿轮诊断结果比较

模型	参数	取值		
基于 ART 模糊相似性聚类模型	门槛值 γ	0	0.93	0.97
	输入特征	32	9	8
	诊断精度/(%)	80.000	86.667	86.667
	聚类节点个数	15	15	16
Fuzzy ART	门槛值 γ	0	0.93	0.97
	输入特征	32	9	8
	诊断精度/(%)	40.000	86.667	86.000
	聚类节点个数	2	12	14

2.3　基于软竞争 ART 模糊相似性聚类的无监督故障诊断方法

基于 ART 模糊相似性聚类的无监督模型采用“胜者为王”硬竞争机制进行学习，即在学习过程中，只选择与输入样本相似度最大的唯一一个模式节点作为获胜节点进行权重的学习更新，其他未获胜节点权重则保持不变。但机械设备故障在实际诊断过程中，可能有多个故障模式节点与输入样本的相似度较大，如一些含噪数据样本或故障类别交界处的数据样本与多个故障类别对应节点的相似度均较大，若采用硬竞争机制则只有一个获胜节点进行学习更新，而其他模式节点的权重则不进行学习，从而易导致已学习的基于 ART 模糊相似性聚类的无监督模型进行诊断分析时误分这些故障类别交界处的数据样本和含噪数据样本。因此，我们建立多个获胜节点同时进行更新学习的机制，构建基于软竞争 ART 模糊相似性聚类的无监督诊断模型，以期提升机械设备故障诊断精度。

2.3.1 特征提取

为了减少噪声影响并获取设备的更多故障状态信息，我们从不同尺度、角度提取故障特征参数。运用 Haar 小波对获取的振动信号进行 4 层小波分解，分别从不同尺度小波系数中提取表征信号脉冲现象的峰值因子、裕度指标以及表征信号能量变化的均方值、能量熵等 4 个特征参数，从不同角度刻画故障状态信息。

假定一信号序列 $\boldsymbol{X}=(x_1,x_2,\cdots,x_i,\cdots,x_k)$，Haar 小波函数表示为

$$h(t)=\begin{cases}1 & 0\leqslant t<1/2\\ -1 & 1/2\leqslant t\leqslant 1\\ 0 & \text{其他}\end{cases} \tag{2.43}$$

小波母函数为

$$\psi_{a,b}(x)=|a|^{1/2}\psi\left(\frac{x-b}{a}\right) \tag{2.44}$$

$a,b\in\mathbf{R}$，$a\neq 0$。当 $a=2^j$，$b=k2^j$，采样间隔为 1 时，小波的滤波函数可表示为

$$g_{j,k}(i)=2^{\frac{-j}{2}}g(2^{-j}i-k) \tag{2.45}$$

$j\in\mathbf{N}$，$k\in\mathbf{N}$，j 为小波分解的层数，k 为信号序列的采样点数，则信号 $\boldsymbol{X}$ 进行 j 次 Haar 小波分解后的小波系数可表示为

$$\boldsymbol{W}(j,k)=\sum_{i\in\mathbf{Z}}\boldsymbol{X}(i)g_{j,k}(i) \tag{2.46}$$

$i=1,2,\cdots,k$。

假定原始序列信号 $\boldsymbol{X}$ 经 Haar 小波分解后的子信号可表示为 $\boldsymbol{Y}=(y_1,y_2,\cdots,y_j,\cdots,y_n)$，$n$ 为分量长度，则从子信号 $\boldsymbol{Y}$ 中提取的特征参数可表示为以下几种。

(1) 均方值的计算公式为

$$c_1=\sum_{i=1}^{n}y_i^2/n \tag{2.47}$$

(2) 裕度指标的计算公式为

$$c_2=\max(|y_j|)/\left(\frac{1}{n}\sum_{j=1}^{n}|y_j|^{\frac{1}{2}}\right)^2 \tag{2.48}$$

(3) 峰值因子的计算公式为

$$c_3=\frac{\max(y_j)}{c_1} \tag{2.49}$$

(4) 能量熵的计算公式为

$$c_4=-\log_2\left(\sum_{j=1}^{n}y_j^2/\sum_{i=1}^{k}x_j^2\right) \tag{2.50}$$

因此，当原始振动信号序列 $\boldsymbol{X}$ 经 Haar 小波分解 4 层后，我们可以从小波分解后的各尺度子信号中提取 20 个特征参数对设备故障状态信息进行描述。

2.3.2　特征参数优化

冗余和不相关的特征参数通常会增加计算负担并降低诊断精度。为了提高故障诊断精度并减少计算运行时间，我们基于“类间距离大，类内距离小”的原则，利用前述模糊相似性原理，构建了基于模糊相似性的敏感特征参数优选方法，具体算法如下。

(1) 假定提取的特征参数集描述如下：

$$\{S_{n,f,p}, n=1,2,\cdots,N; f=1,2,\cdots,C; p=1,2,\cdots,20\} \tag{2.51}$$

$S_{n,f,p}$ 为第 f 个故障类别下第 n 个样本的第 p 个特征参数的值，C 是故障类别总数。

(2) 计算特征参数 p 在每个故障类别中的类内距离。

$$\begin{cases} d_{p,f} = \dfrac{1}{N\times(N-1)}\sum\limits_{n_i,n_j=1}^{N} S(S_{n_i,f,p}, S_{n_j,f,p}) \\ f=1,2,\cdots,6; n_i, n_j = 1,2,\cdots,100, n_i \neq n_j \end{cases} \tag{2.52}$$

$S(S_{n_i,f,p}, S_{n_j,f,p})$ 为特征参数 $S_{n_i,f,p}$ 与 $S_{n_j,f,p}$ 的相似度，由基于模糊相似度公式(2.11)计算得到。

计算 C 个故障类别下的平均类内距离。

$$d_p^{\text{in}} = \frac{1}{C}\sum_{f=1}^{C} d_{p,f} \tag{2.53}$$

(3) 计算类内中心，也就是相同故障类别中特征参数 p 的平均值。

$$g_{f,p} = \frac{1}{N}\sum_{n=1}^{N} S_{n,f,p} \tag{2.54}$$

计算类与类中心的距离的平均值，即类间平均距离。

$$\begin{cases} d_p^{\text{out}} = \dfrac{1}{C\times(C-1)}\sum\limits_{f_i,f_j=1}^{C} S(g_{f_i,p}, g_{f_j,p}) \\ f_i, f_j = 1,2,\cdots,6, f_i \neq f_j \end{cases} \tag{2.55}$$

$S(g_{f_i,p}, g_{f_j,p})$ 为类内中心 $g_{f_i,p}$ 与 $g_{f_j,p}$ 的相似度，由基于模糊相似度公式(2.11)计算得到。

(4) 计算类间平均距离与类内平均距离二者间的比值。

$$e_p = \frac{d_p^{\text{out}}}{d_p^{\text{in}}} \tag{2.56}$$

(5) 获取各特征参数的敏感系数。

$$\lambda_p = \frac{e_p}{E_p} \tag{2.57}$$

E_p 为所有 e_p 中的最大值。

依据该算法可得到每个特征参数的敏感系数，系数越大说明该特征参数的故障灵敏度越高。假定特征参数故障敏感系数的阈值为 β，敏感系数大于 β 的特征参数为故障敏感的特征参数。

2.3.3 基于软竞争 ART 模糊相似性聚类的无监督模型

基于 ART 的无监督聚类模型采用“胜者为王”硬竞争机制进行学习时，只有唯一的获胜节点进行权重更新，从而易导致故障边界处的数据样本或含噪样本被误诊。若对多个获胜节点同时进行更新学习，则可通过多次迭代学习提高故障诊断精度。因此，我们构建了基于软竞争 ART 模糊相似性聚类的无监督故障诊断模型，将具有灵活调整软竞争程度和抑噪的模糊竞争学习（FCL）软竞争机制引入基于 ART 模糊相似性聚类的无监督网络模型，建立基于 FCL 软竞争 ART 模糊相似性聚类的无监督故障诊断方法，即在将软竞争机制引入基于 ART 模糊相似性聚类模型的竞争层中，每次竞争学习时选取多个获胜节点进行节点权重的更新调整，提高竞争层中节点的利用率，减少神经元信息的浪费，从而降低故障类别交界处数据样本或噪声样本被误诊的可能，提高故障诊断精度。

图 2.10 所示为基于软竞争 ART 模糊相似性聚类的无监督模型诊断流程图。当输入样本与模式节点的相似度大于设定阈值 α 时，对应的模式节点均被选择为获胜节点，并依据节点与输入样本的隶属度调整权重向量。与硬竞争 ART 模糊相似性聚类模型的算法类似，计算输入样本与各模式节点的相似度 S，最大相似度 $S_{\max}$对应节点胜出，将 $S_{\max}$与警戒参数 ρ 进行比较，若 $S_{\max}<\rho$，则新建模式节点；否则采用软竞争机制，选取所有相似度大于阈值 α 对应的多个模式节点，对这些节点进行权重调整，完成无监督网络模型的训练。

在对数据样本进行诊断分析时，需计算输入数据样本与各模式节点的相似度 S，依据最大相似度 $S_{\max}$将测试数据样本归类于 $S_{\max}$对应节点的故障类别。

基于软竞争 ART 模糊相似性聚类的无监督模型在利用 FCL 软竞争机制进行学习时，各获胜的模式节点可用下式进行权重调整学习，即

$$V_j=(n\times V_{j0}+hi^m\times X)/(n+hi^m) \tag{2.58}$$

V_j 和 V_{j0}为选取的多个获胜模式节点中第 j 个节点学习后和学习前的权重。h_j 为模式节点 j 与输入样本的隶属度，其计算方法如下：

$$h_j=\left(\frac{\|\boldsymbol{x}-\boldsymbol{v}_j\|^2}{\sum\limits_{k=1}^{c}\|\boldsymbol{x}-\boldsymbol{v}_k\|^2}\right)^{-\frac{1}{m-1}} \tag{2.59}$$

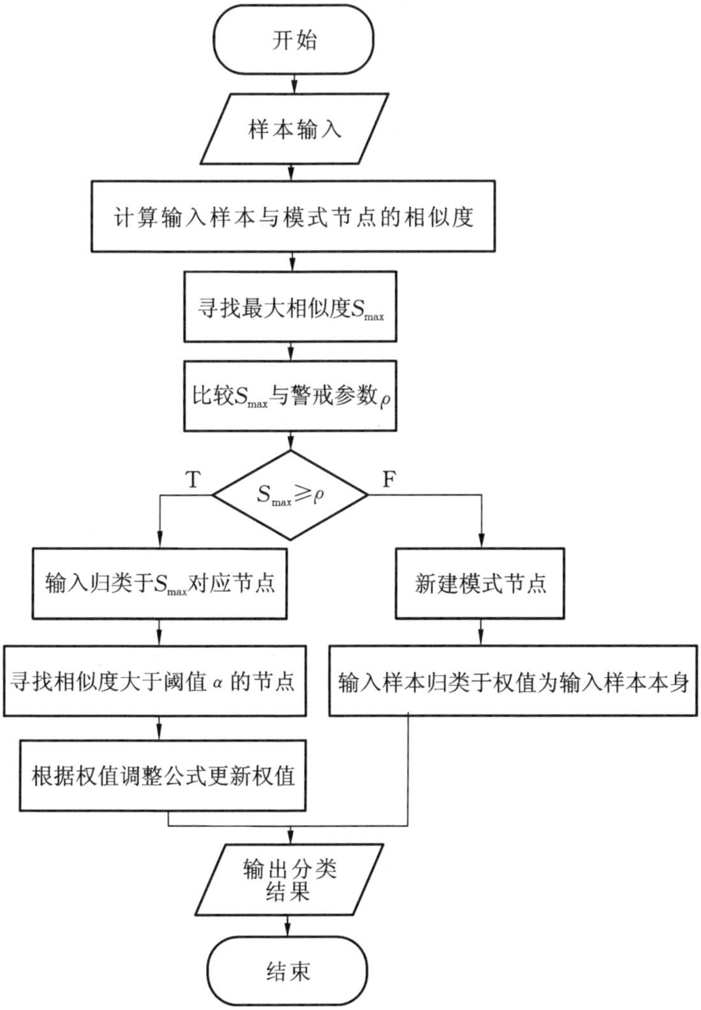

图 2.10　基于软竞争 ART 模糊相似性聚类的无监督模型诊断流程图

c 是选择的模式节点总数，$\boldsymbol{x}$ 是输入数据样本，$\boldsymbol{v}_j$ 为当前节点对应的权重向量。m 是模糊指数，其作用是调整软竞争程度。当 $m \to 1$ 时，hi 取值非 0 即 1，软竞争机制退化为硬竞争机制；当 $m \to \infty$ 时，hi 取值均为 $\frac{1}{c}$，此时隶属度最模糊。较大 m 值能抑制噪声，使隶属度低的噪声样本对网络模型所有节点贡献较小。

2.3.4　诊断案例分析

为了验证基于软竞争 ART 模糊相似性聚类的无监督故障诊断模型的有效性，

我们对美国凯斯西储大学(CWRU)的轴承数据进行诊断分析。图 2.11 所示为轴承故障试验装置示意图。该试验装置由三相感应电机、负载电机和加速度传感器组成,加速度传感器安装在驱动电机输出端滚动轴承处。为了模拟轴承的不同故障类型及故障不同严重程度,我们在轴承不同部位(内圈、外圈、滚动体)通过电火花加工模拟了轴承不同故障类型,通过不同加工直径(0.18 mm、0.36 mm 和 0.54 mm)模拟轴承故障的不同严重程度。选取 6 种不同故障类型进行分析,每个故障类型具有 100 个数据样本,每个样本有 4096 个数据点,如表 2.3 所示。

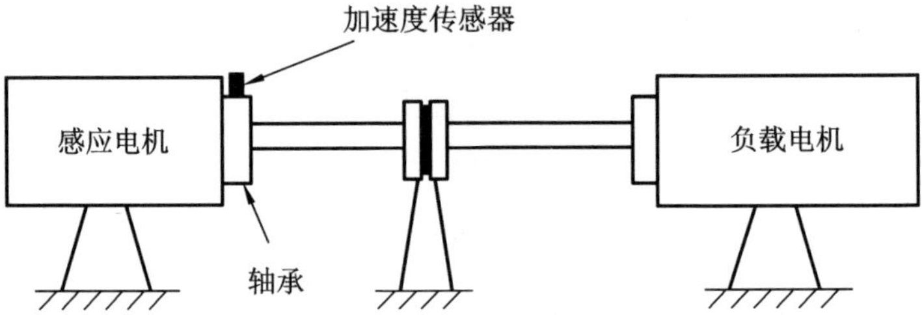

图 2.11 轴承故障试验装置示意图

表 2.3 轴承故障样本统计表

故障类型	正常	滚动体故障	内圈故障	外圈故障	重度内圈故障	重度外圈故障
故障直径/mm	0	0.18	0.18	0.18	0.54	0.54
故障标签	1	2	3	4	5	6
样本数	100	100	100	100	100	100

利用前述的 Harr 小波变换方法对轴承故障振动信号进行分解,如图 2.12 所示。可以看出,每个尺度信号波形均有差异,说明这些分解的子信号可以从不同角度描述轴承故障信息。图 2.13 给出了提取的 20 个特征参数的敏感系数及优化选取的结果,设定敏感阈值 β 为 0.9 时可以优选 5 个故障敏感特征参数。

将这 5 个故障敏感特征参数对应的第一个数据样本输入基于软竞争 ART 模糊相似性的聚类模型,由于该网络模型起初为空网络,第一个数据样本构建了第一个模式节点且节点权重为样本本身。当第二个数据样本输入该网络模型时,计算第二个数据样本与第一个模式节点的相似度并与警戒参数进行比较,若相似度大于警戒参数,则将第二个输入数据样本归类于第一个模式节点并更新权重值,否则依据该样本新建第二个模式节点。当第三个数据样本输入网络模型时,计算输入样本与前面两个节点的相似度并将最大相似度与警戒参数比较,若相似度大于警戒参数,则将输入样本归类于最大相似度对应的模式节点,所有相似度大于阈值 α

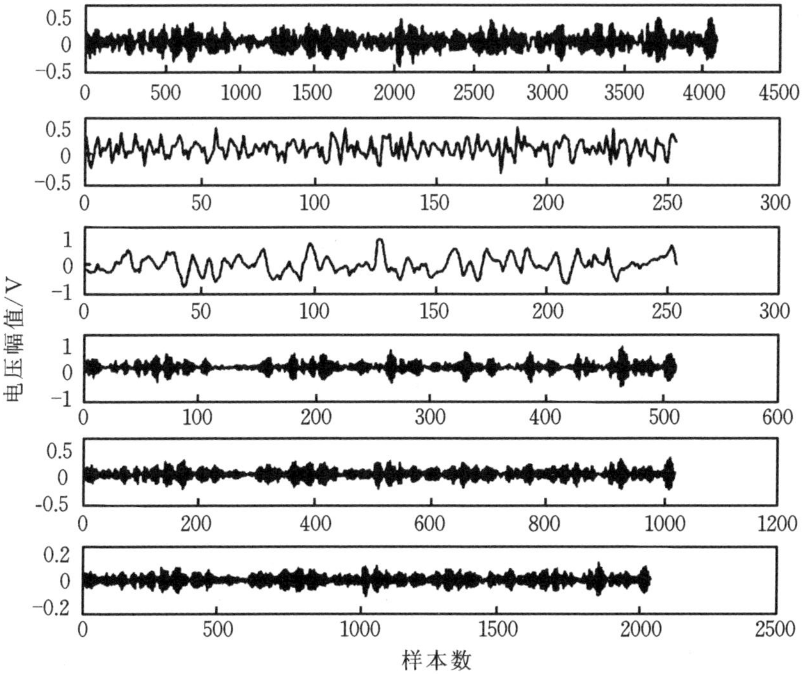

图 2.12　故障信号小波分解

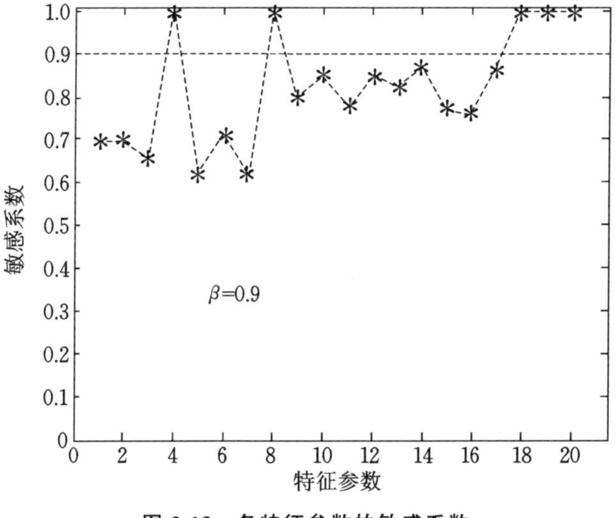

图 2.13　各特征参数的敏感系数

的节点均为获胜节点，计算获胜节点与输入样本的隶属度，根据各隶属度的大小更新权重值；若小于警戒参数，则新建第三个模式节点。依此类推，直至所有训练样本完成训练。

在警戒参数 ρ 为 0.835，τ 为 0.4，m 为 6，阈值 α 为 0.4 时，可对测试样本进行诊断分析，诊断精度由下式计算：

$$\mathrm{DA}=\frac{C}{(T-N)}\times 100\% \tag{2.60}$$

C 为正确分类样本数，T 为样本总数，N 为聚类节点数。基于软竞争 ART 模糊相似性聚类的诊断结果如图 2.14 所示。诊断精度为 99.67%。从图 2.14 可以看出，基于软竞争 ART 模糊相似性聚类的无监督诊断模型不仅能有效诊断不同故障类型，而且能有效诊断不同严重程度的故障。

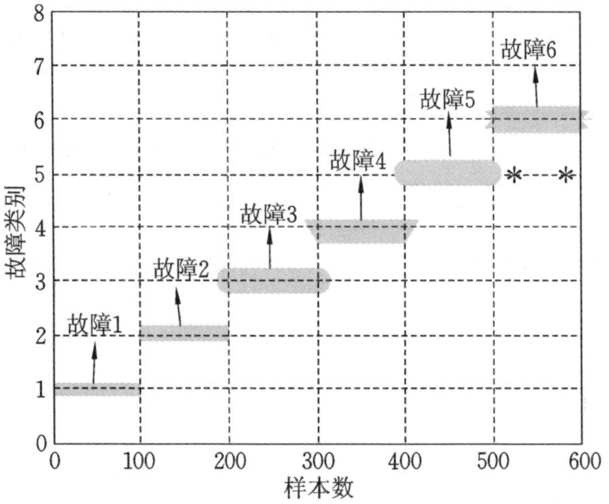

图 2.14　基于软竞争 ART 模糊相似性聚类的诊断结果

另外，为了验证基于软竞争 ART 模糊相似性聚类的无监督诊断模型的优越性，采用 ART 神经网络模型、硬竞争 ART 模糊相似性聚类模型和模糊 C 均值(FCM)等方法对同样的数据样本进行诊断分析，如表 2.4 所示。可以看出，FCM 的诊断精度最低且小于 80%，软竞争 ART 模糊相似性聚类模型的诊断精度高达 99.67%且比 ART 模型和硬竞争 ART 模糊相似性聚类模型的诊断精度分别高了 16.34 个百分点和 10.5 个百分点，主要原因是基于软竞争 ART 模糊相似性聚类模型在软竞争机制下充分利用各神经元节点信息，能更准确地诊断故障类型模糊区域处(交界处)的数据样本。

表 2.4　各诊断模型的诊断结果

诊断模型	ART 模型	硬竞争 ART 模糊相似性聚类模型	FCM	软竞争 ART 模糊相似性聚类模型
诊断精度	83.33%	89.17%	<80%	99.67%

2.4　集成软竞争 ART 模糊相似性聚类的无监督故障诊断方法

单一的无监督智能诊断模型在故障诊断过程中常因故障样本少或故障信息缺失导致诊断精度仍有待提升。集成学习则可将用多个诊断模型解决同一个诊断任务得到的诊断结果进行融合,获取更高精度和更强鲁棒性的诊断结果。基于软竞争 ART 模糊相似性聚类的无监督诊断模型虽然能在训练样本充足的情况下识别出不同类型和不同严重程度的故障类型,能识别出不同故障类别交叠处数据样本的故障类型,但在实际工业应用中,故障数据样本少,尤其是早期故障样本更少,单一的无监督智能模型的诊断效果并不理想,诊断的稳定性也较差。集成软竞争 ART 模糊相似性聚类的无监督诊断模型应运而生。图 2.15 所示为集成软竞争 ART 模糊相似性聚类的无监督故障诊断流程。该集成诊断模型的诊断流程主要由三步组成:①运用小波分析方法将原始振动信号分解成不同尺度的子信号;②从不同尺度的子信号和原始信号中提取不同特征参数,构建多个不同的特征参数集,分别输入多个软竞争 ART 模糊相似性聚类的无监督诊断模型进行初步诊断分析;③利用合适的融合决策机制对各单个诊断模型的初步诊断结果进行融合,获取最终诊断结果。

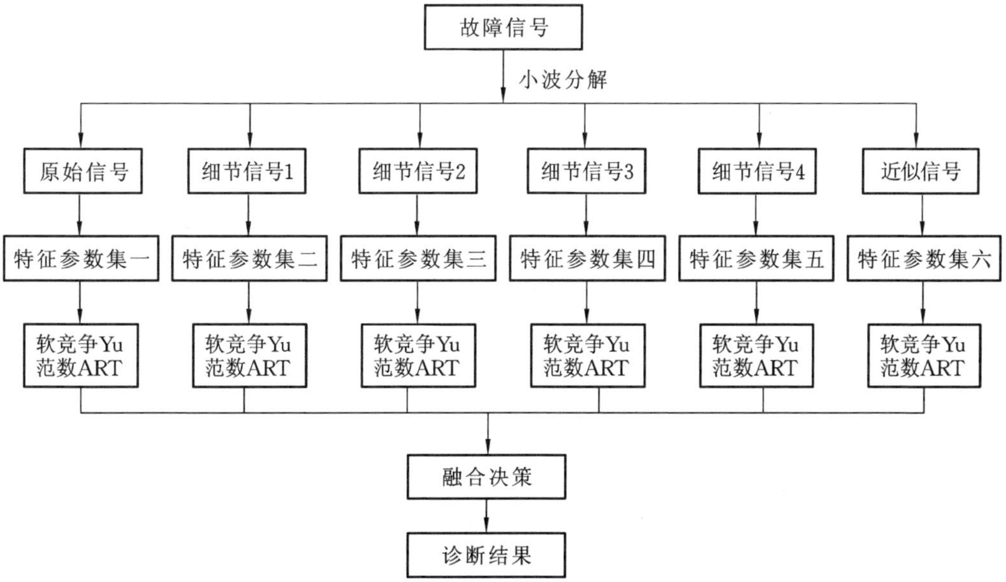

图 2.15　集成软竞争 ART 模糊相似性聚类的无监督故障诊断流程

2.4.1 特征参数提取

为了获取更多反映设备故障状态的特征信息，仍用 Haar 小波分析方法对原始振动信号进行 4 层分解，然后从小波分解的 4 个细节信号和 1 个近似信号中提取特征参数；另外，为了获取更多故障全局信息，从原振动信号中提取相应的故障特征参数，构建六个不同特征参数集，如表 2.5 所示。

表 2.5 各模型对应的特征参数集

模型	模型一	模型二	模型三	模型四	模型五	模型六
特征参数	均方值	均方值	均方根值	均方根值	均方根值	均方根值
	均方根值	均方根值	峭度	峭度	峰度	峰值因子
	峭度	裕度指标	方差	波形指标	峰值因子	脉冲指标
	方差	能量熵	峰度	能量熵	能量熵	裕度指标

2.4.2 基于多数投票表决的融合决策法

多数投票表决法是一种从多个诊断模型的初步分类结果中选择一个拥有最多票数的分类结果进行决策的方法，其决策规则就是利用多个诊断模型对同一故障数据样本做出相应的诊断分类并将出现频次最大的诊断分类结果作为该故障样本的类别归属；如果出现两种故障类别频次数相同的情况，选择次序靠前的类别作为最终分类结果。其具体算法如下。

假如 M 个诊断模型诊断出 M 个诊断结果，每个诊断结果对应 C 个类簇，即 C 个故障类型，第 m 个诊断模型的诊断结果对应的故障类别表示为 $h_{m,i}\in\{0,1\}$ $(m=1,2,3\cdots,M;i=1,2,3,\cdots,C)$，第 m 个诊断结果中选择了第 i 个类簇时 $h_{m,i}=1$，否则 $h_{m,i}=0$。依此便可通过下式为类簇 k 做出最后的集成决定的诊断结果：

$$\sum_{m=1}^{M}h_{m,k}=\max_{i}\sum_{m=1}^{M}h_{m,i} \tag{2.61}$$

由于无监督诊断模型进行诊断分析时，诊断的类别结果没有确定的类标签，在多数投票表决法中，类标签对齐是需要解决的关键问题，也是集成无监督智能诊断模型进行诊断的前提和难点。在故障诊断过程中，不同的无监督诊断模型会有不同的标记方法，而类标签只用来表示一些故障类型属于某一类，因此可以用任意形式的类标签呈现。采用相同类型的类标签，在不同无监督诊断模型中不同的类标签符号可能代表同一类别，不同的符号可能代表同一故障类别。如表 2.6 所示，表中有 6 种不同的类标签标记形式，但代表的却是同一种分类结果：$\{X_1, X_2, X_3\}$属于一故障类，$\{X_4, X_5\}$属于一故障类，$\{X_6, X_7\}$属于一故障类。

表 2.6　类标签的不同表现形式

数据对象	标记 1	标记 2	标记 3	标记 4	标记 5	标记 6
X_1	1	2	a	A	α	Ⅰ
X_2	1	2	a	A	α	Ⅰ
X_3	1	2	a	A	α	Ⅰ
X_4	2	1	b	B	β	Ⅱ
X_5	2	1	b	B	β	Ⅱ
X_6	3	3	c	C	γ	Ⅲ
X_7	3	3	c	C	γ	Ⅲ

标签对齐，就是事先设置一个对齐标准，可选择一个诊断结果当作标准，然后根据这个标准对待对齐的诊断结果进行调整，重新安排待对齐诊断结果的类标签。这里采用基于最大匹配原理的标签对齐方法，对满足最大相关性的两个类标签进行对齐。具体来说就是通过基准结果与待对齐结果间的关联矩阵来计算相关程度，并根据相关程度的大小顺序对类标签进行重新安排与调整。具体方法如下。

假定某 7 个故障样本的真实故障类标签为 $C_r=\{1,1,2,2,2,3,3\}$，将其作为对齐标准，而待对齐的故障类标签为 $C_t=\{2,3,2,2,3,1,3\}$，则由这两个类标签可得到关联矩阵，如图 2.16 所示。将此关联矩阵中第 i 行 j 列的元素用 a_{ij} 表示，a_{ij} 的值表示在故障类标签 C_r 中类标签为 i，同时在故障类标签 C_t 中类标签为 j 的分类结果的数量。若 a_{ij} 的值较大，则意味着 i 和 j 类标签代表的两个类的相关程度较高。

从图 2.16 表示的关联矩阵中取前两行的最大值：$a_{13}=1$，$a_{22}=2$。但是第三行所有的 a_{ij} 均为 1，这样就无法对 C_t 中标签 3 进行对齐。因此，考虑到关联矩阵中行和列的值对矩阵中数据的影响，可采用如下公式优化原关联矩阵，即

$$b_{ij}=\frac{a_{ij}^2}{\sum_{m=1}^{k}a_{im}\sum_{n=1}^{k}a_{nj}} \tag{2.62}$$

a_{ij} 为原始关联矩阵中的元素，b_{ij} 为优化后关联矩阵中的元素。优化后的关联矩阵如图 2.17 所示。从图 2.17 所示的关联矩阵中取每行的最大值（$b_{13}=1/2$，$b_{22}=4/9$，$b_{31}=1/6$），这样就得到对齐类标签对齐的准则（$1\longleftrightarrow 3$，$2\longleftrightarrow 2$，$3\longleftrightarrow 1$），即对于待对齐的故障类标签 C_t，所有的类标签 1 换成 3，2 换成 2，3 换成 1。标签对齐的结果如下。

对齐标准：$C_r=\{1,1,2,2,2,3,3\}$。

对齐前：$C_t=\{2,3,2,2,3,1,3\}$。

对齐后：$C_t'=\{2,1,2,2,1,3,1\}$。

C_t \ C_r	1	2	3
1	0	0	1
2	1	2	0
3	1	1	1

图 2.16　关联矩阵

C_t \ C_r	1	2	3
1	0	0	1/2
2	1/6	4/9	0
3	1/6	1/9	1/6

图 2.17　优化后的关联矩阵

2.4.3　集成软竞争 ART 模糊相似性聚类的无监督故障诊断算法

基于前述的各种理论模型，集成软竞争 ART 模糊相似性聚类的无监督故障诊断模型的具体算法如下：

① 对原始振动信号利用时间加窗函数进行切片分析，获取多个数据样本并将其划分为训练样本集和测试样本集；

② 利用 Haar 小波变换方法对原始振动信号的数据样本进行 4 层分解，获取五个不同尺度的子信号，利用时域分析法对五个子信号和原始信号进行分析，分别提取如表 2.5 所示的六个不同特征参数集；

③ 利用训练数据样本对应的六个不同特征参数集分别对六个软竞争 ART 模糊相似性聚类的无监督诊断模型进行训练；

④ 利用已训练的六个软竞争 ART 模糊相似性聚类的无监督模型对同一测试数据样本进行诊断分析，获取六个初步的诊断结果，将这些初步的诊断结果进行标签对齐处理并利用多数投票法得到最终诊断结果。

2.4.4　诊断案例分析

为了验证集成软竞争 ART 模糊相似性聚类的无监督故障诊断方法的诊断有效性，我们对美国凯斯西储大学的轴承故障进行了诊断分析。表 2.7 给出了 6 种不同故障类型的轴承振动信号数据样本，其中每种故障类型的数据样本均为 50，每个样本有 4096 个采样数据。

表 2.7　轴承故障数据样本统计表

故障类型	重度内圈故障	重度外圈故障	轻度外圈故障	轻度内圈故障	中度外圈故障	中度内圈故障
故障直径/mm	0.54	0.54	0.18	0.18	0.36	0.36
分类标签	1	2	3	4	5	6
测试样本数	50	50	50	50	50	50

根据前述的软竞争 ART 模糊相似性聚类的故障诊断算法，将每个诊断模型的参数分别设置为阈值 β 为 0.9，警戒参数 ρ 为 0.835，τ 为 0.4，m 为 6，阈值 α 为 0.4。单个无监督诊断模型的故障诊断结果如图 2.18 所示。各诊断模型的故障诊断精度如表 2.8 所示。从图 2.18 和表 2.8 可以看出每个诊断模型对不同数据样本的诊断结果均有所不同，其中无监督诊断模型一和模型二的诊断精度相对较高，分别达到了 85％和 83.33％，而其他四个无监督诊断模型的精度较低，均没达到 80％，这主要

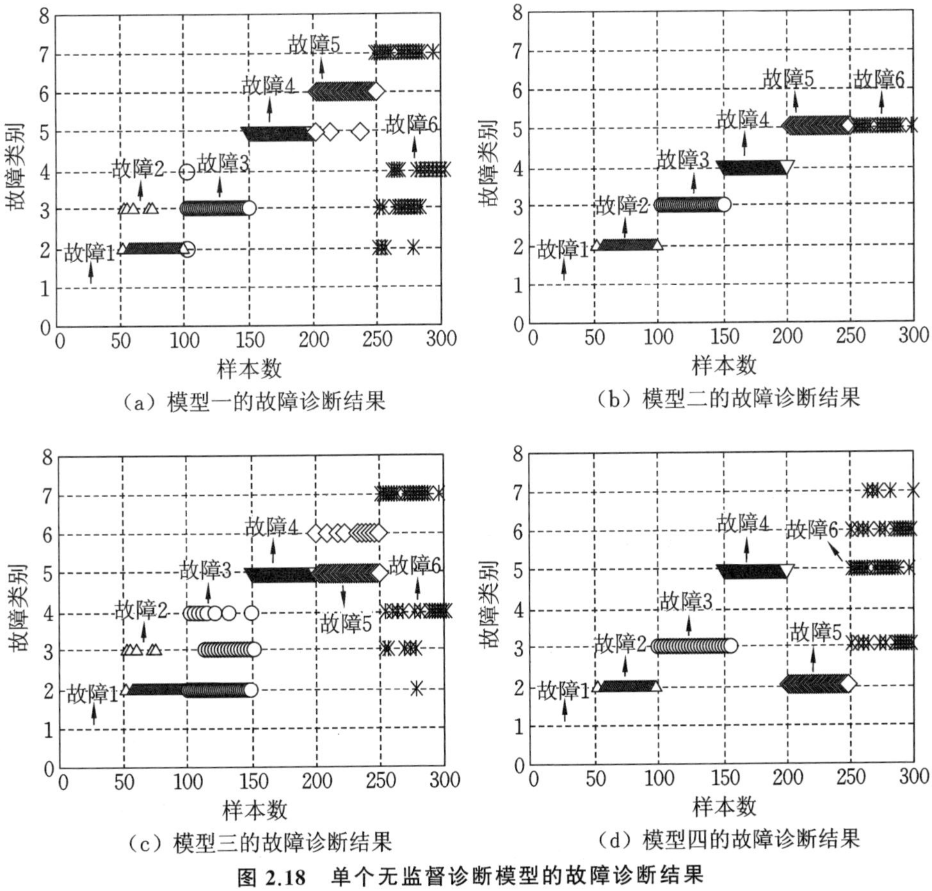

(a) 模型一的故障诊断结果　(b) 模型二的故障诊断结果

(c) 模型三的故障诊断结果　(d) 模型四的故障诊断结果

图 2.18　单个无监督诊断模型的故障诊断结果

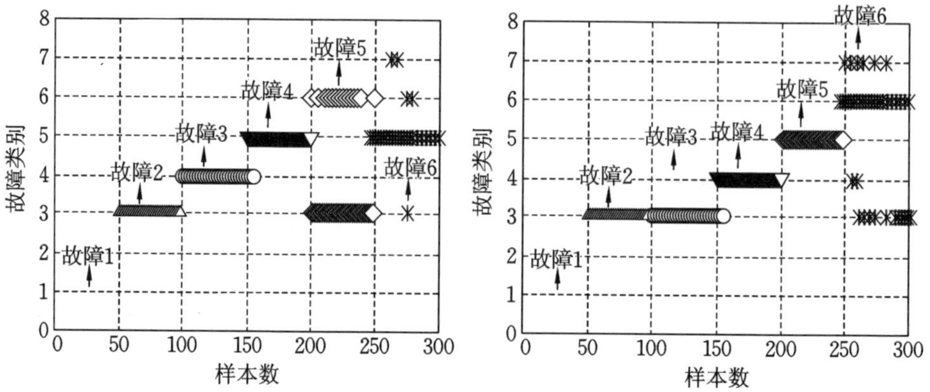

（e）模型五的故障诊断结果　　（f）模型六的故障诊断结果

续图 2.18

表 2.8　各诊断模型的故障诊断精度

诊断模型	模型一	模型二	模型三	模型四	模型五	模型六
误分样本数	45	50	103	65	80	85
诊断精度	85%	83.33%	65.67%	78.33%	73.33%	71.67%

是因为当训练样本较少时，各单个无监督诊断模型的诊断精度均不高；用不同尺度子信号构建的不同无监督诊断模型的诊断结果均不一样，这说明不同子信号所含的故障信息不一样，这也为后续的集成无监督诊断模型提供了技术基础。

为验证集成软竞争 ART 模糊相似性聚类的无监督诊断模型的有效性，分别将三个无监督诊断模型、四个无监督诊断模型、五个无监督诊断模型和六个无监督诊断模型进行了集成，如图 2.19 所示。各集成无监督诊断模型的诊断精度如表 2.9 所示。

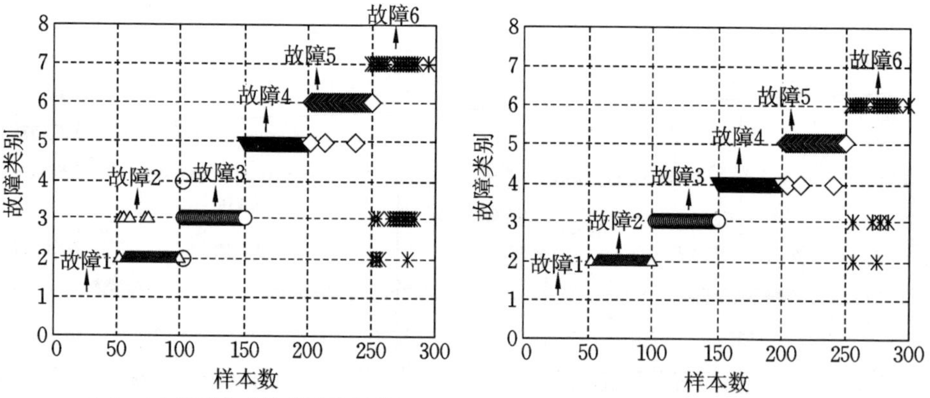

（a）三个模型集成的故障诊断结果　　（b）四个模型集成的故障诊断结果

图 2.19　各集成无监督诊断模型的诊断结果

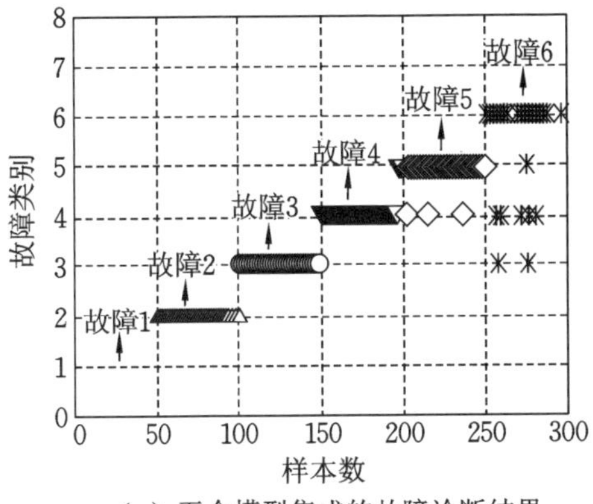

(c) 五个模型集成的故障诊断结果

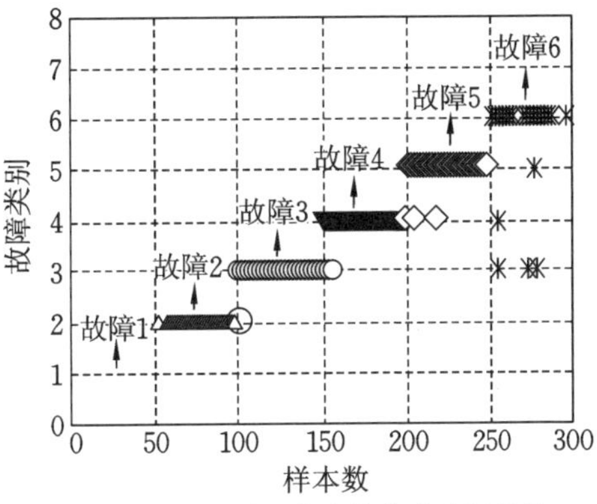

(d) 六个模型集成的故障诊断结果

续图 2.19

表 2.9　各集成无监督诊断模型的诊断精度

诊断模型	三模型集成	四模型集成	五模型集成	六模型集成
误分数据样本	24	12	12	10
诊断精度	92%	96%	96%	96.67%

由图和表可以看出，仅三个单个无监督模型的集成诊断精度就高达 92%，远高于单个模型的最高精度 85%；随着集成的单个无监督模型数量的增加，诊断精度也不断提高，当六个单个无监督模型进行集成时，其诊断精度高达 96.67%。这说明集成学习能够显著提高单个无监督诊断模型的诊断精度，也验证了集成软竞争 ART 模糊相似性聚类的无监督诊断模型在较少训练样本下具有较好的诊断效果。

2.5　本章小结

本章针对传统无监督故障诊断方法进行诊断分析时需事先确定聚类节点数而导致诊断精度低的问题，在分析自适应共振理论(ART)的基础上，结合模糊相似性聚类的优势，提出了基于 ART 模糊相似性聚类的无监督故障诊断方法，构建了软竞争 ART 模糊相似性聚类的无监督故障诊断模型，开发了集成软竞争 ART 模糊相似性聚类的无监督故障诊断方法，并通过对齿轮、轴承等故障类型的诊断分析，产生的结论如下。

(1) 结合 ART 机理及基于 Yu 范数的模糊相似性度量准则，建立了基于 ART 模糊相似性聚类的无监督智能诊断模型，即先利用时域和频域及时间序列方法从振动信号提取特征参数，然后运用基于距离区分技术进行敏感特征参数优选，最后输入 ART 模糊相似性聚类模型进行诊断分析。通过对齿轮不同剥落程度的故障诊断分析，我们发现距离区分技术在特征选择方面具有重要作用，基于 ART 模糊相似性聚类的无监督智能诊断效果较好，性能优于 Fuzzy ART 模型。

(2) 为了解决传统基于 ART 的无监督诊断模型采用硬竞争机制而致故障类别边界处数据样本或噪声样本被误分的问题，引入 FCL 的软竞争机制，建立了基于软竞争 ART 模糊相似性聚类的无监督诊断模型，通过对轴承故障状态的诊断分析，发现软竞争 ART 模糊相似性聚类诊断模型能充分利用各神经元信息，可以更准确地诊断故障边界处的数据样本，能更有效地诊断不同严重程度的故障类型且精度优于 ART 模型和硬竞争 ART 模糊相似性聚类模型。

(3) 针对单个软竞争 ART 模糊相似性聚类的无监督模型在少样本条件下诊断效果差的问题，建立基于集成软竞争 ART 模糊相似性聚类的无监督诊断模型，对轴承不同故障状态的诊断分析。诊断结果表明在训练数据样本较少时，集成软竞争 ART 模糊相似性聚类的无监督诊断模型可有效提高诊断精度，诊断性能明显优于单个无监督故障诊断模型。

参考文献

[1] CARPENTER G A, GROSSBERG S, ROSEN D B. Fuzzy ART: Fast stable learning and categorization of analog patterns by an adaptive resonance system[J]. Neural Networks, 1991, 4(6): 759-771.

[2] YANDONG Y. Triangular norms and TNF-sigma-algebras[J]. Fuzzy Sets & Systems, 1985, 16(3): 251-264.

[3] LUUKKA P. Similarity classifier using similarity measure derived from Yu′s norms in classification of medical data sets[J]. Computers in Biology & Medicine, 2007, 37(8): 1133-1140.

[4] LIANG J, YANG S, WINSTANLEY A. Invariant optimal feature selection: A distance discriminant and feature ranking based solution[J]. Pattern Recognition, 2008, 41(5): 1429-1439.

[5] YAIR E, ZEGER K. Competitive learning and soft competition for vector quantizer design[J]. IEEE Transactions on Signal Processing: A publication of the IEEE Signal Processing Society, 1992(2): 40.

[6] The Case Western Reserve University Bearing Data Center. Bearing data center fault test data [EB/OL]. [1998-10-04]. http://csegroups.case.edu/bearingdatacenter/pages/download-data-file.

[7] Vibroacoustic gear signatures with time-frequency spectrograms. http: www.ulb.ac.be/polytech/laborulb/gearvi/gearjtfa.html.

第 3 章　有监督混合智能故障诊断方法

机械设备结构复杂、工况多变，故障类型多样，呈现的故障表征现象多样，即同一故障类型呈现多个故障表征现象，同一故障表征现象可能对应多个故障类型，故障类型与故障表征参数的关系复杂多样。无监督故障诊断方法用无标签数据样本进行训练，导致故障诊断精度不足。有监督故障诊断方法虽然利用有标签训练样本，可以提高故障诊断的精度，但用传统有监督故障诊断模型（如 RBF、SVM 等）进行诊断分析时，需足够的有标签故障样本对故障模型进行训练，否则一旦出现新的故障类型，需重新训练故障模型，不仅费时而且在线诊断应用时受限，同时因实际工业过程中机械设备状态信号噪声大、故障特征缺失、故障样本少等导致诊断精度仍有待提高。本章在介绍有监督混合智能故障诊断方法概述的基础上，构建了加权的 Fuzzy ARTMAP 有监督模型，建立了混合竞争机制的 Fuzzy ARTMAP 有监督模型，开发了多特征域选择性集成 Fuzzy ARTMAP 模型，利用相关诊断案例进行了验证分析。

3.1　有监督混合智能故障诊断方法概述

有监督故障诊断方法指的是用有标签的数据样本训练分类器模型，建立输入数据样本与故障类别之间的映射关系，使其可以对测试数据样本进行诊断分析。有监督混合智能诊断方法综合利用多种智能方法的优势，取长补短，从而有助于提升单一有监督故障诊断模型的诊断精度。

基于自适应共振理论（ART）的 Fuzzy ARTMAP 是增量式有监督神经网络模型，能很好地解决网络模型“自适应”和“稳定性”两难的困境问题，也就是说即使有新故障类型的数据样本出现，不需重新训练网络模型也可对新的故障类型进行学习，在模式识别及故障诊断领域被广泛应用。但 Fuzzy ARTMAP 在训练过程中受噪声及训练样本输入顺序的影响，导致其诊断精度和鲁棒性受很大影响。混合 Fuzzy ARTMAP 智能诊断模型将 Fuzzy ARTMAP 模型与混合竞争机制、特征加权、集成学习机制等方法进行融合，综合利用 Fuzzy ARTMAP 和其他智能方法的优势，形成混合 Fuzzy ARTMAP 智能诊断模型，从而提高了 Fuzzy ARTMAP 模型的诊断精度和稳定性。

3.2 加权 Fuzzy ARTMAP 智能诊断方法

通常敏感的特征参数有助于提升故障诊断模型的诊断精度，原因就是敏感的特征参数对故障状态识别较为重要。但这些敏感的特征参数输入诊断模型进行诊断分析时，均被认为对故障状态识别具有同等重要度或敏感度，从而导致其进行诊断时仍可能出现误诊。事实上，特征参数对故障类别有不同的敏感度，而敏感的特征参数也同样具有不同的敏感度，其中特征参数的敏感度常用特征权重来表示。因此，为了提高诊断模型的诊断精度，我们建立了加权的 Fuzzy ARTMAP (FAM) 模型，以期实现设备故障诊断精度的提升。

3.2.1 Fuzzy ARTMAP 网络原理

Fuzzy ARTMAP (FAM)网络模型是在模糊逻辑与自适应共振理论的基础上发展起来的一种自组织有监督的且具有增量学习功能的神经网络模型，将一组类别较多的模式映射到另一组类别较少的模式，从而实现模式分类。该网络由两个 Fuzzy ART 子模块(ART_a 和 ART_b)及连接这两个模块的映射场组成，如图 3.1 所示。其中 ART_a 模块实现输入样本的模式聚类，ART_b 模块实现输出的模式聚类，每一个模块均由正则化层 F_0、输入层 F_1 和分类层 F_2 组成，映射场实现输入聚类与输出聚类的映射关系。

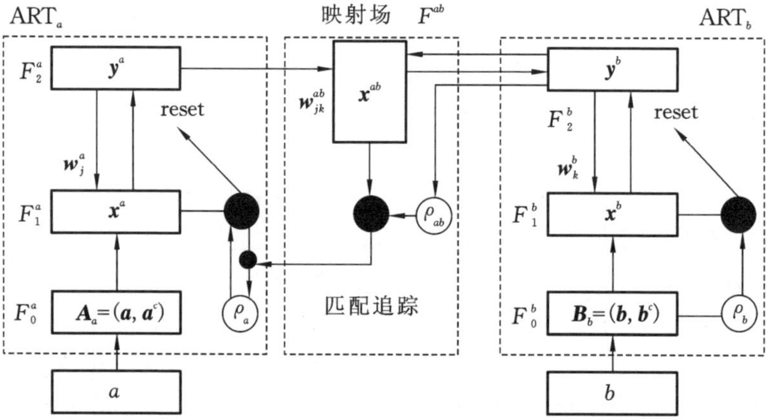

图 3.1 Fuzzy ARTMAP **网络结构**

设输入训练样本对$\{\boldsymbol{A}_a^{(p)},\boldsymbol{B}_b^{(p)}\}$，$p=1,2,\cdots,m$。$m$ 为训练样本总个数，$\boldsymbol{A}_a^{(p)}$ 的维数为 M_a，$\boldsymbol{B}_b^{(p)}$ 的维数为 M_b，$\boldsymbol{B}_b^{(p)}$ 为 $\boldsymbol{A}_a^{(p)}$ 的期望映射，样本 $\boldsymbol{A}_a^{(p)}$ 和 $\boldsymbol{B}_b^{(p)}$ 分别为模块 ART_a 和 ART_b 的输入向量。设 F_2^a 和 F_2^b 层神经元的数量分别为 N_a 和 N_b，映

射场 F^{ab} 层神经元与 F_2^b 层神经元的数量相同且一一对应。$\boldsymbol{x}^a$ 和 $\boldsymbol{y}^a$ 分别为模块 ART_a 中 F_1^a 和 F_2^a 的输出向量，$\boldsymbol{w}_j^a=[w_{j,1}^a,w_{j,2}^a,\cdots,w_{j,2M_a}^a]$ 为 ART_a 模块中与 F_2^a 层第 j 个模式节点相连的权值向量，其中 $j=1,2,\cdots,N_a$。$\boldsymbol{x}^b$ 和 $\boldsymbol{y}^b$ 分别为 F_1^b 和 F_2^b 的输出向量，$\boldsymbol{w}_k^b=[w_{k,1}^b,w_{k,2}^b,\cdots,w_{k,2M_b}^b]$ 为 ART_b 模块中与 F_2^b 层第 k 个模式节点相连的权向量，$k=1,2,\cdots,N_b$。映射场与 ART_a 模块通过权值 $\boldsymbol{w}^{ab}$ 相连，$\boldsymbol{x}^{ab}$ 代表匹配域 F^{ab} 的输出向量，$\boldsymbol{w}_j^{ab}=[w_{j,1}^{ab},w_{j,2}^{ab},\cdots,w_{j,N_b}^{ab}]$ 表示 F_2^a 层第 j 个模式节点到 F^{ab} 层的权向量，$j=1,2,\cdots,N_a$。另外，初始时 $\boldsymbol{w}_j^a$、$\boldsymbol{w}_k^b$ 和 $\boldsymbol{w}_j^{ab}$ 的所有分量都设置为 1，则 FAM 的具体算法如下。

1）激活类神经元的选择

对于 ART_a 模块，将其输入转化为正则化后的补码形式，也就是说 F_0^a 的输出向量表示为 $\boldsymbol{A}_a=[\boldsymbol{a},\boldsymbol{a}^c]$。其中 a_i^c 为 a_i 的补码，可通过下式得到：

$$a_i^c=1-a_i \tag{3.1}$$

$i=1,\cdots,M_a$。

将 $\boldsymbol{w}_j^a$ 作为 ART_a 模块中 F_1^a 层的输入，F_2^a 层中各个模式节点就会根据类选择函数计算其与输入向量 $\boldsymbol{A}_a$ 的相似度，即

$$\frac{|\boldsymbol{A}_a\wedge\boldsymbol{w}_j^a|}{|\boldsymbol{w}_j^a|+\alpha_a}=T_j(\boldsymbol{A}_a) \tag{3.2}$$

$T_j(\boldsymbol{A}_a)$ 表示输入向量与模式权重向量的相似度；α_a 是一个略大于 0 的选择参数，其值常取为 0.000 01。通过下式找出相似度最大的模式节点，即

$$T_a^*=\max[T_1(\boldsymbol{A}_a),\cdots,T_j(\boldsymbol{A}_a),\cdots,T_{N_a}(\boldsymbol{A}_a)] \tag{3.3}$$

最大的输出模式节点多于一个时，选取索引号为最小的 j 作为获胜者，式中的 N_a 为输出模式节点的个数。

根据下式计算 T_a^* 与输入样本的匹配度（对输入样本进行警戒测试），即

$$\frac{|\boldsymbol{A}_a\wedge\boldsymbol{w}_a^*|}{|\boldsymbol{A}_a|}\geqslant\rho_a \tag{3.4}$$

$\boldsymbol{w}_a^*$ 是模式 T_a^* 对应的权重向量。验证匹配度是否大于等于警戒参数 ρ_a，如果满足，则可对节点的权重向量按下式进行调整，即

$$\boldsymbol{w}_j^{a(\mathrm{new})}=\beta(\boldsymbol{A}\wedge\boldsymbol{w}_j^{a(\mathrm{old})})+(1-\beta)\boldsymbol{w}_j^{a(\mathrm{old})} \tag{3.5}$$

$\boldsymbol{w}_j^{a(\mathrm{old})}$ 表示模式节点 j 调整之前的权值向量；$\boldsymbol{w}_j^{a(\mathrm{new})}$ 表示模式节点 j 调整之后的权值向量；β 为学习速率，其取值范围为 $0\leqslant\beta\leqslant1$，常取 $\beta=1$，表示快速学习。此时称为进入共振状态，否则将选择下一个模式节点参与竞争，直至所有的节点参与完毕。当所有节点都不满足时，需要重新生成新的模式节点，其权重向量可表示为

$$\boldsymbol{w}'=\boldsymbol{A}_a' \tag{3.6}$$

$\boldsymbol{A}_a'$ 表示输入向量。

模块 ART_b 的学习模式与此一样，这里不再赘述。

2）映射激活

若模块 ART_a 或 ART_b 中的模式节点被激活，则映射场也被激活。若 F_2^a 层选择的激活的活跃节点为第 J 点，则 F^{ab} 的连接权值为 $\boldsymbol{w}_J^{ab}$；设 F_2^b 中被激活的活跃节点为第 K 点并以一一对应的方式与 F^{ab} 连接。若两个模块选择的激活的活跃节点期望的类别相同，则 F^{ab} 的输出向量 $\boldsymbol{x}^{ab}$ 可由以下规则决定。

$$\boldsymbol{x}^{ab}=\begin{cases}\boldsymbol{y}^b \wedge \boldsymbol{w}_J^{ab} & (F_2^a \text{ 的第 } J \text{ 个节点活跃且 } F_2^b \text{ 也活跃}) \\ \boldsymbol{w}_J^{ab} & (F_2^a \text{ 的第 } J \text{ 个节点活跃且 } F_2^b \text{ 不活跃}) \\ \boldsymbol{y}^b & (F_2^a \text{ 不活跃而 } F_2^b \text{ 活跃}) \\ 0 & (F_2^a \text{ 和 } F_2^b \text{ 都不活跃})\end{cases} \tag{3.7}$$

如果 $\boldsymbol{w}_J^{ab}$ 与 $\boldsymbol{y}^b$ 不一致，由上式可知当 $\boldsymbol{x}^{ab}=0$，这样的失配导致 ART_a 搜索一个更好的类与 ART_b 的 K 类别匹配，即下面的匹配跟踪过程。

3）匹配追踪

在网络接收一个新的输入样本对$\{\boldsymbol{A}^a,\boldsymbol{B}^b\}$时，$ART_a$ 的警戒参数 ρ_a 取为基础值$\overline{\rho_a}$，此时映射域的警戒参数为 $\rho_{ab}\in(0,1]$，按下式判断：

$$|\boldsymbol{x}^{ab}|<\rho_{ab}|\boldsymbol{y}^b| \tag{3.8}$$

若满足上式，模块 ART_a 和 ART_b 失配，即 $\boldsymbol{A}^a$ 在 ART_a 中选择的类别与 $\boldsymbol{B}^b$ 在 ART_b 中选择的类别无映射关系，此时需将 ρ_a 增大到稍稍大于 $|\boldsymbol{A}^a \wedge \boldsymbol{w}_J^a \| \boldsymbol{A}|^{-1}$，即

$$\rho_a=\frac{|\boldsymbol{A}^a \wedge \boldsymbol{w}_J^a|}{|\boldsymbol{A}^a|}+\delta \tag{3.9}$$

δ 为一个稍大于 0 的数，使下式成立，即

$$|\boldsymbol{x}^a|=|\boldsymbol{A}^a \wedge \boldsymbol{w}_J^a|<\rho_a|\boldsymbol{A}^a| \tag{3.10}$$

J 是 F_2^a 中的活跃节点。这样，在模块 ART_a 中的共振条件就发生破坏，ART_a 重新进行搜索，寻找合适的模式节点，使其与当前模块 ART_b 中的输出类别匹配，即要使以下两式同时成立：

$$|\boldsymbol{x}^a|=|\boldsymbol{A}^a \wedge \boldsymbol{w}_J^a|\geqslant\rho_a|\boldsymbol{A}^a| \tag{3.11}$$

$$|\boldsymbol{x}^{ab}|=|\boldsymbol{y}^b \wedge \boldsymbol{w}_J^{ab}|\geqslant\rho_{ab}|\boldsymbol{y}^b| \tag{3.12}$$

当在模块 ART_a 中找不到一个与当前 ART_b 输出类别匹配的类别节点，则需在 ART_a 的输出类别中新增一个类别。

4）映射场权值学习

当 ART_a 的第 J 类别节点发生共振，$\boldsymbol{w}_J^{ab}$ 接近匹配域向量 $\boldsymbol{x}^{ab}$ 时，则需对其权值进行调整，即

$$\boldsymbol{w}_{ab}^{(\text{new})}=\beta(\boldsymbol{y}^b \wedge \boldsymbol{w}_{ab}^{(\text{old})})+(1-\beta)\boldsymbol{w}_{ab}^{(\text{old})} \tag{3.13}$$

β 为学习参数。当网络快速学习且 ART_a 的 J 类别学会 ART_b 的 K 类别时，

令 $w_{JK}^{ab}=1$，$\boldsymbol{w}_J^{ab}$ 中的其他分量为 0。

显然，FAM 有监督网络模型在学习和分类识别过程中的主要影响因素为类的选择测试和警戒测试。当输入样本与相似度最大的模式节点的匹配度大于警戒参数时，可将输入样本归类于此模式节点对应的类别；匹配度小于警戒参数时，输入样本不能归类于任何一个已有的故障类别，应被归类于一个新的故障类别。

3.2.2　加权 Fuzzy ARTMAP 有监督模型

众所周知，传统的 FAM 神经网络模型在进行模式分类的过程中可以用超几何方式来描述。假定第 j 类的权值矢量 $\boldsymbol{w}_j=[u_j \quad v_j^c]\in\mathbf{U}^{2M}$ 和某一数据样本 $\boldsymbol{x}$，则数据样本 $\boldsymbol{x}$ 与第 j 类模式节点之间的 Manhattan 距离可定义为

$$\begin{aligned}\mathrm{dis}(\boldsymbol{x},\boldsymbol{w}_j)&=|\boldsymbol{w}_j|-|\boldsymbol{x}^e\wedge\boldsymbol{w}_j|\\&=\sum_{m=1}^{M}d_{jm}=\sum_{m=1}^{M}\{[\max(x_m,v_{jm})-v_{jm}]+[u_{jm}-\min(x_m,u_{jm})]\}\end{aligned}\tag{3.14}$$

类 j 的大小 $s(\boldsymbol{w}_j)$ 及其表示区域 $R(\boldsymbol{w}_j)$ 可分别表示为

$$s(\boldsymbol{w}_j)=M-|\boldsymbol{w}_j|=|v_j-u_j|=\sum_{m=1}^{M}l_{jm}=\sum_{m=1}^{M}(v_{jm}-u_{jm})\tag{3.15}$$

$$R(\boldsymbol{w}_j)=\{x\in\mathbf{U}^M\mid\mathrm{dis}(\boldsymbol{x},\boldsymbol{w}_j)=0\}\tag{3.16}$$

以上三式中 $\boldsymbol{x}^e=[x,x^c]$，$u_j,v_j\in\mathbf{U}^M$ 是权值向量 $\boldsymbol{w}_j$ 的权值分量，且 $u_{jm}\leqslant v_{jm}$ $(m=1,\cdots,M)$，M 表示样本 $\boldsymbol{x}$ 的维度，l_{jm} 是类 j 的表示域 $R(\boldsymbol{w}_j)$ 沿 m 轴方向的长度，d_{jm} 是样本 $\boldsymbol{x}$ 到类 j 表示域 $R(\boldsymbol{w}_j)$ 沿 m 轴方向的长度。为了便于理解，这里给出了一个二维示例，如图 3.2 所示。图中的阴影部分及由 u_j 和 v_j 定义的矩形边界联合的区域相当于类 j 的表示区域 $R(w_j)$。

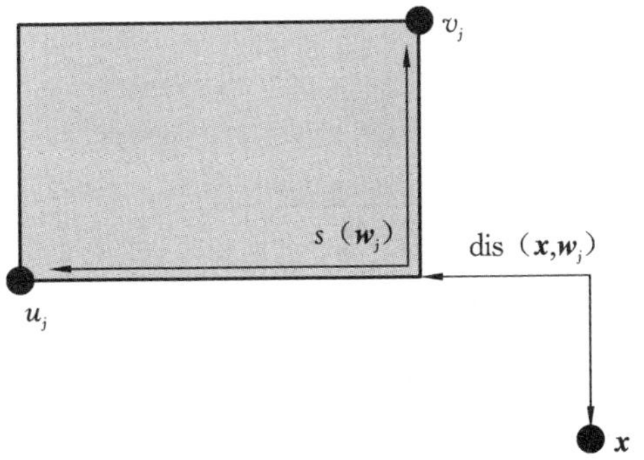

图 3.2　二维类 j 的几何表示

从图中可以看出样本 $\boldsymbol{x}$ 与类 j 表示域的最小的 Manhattan 距离为 $\mathrm{dis}(\boldsymbol{x},\boldsymbol{w}_j)$，如果 $\boldsymbol{x}$ 在矩形之内或边界上，则 Manhattan 距离 $\mathrm{dis}(\boldsymbol{x},\boldsymbol{w}_j)$ 为 0。利用上面的三

式，FAM 神经网络中类的匹配函数和选择函数可以用几何方式表示为

$$\rho(\boldsymbol{w}_j|\boldsymbol{x})=\frac{M-s(\boldsymbol{w}_j)-\mathrm{dis}(\boldsymbol{x},\boldsymbol{w}_j)}{M} \tag{3.17}$$

$$T(\boldsymbol{w}_j|\boldsymbol{x})=\frac{M-s(\boldsymbol{w}_j)-\mathrm{dis}(\boldsymbol{x},\boldsymbol{w}_j)}{M-s(\boldsymbol{w}_j)+\alpha} \tag{3.18}$$

相应的类的选择则可被定义为对一个常值 T_u 的判别测试，即

$$T(\boldsymbol{w}_j|\boldsymbol{x})\geqslant T_u=\frac{M}{2Mw_u+\alpha} \tag{3.19}$$

w_u 与类的匹配测试中的参数 ρ 起着一样的作用。这样与类的匹配函数和类的选择函数描述的几何表示区域就被称为类的匹配区域和类的选择区域。相应的类的匹配区域和选择区域的半径就可分别表示为

$$d_v(\boldsymbol{w}_j|\rho)=M(1-\rho)-s(\boldsymbol{w}_j) \tag{3.20}$$

$$d_c(\boldsymbol{w}_j|w_u)=\frac{(2w_u-1)M+\alpha}{2Mw_u+\alpha}\left[\frac{(2w_u-1)M^2}{(2w_u-1)M+\alpha}-s(\boldsymbol{w}_j)\right] \tag{3.21}$$

同样为了理解方便，我们描述了一个维数为 2、警戒参数为 ρ_0 和权值矢量为 $\boldsymbol{w}_j$ 代表的类的匹配区域，如图 3.3 所示。从图中可以看出当输入样本 $\boldsymbol{x}$ 满足警戒测试时，相应的样本 $\boldsymbol{x}$ 与类 j 的表示区域的距离小于匹配区域半径 $d_v(\boldsymbol{w}_j|\rho_0)$，在灰色区域内或在六边形边界上的所有样本点都属于类 j。而对于一个二维的类的选择区域，同样可以运用与图 3.3 描述的匹配区域的形状进行描述，只是当 w_u 给定时，区域半径会不同，这里不再赘述。

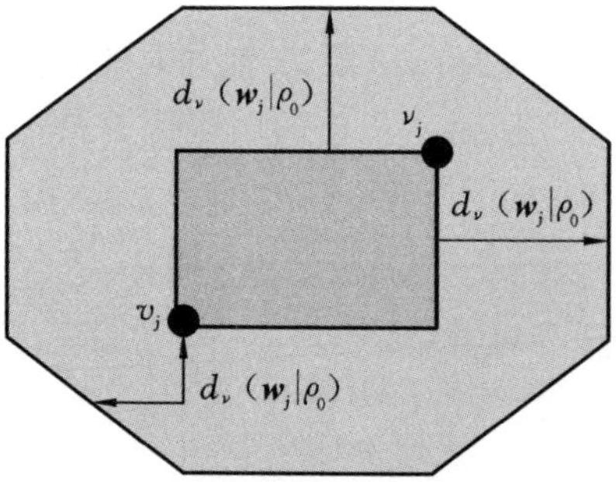

图 3.3　类 j 的匹配区域

然而在 FAM 的学习过程中，输入样本的不同分量（不同特征参数）对故障类别的不同重要度并未被考虑，均认为是一致的。从几何的角度来看，输入域中不同坐标轴的长度是相等的，就可能使不同类别的表示区域重叠，导致分类结果混淆。

为了提高分类精度，将加权的 Manhattan 距离引入 FAM 网络。加权后，输入样本 $\boldsymbol{x}$ 与权值矢量 $\boldsymbol{w}_j$ 的距离就变为

$$i\mathrm{dis}(\boldsymbol{x},\boldsymbol{w}_j)=\sum_{m=1}^{M}\lambda_m d_{jm}=\sum_{m=1}^{M}\lambda_m\{[\max(x_m,v_{jm})-v_{jm}]+[u_{jm}-\min(x_m,u_{jm})]\}\tag{3.22}$$

相应的类 j 的尺寸大小 $s(\boldsymbol{w}_j)$ 可重新写为

$$is(\boldsymbol{w}_j)=\sum_{m=1}^{M}\lambda_m(v_{jm}-u_{jm})\tag{3.23}$$

$\lambda_m(m=1,2,\cdots,M)$ 表示特征的加权系数，表示输入样本中不同特征参数对不同故障类别的重要程度。若将上两式代入式(3.17)和(3.18)，修正的类匹配函数和类选择函数就可改写为

$$i\rho(\boldsymbol{w}_j|\boldsymbol{x})=\frac{M-is(\boldsymbol{w}_j)-i\mathrm{dis}(\boldsymbol{x},\boldsymbol{w}_j)}{M}\tag{3.24}$$

$$iT(\boldsymbol{w}_j|\boldsymbol{x})=\frac{M-is(\boldsymbol{w}_j)-i\mathrm{dis}(\boldsymbol{x},\boldsymbol{w}_j)}{M-is(\boldsymbol{w}_j)+\alpha}\tag{3.25}$$

因此，对于相同的警戒参数 ρ 和 w_u，相比于原始的 FAM 算法，更多的输入样本就可能满足上面修正的警戒测试和匹配测试。也就是说，当加权的 FAM 的选择区域半径和匹配区域半径与原始的 FAM 相同时，加权的类选择区域和匹配区域可能覆盖更多输入样本。

图 3.4 所示为加权的 FAM 网络中类的匹配过程示意图。假定输入样本 $\boldsymbol{x}$ 属于类 $\boldsymbol{w}_1$，当样本 $\boldsymbol{x}$ 与类 $\boldsymbol{w}_1$ 的距离 dis1 用式(3.14)计算时，其可能大于匹配区域半径 $d_v(\boldsymbol{w}_1|\rho_1)$，这样样本 $\boldsymbol{x}$ 就可能被误分。用加权的 Manhattan 距离公式(3.22)计算时，样本 $\boldsymbol{x}$ 就能被正确分类于类 $\boldsymbol{w}_1$。对于加权的 FAM 中的类的选择过程，也会产生同样的效果。

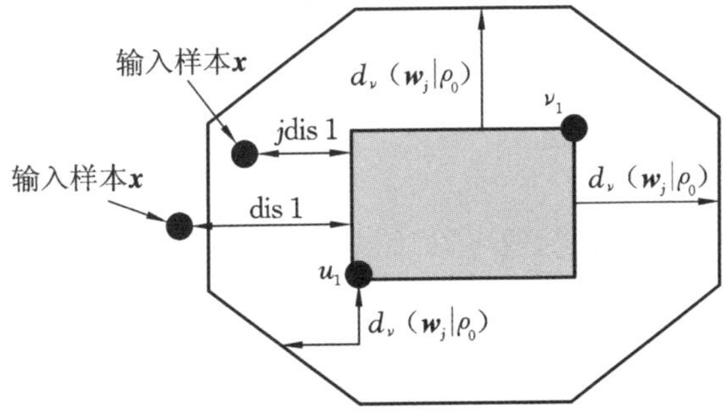

图 3.4　加权的 FAM 网络中类匹配过程示意图

3.2.3　基于改进距离评估技术的特征选择和权重获取

不同的特征参数对故障类型的敏感度或重要度不一样，一些特征参数可能对故障类型非常敏感和相关，但其他一些特征可能对这些故障类型不重要或稍微重

要。为了提高 FAM 模型的诊断性能，一些对故障类型提供关键信息的特征参数应被选择和强调，而一些不相关或冗余的特征参数应被剔除。因此，我们利用改进的距离评估技术对特征参数及其权重系数进行了优化分析。

1. 特征参数优选

改进的距离评估技术是原始距离评估技术的改进版本。假定特征参数集可表示为$\{f_{s,c,n}, s=1,2,\cdots,S_c; c=1,2,\cdots,C; n=1,2,\cdots,N\}$，其中 $f_{s,c,n}$是第 c 个故障状态下第 s 个样本的第 n 个特征值，S_c 是第 c 个故障状态下的总的样本数，C 是总的故障状态数，N 是每个样本包含的总特征数，则具体的特征选择过程可描述如下。

(1) 计算每个故障状态的先验概率。

$$p_c = \frac{S_c}{\sum_{c=1}^{C} S_c} \tag{3.26}$$

$c=1,\cdots,C$。

(2) 计算同一故障状态下样本间的平均距离。

$$d_{c,n} = \frac{p_c}{S_c \times (S_c - 1)} \sum_{l,m=1}^{S_c} |f_{l,c,n} - f_{m,c,n}| \tag{3.27}$$

$l,m=1,2,\cdots,S_c; l \neq m$。

这样就可得到 C 个故障状态下的平均距离 $d_n = \frac{1}{C}\sum_{c=1}^{C} d_{c,n}$。

(3) 计算同一故障状态下所有样本特征的平均值。

$$q_{c,n} = \frac{1}{S_c}\sum_{s=1}^{S_c} f_{s,c,n} \tag{3.28}$$

计算得到不同故障状态之间对应的数据样本间的平均距离，即

$$d'_n = \frac{1}{C \times (C-1)} \sum_{i,j=1}^{C} p_i p_j |q_{i,n} - q_{j,n}| \tag{3.29}$$

$i,j=1,2,\cdots,C; i \neq j$。

(4) 计算 d'_n 与 d_n 的比值，便可得到相应特征参数的距离评估因子。

$$\alpha_n = d'_n / d_n \tag{3.30}$$

(5) 正则化各特征参数的有效的距离评估因子 $\bar{\alpha}_n = \alpha_n / \max(\alpha_n)$，$\bar{\alpha}_n$ $(n=1,2,\cdots,N)$越大表示其对应的特征参数越敏感，能更好地区分 C 个故障状态。

(6) 设置门槛值 $\gamma(\gamma \in [0,1])$，通过 $\bar{\alpha}_n \geq \gamma$ 判定，从特征参数集$\{f_{s,c,n}\}$中选择一些敏感的特征参数。

2. 特征权重获取

修正的距离评估技术可以很好地选择故障敏感的特征参数，但这些特征参数

对不同故障类别有不同的重要度。为了进一步提高故障诊断精度及可靠性，特征参数权重的获取必不可少。

特征权重大于等于 0，小于等于 1，表示相应特征参数的重要度。特征权值为 0 和 1 时，就是传统的特征参数优化选择。权重越大，其对应的特征参数对故障状态的诊断分析越重要，这样在 Manhattan 距离的几何表示中，就表示坐标轴会根据不同特征权值的大小进行扩展和收缩。当敏感的故障特征参数被前述的修改距离区分技术进行优化选择后，其对应的有效的距离评估因子便可得到。这些有效的距离评估因子就代表着特征的权重 $\boldsymbol{w}[\boldsymbol{w}=(w_1,w_2,\cdots,w_m,\cdots,w_M)$，$M$ 是优选特征参数的数量]，表示其所对应的特征参数对故障类型的重要程度。

3.2.4　加权的 Fuzzy ARTMAP 故障诊断算法

将上述加权 FAM 模型与修正的距离评估技术结合，便可得到加权 FAM 的混合智能诊断方法，如图 3.5 所示。首先获取被测设备的振动信号，运用一些信号处理方法对其进行分析，提取时域和频域特征参数，对所获取的特征参数运用修正的距离评估技术进行优选及相应权重系数的获取，然后利用训练数据集对加权 FAM 模型进行训练，最后利用已学习的加权 FAM 模型对测试数据样本进行诊断分析。

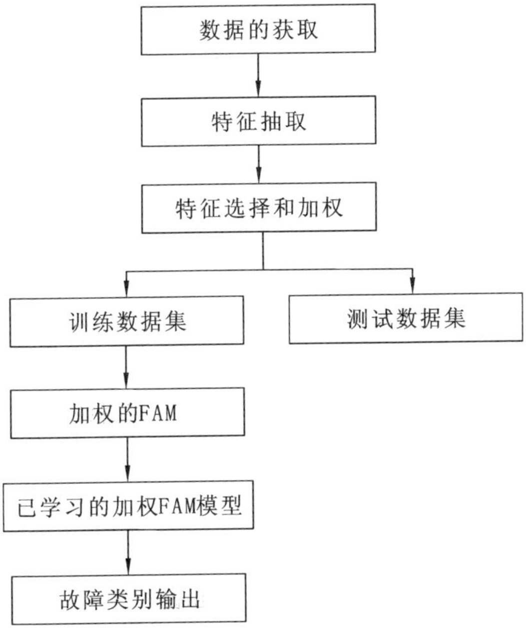

图 3.5　加权 FAM 诊断算法的流程

3.2.5 诊断案例分析

为了验证加权 FAM 故障诊断方法的有效性，我们仍采用美国凯斯西储大学轴承故障数据作为对象进行分析。表 3.1 所示为轴承故障的数据样本统计。可以看出，这是一个 5 类故障分类问题，并且每个故障类型的训练样本个数都不相同。

表 3.1 轴承故障的数据样本统计

故障类型	正常	球体故障			
		轻度	中度	重度	非常重度
故障尺寸/mm	0	0.18	0.36	0.54	0.72
训练样本数	40	35	40	45	50
测试样本数	30	30	30	30	30
分类标签	1	2	3	4	5

运用信号处理方法从轴承振动信号中提取 9 个时域和 7 个频域共 16 个特征参数，利用改进的距离评估技术对这些特征参数进行优选并获取相应的有效的距离评估因子，如图 3.6 所示。从图中可以看出，当门槛值 $\gamma=0.5$ 时，获取了 8 个敏感的特征参数及其对应的权重系数。

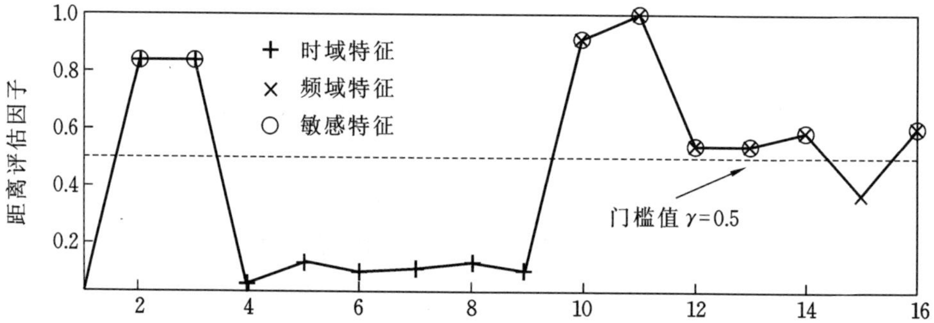

图 3.6 特征参数的距离评估因子

与此同时，为了验证加权 FAM 故障诊断方法的优越性，三种不同的诊断方法（原始特征集＋FAM、优化特征集＋FAM、优化特征集＋加权 FAM）均对轴承故障进行了诊断分析。为了方便，这三种方法分别被称为算法 1、算法 2 和算法 3，这三种方法进行故障诊断时均以快速学习和保守模式（$\beta=1$，$\alpha_a=0.001$）进行训练。考虑到 FAM 模型的警戒参数 ρ_a 对诊断性能的影响，我们探讨了 ρ_a 取不同值时算法 1 的诊断精度，如表 3.2 所示。从表中可以看出，当 $\rho_a=0.92$ 时，算法 1 的诊断精度最高，为 88.000%。

表 3.2　算法 1 的诊断精度

ρ_a	0.7	0.8	0.9	0.91	0.92	0.93	0.96	0.98	1.0
精度/(%)	82.246	82.246	82.246	82.246	88.000	86.525	85.465	80.362	0

为了公平，算法 2 和算法 3 的网络模型的基本参数和警戒参数 ρ_a 均设置为一致。表 3.3 所示为三种诊断算法的诊断精度。从表中可以看出，算法 1 的诊断精度是最低的，算法 2 的诊断精度达到 91.333%，算法 3 的诊断精度最高(93.333%)，这说明加权 FAM 的诊断性能优于算法 1 和算法 2。

表 3.3　三种诊断算法的诊断精度

诊断算法	1	2	3
诊断精度/(%)	88.000	91.333	93.333

另外，考虑到 FAM 神经网络的性能受训练样本输入顺序的影响，为了验证加权 FAM 故障诊断模型的鲁棒性和稳定性，运用 bootstrap 法对其诊断精度进行统计分析。

Bootstrap 法是一种利用样本重抽样来估计总体参数的统计方法，其基本思想就是把数字仿真和经典的数理统计方法有机地结合起来，对实际采集的有限数据样本利用计算机随机数发生器模拟大量数据样本个数，然后由这些大量的数据样本计算出相应的统计量(如均值和方差等)，从而获得不依赖于母体分布的统计量。具体算法：假定一随机独立样本 $\boldsymbol{x}=[x_1,x_2,\cdots x_n]$ 取自不知概率密度函数 F 和统计量 $\hat{\theta}=s(\boldsymbol{x})$ 的总体样本中，一个重抽样样本 $\boldsymbol{x}^*=[x_1^*,x_2^*,\cdots x_n^*]$ 就可能通过从原始样本中随机地抽取而得到，其中重抽样样本不是实际采样得到的样本，它是包含一些原始样本的样本点。其对应的统计量 $\hat{\theta}^*=s(\boldsymbol{x}^*)$ 也可被得到。运用重抽样方法对原始样本 $\boldsymbol{x}$ 抽取 B 次，这样就可以得到 B 组重抽样样本，同样可得到对应的 B 个统计量($\hat{\theta}_1^*,\hat{\theta}_2^*,\cdots\hat{\theta}_B^*$)。对于这些统计量，其标准方差和均值就可用下面两式得到，即

$$\sigma=\left\{\frac{1}{B-1}\sum_{b=1}^{B}[\hat{\theta}^*(b)-\hat{\theta}^*(\cdot)]\right\}^{\frac{1}{2}} \tag{3.31}$$

$$\bar{\theta}^*=\frac{1}{B}\sum_{b=1}^{B}\hat{\theta}_b^* \tag{3.32}$$

该统计量值对应的置信区间也可得到，即对 B 个统计量值($\hat{\theta}_1^*,\hat{\theta}_2^*,\cdots\hat{\theta}_B^*$)按递增的方式进行排序，假定 $\hat{\theta}_B^{(p)}$ 是序列中第($B\cdot p$)个值，$\hat{\theta}_B^{(1-p)}$ 是第$[B\cdot(1-p)]$个值，这样置信度为($1-2p$)的该统计量的置信区间就可表示为

$$[\hat{\theta}_{\%,\mathrm{low}},\hat{\theta}_{\%,\mathrm{up}}]\approx[\hat{\theta}_B^{*(p)},\hat{\theta}_B^{*(1-p)}] \tag{3.33}$$

这样，运用 bootstrap 法对加权 FAM 诊断精度进行统计分析的具体算法如下：

① 对 210 个训练样本运用 bootstrap 法随机抽取 1000 次，每次抽取的样本含 210 个，这样就可得到 1000 个训练样本包，每包样本由 210 个样本组成；

② 将 1000 个训练样本包分别输入加权 FAM 网络中进行训练，分别对测试样本进行诊断，这样就可得到 1000 个诊断精度；

③ 对获取的 1000 个诊断精度进行均值、方差和置信区间的估计分析。

我们可以得到这三种诊断算法对 1000 个 bootstrap 样本的诊断结果的统计分析，如图 3.7 所示。可以看出这三个算法的诊断精度均呈正态分布，但仍有一些差别，算法 1 的诊断精度统计值呈负偏，算法 2 和算法 3(加权的 FAM 诊断)的精度的呈正偏。表 3.4 所示为基于 bootstrap 法的三个算法的诊断精度的统计结果。可以看出算法 1 的诊断精度的均值最小，为 82.923%，其 95%置信区间为[76.667%，92.000%]；算法 2 的诊断精度的均值次之，为 88.963%；算法 3(加权的 FAM)的诊断精度的均值最大，达到 89.731%，其 95%置信区间为[84.667%，94.000%]。这些均说明加权 FAM 的诊断性能较稳定，鲁棒性较强，优于算法 1 和算法 2。

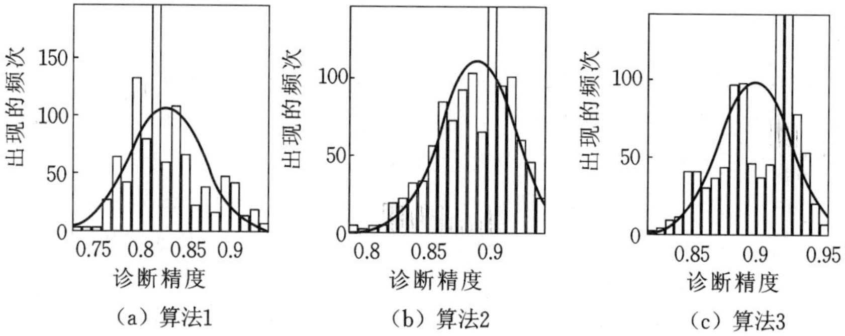

图 3.7　基于 bootstrap 法的三个算法的诊断精度的柱状图

表 3.4　基于 bootstrap 法的三个算法的诊断精度的统计结果

算法	诊断精度/(%)	
	均值	95%置信区间
1	82.923	[76.667,92.000]
2	88.963	[82.667,93.333]
3	89.731	[84.667,94.000]

从表 3.4 可以看出，算法 2 的诊断精度的均值高于算法 1，其 95%置信区间为[82.667%，93.333%]，这说明算法 2 的诊断性能优于算法 1 且其诊断结果是可靠

的、准确的。这主要是因为修正的距离评估技术可以去除一些冗余和不相关的特征参数，提升了算法 2 的诊断精度。从表 3.3 和表 3.4 也可发现，算法 3 的诊断性能均明显优于算法 2，这主要是因为加权的 FAM 和修正的距离区分技术的混合运用，不仅区分出不同特征参数对故障类型的不同重要度，而且加强了诊断知识的紧凑性，减少了不同故障类别的混淆程度，相应提高了故障诊断的精度。

3.3　混合竞争的 Fuzzy ARTMAP 有监督故障诊断方法

Fuzzy ARTMAP(FAM)有监督模型是无监督 Fuzzy ART 模型的改进，通过学习输入数据样本和对应的类标签的关系，实现故障类别的诊断分析。FAM 模型的学习过程类似于 Fuzzy ART 模型，其模式类别的选择采用的仍是“一胜所有”硬竞争机制，即取胜的模式节点是独一无二的，这样易导致不同故障类别边界处的数据样本或受噪声、工况、故障模糊性等因素影响的数据样本被误分。因此，我们利用混合竞争机制对模式节点进行选取，以期提高设备故障诊断精度。

3.3.1　混合竞争的 Fuzzy ARTMAP 模型

如前所述，当一个新的数据样本输入已训练好的 FAM 网络模型时，一个获胜的模式节点经过“硬竞争”的方式就可得到，即通过式(3.2)和式(3.3)进行获取，随后用式(3.4)检测这个选择的获胜模式节点与输入样本的匹配度是否满足匹配的条件。一旦条件满足，这个输入样本就会被分类于该获胜节点所属的类别。但实际上，不同故障类别边界处的数据样本或受噪声、工况及故障模糊性等因素影响的数据样本，可能与多个模式节点具有很大相似度且可能均满足警戒测试要求，采用“硬竞争”机制选取获胜模式节点可能使数据样本被误分。

为了解决此问题，在 FAM 的分类过程中建立了混合竞争机制。对一个输入样本根据式(3.2)来计算其与所有模式节点的相似度，根据相似度值的大小按降序进行排列，从中选取一些靠前的模式节点，即选取总模式节点数量的三分之一，利用下式计算这些选取的模式节点的中心，即

$$\boldsymbol{Q}_{ji}=\boldsymbol{Q}'_{ji}+\frac{|\boldsymbol{a}_{ji}-\boldsymbol{Q}'_{ji}|}{N_j} \tag{3.34}$$

$\boldsymbol{Q}_{ji}$是第 j 类的 N_j 个样本的第 i 个分量的重心，$\boldsymbol{Q}'_{ji}$是第 j 类的 N_j-1 个样本第 i 个分量的重心，$\boldsymbol{a}_{ji}$是第 j 类的输入样本的第 i 个分量，N_j 是第 j 类的输入样本的数量。此时需注意 $\boldsymbol{a}_{ji}$是输入样本的 M_a 维特征向量，无补码部分。

输入样本与选择模式节点中心的相似度可通过模糊相似性计算得到，其中具有最大相似度的模式节点就被选作胜者。这个新输入的样本可以被分类到与该节

点对应的类别。其中，模糊相似性计算公式如下：

$$S<\boldsymbol{a},\boldsymbol{Q}>=\max\{0,(1+\chi)[Sn(\overline{\boldsymbol{a}},\boldsymbol{Q})+Sn(\boldsymbol{a},\overline{\boldsymbol{Q}})-1]-\chi Sn(\overline{\boldsymbol{a}},\boldsymbol{Q})Sn(\boldsymbol{a},\overline{\boldsymbol{Q}})\} \tag{3.35}$$

$Sn<\boldsymbol{a},\boldsymbol{Q}>=\min(1,\boldsymbol{a}+\boldsymbol{Q}+\chi\boldsymbol{aQ})$；$\overline{\boldsymbol{a}}$ 和 $\overline{\boldsymbol{Q}}$ 是 M_a 维输入样本矢量 $\boldsymbol{a}$ 和类节点中心 $\boldsymbol{Q}$ 的补码编码；χ 为可调参数，取值范围为 $\chi>-1$。当输入样本与所选择的类节点中心的相似度得到后，最后获胜节点就可根据下式计算得到，即

$$S\langle\boldsymbol{a},\boldsymbol{Q}_m\rangle=\max_{i=1,\cdots,q}S\langle\boldsymbol{a},\boldsymbol{Q}_i\rangle \tag{3.36}$$

q 是选择的节点数量，在这里其值为所有模式节点数的 1/3。

为了便于理解混合竞争 FAM 模型的分类过程，我们给出了一个图例说明，如图 3.8 所示。对输入样本 $\boldsymbol{a}_0$，根据式(3.3)便可进行模式节点选择。现假定 FAM 在分类过程中有两个获胜模式节点被选择，图中用两个矩形表示两个模式节点对应的区域。为了可视化，模糊相似度 S 运用欧几里得距离表示，相似度越大，距离越短。图中 S_1 和 S_2 分别为样本 $\boldsymbol{a}_0$ 与类 1 和类 2 中心的相似度。从图 3.8 可以看出，即使样本 $\boldsymbol{a}_0$ 落在类 1 的表示区域内，但由于 $S_2<S_1$，故其被分到类 2 之中。

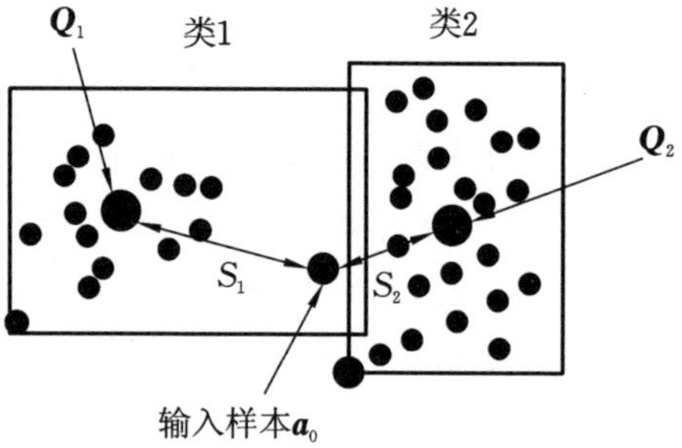

图 3.8　混合竞争 FAM 分类过程示意图

3.3.2　特征参数提取

在机械设备的故障诊断中，特征参数获取的好坏直接影响着诊断结果。为获取更多的故障信息，采用多种现代信号处理方法对信号进行分析。小波和小波包变换方法具有可变时频窗口，既能对非平稳信号中的短时高频成分进行定位，又可以对低频成分进行分析，被广泛应用。这里用小波分析方法对信号分析获取相关特征参数。

1. 小波灰度矩

连续小波变换可表示为信号 $x(t)\in L^2(R)$ 与连续小波函数 $\psi_{ab}(t)$ 的内积，即

$$W_x(a,b)=\langle x(t),\psi_{a,b}(t)\rangle=a^{-\frac{1}{2}}\int_{-\infty}^{\infty}x(t)\psi_{a,b}^*(t)\mathrm{d}t \tag{3.37}$$

$\psi_{a,b}(t)=a^{-\frac{1}{2}}\psi\left(\frac{t-b}{a}\right)$,$a$ 和 b 分别为连续变换的尺度参数和平移因子;$\psi_{a,b}^*(t)$ 为 $\psi_{ab}(t)$ 的复共轭。假定一个离散序列 x_m,$t=m\delta t$,$b=n\delta t$,m,$n=0,1,2,\cdots,N-1$,N 是采样点数,δt 为采样时间间隔,则该序列的小波变换可以表示为

$$W(a_j,n)=\sum_{m=0}^{N-1}x_m\psi^*\left[\frac{(m-n)\delta t}{a_j}\right] \tag{3.38}$$

j 和 n 相应于尺度参数 a 和时移因子 b 的数量。如果参数 j 取 M 个离散值,即尺度参数 a 取 M 个值,则该时间序列的小波系数 $W(a_j,n)$ 就是一个 $M\times N$ 的矩阵,该矩阵的值通常通过小波尺度图进行表示。

为了对各种故障的差异进行定量识别,引入了小波灰度矩的概念。假定小波系数矩阵可以表示为 $\boldsymbol{W}_{M\times N}$,则第 k 阶小波灰度矩 g_k 可以表示为

$$g_k=\frac{1}{M\times N}\sum_{i=1}^{m}\sum_{j}^{n}w_{ij}^k\sqrt{(i-1)^2+(j-1)^2} \tag{3.39}$$

w_{ij} 是矩阵 $\boldsymbol{W}_{M\times N}$ 的元素,$\sqrt{(i-1)^2+(j-1)^2}$ 可视为元素 w_{ij} 和 w_{11} 的距离。当 $k=1$,一阶灰度矩 g_1 可按式(3.39)计算。

但在实际的应用中,一阶灰度矩 g_1 作为故障特征参数时,其分布区域常出现重叠现象,导致其识别精度不高,因此我们用一阶灰度矩向量来表示特征参数。假定一个由 n 个点组成的采样信号,利用式(3.38)就可得到小波系数矩阵 $\boldsymbol{W}_{p\times n}$,$p$ 表示尺度范围;然后将该矩阵按尺度范围等分成 m 个部分,分别计算各部分的一阶灰度矩 $g_{1,k}(k=1,2,\cdots,m)$,便可得到一阶灰度矩向量 $\boldsymbol{G}_1(g_{1,1},g_{1,2},\cdots,g_{1,m})$,将其作为特征参数。这里采用的小波函数为 Morlet 小波 $\psi(t)=\mathrm{e}^{j\omega_0 t}\mathrm{e}^{-\frac{t^2}{2}}$,其中 ω_0 为小波中心频率。

2. 小波包能量谱

小波包分解是在小波变换多分辨思想的基础上为了获取原始信号的最优时频表示而发展的一种更精细的正交分解方法,它克服了小波分析中高频部分频率分辨率差的缺点,可以对信号在全频带范围内进行正交分解,可以以更高的分辨率展示信号在不同频段的时域信息。小波包分解可以把信号无泄漏、不重叠地分解到相邻的独立频段上,为准确获取信号特征提供了强有力的工具。为了获取更低维的特征矢量,常把小波包能量谱作为特征参数,表示信号每个频度的能量,计算公式为

$$E_m^j = C_m^j \Big/ \sqrt{\sum_{m=0}^{2j-1} (C_m^j)^2} \tag{3.40}$$

E_m^j 表示小波包分解第 j 层的第 m 个频段的归一化能量，j 表示小波包分解层数，m 表示信号分解后每个分解层的频段数，C_m^j 表示第 j 层的第 m 个频段的小波包系数的平方和。这里选用的小波函数为 Daubechies 小波函数。

3.3.3 混合竞争 Fuzzy ARTMAP 的故障诊断算法

混合竞争 Fuzzy ARTMAP 的有监督故障诊断算法流程如图 3.9 所示。首先利用前述的小波和小波包变换方法对振动数据样本进行分析，提取小波灰度矩和小波包能量谱等特征参数，运用第 2 章 2.3 节所述的距离区分技术对敏感特征参数进行优选，然后输入 FAM 有监督网络模型进行训练，其次利用前述的相似性测量方法对已训练 FAM 的各模式节点对应的样本中心进行计算，获取相应节点的数据样本中心，依此建立混合竞争 FAM 模型最后利用混合竞争 FAM 模型对测试样本进行诊断分析。

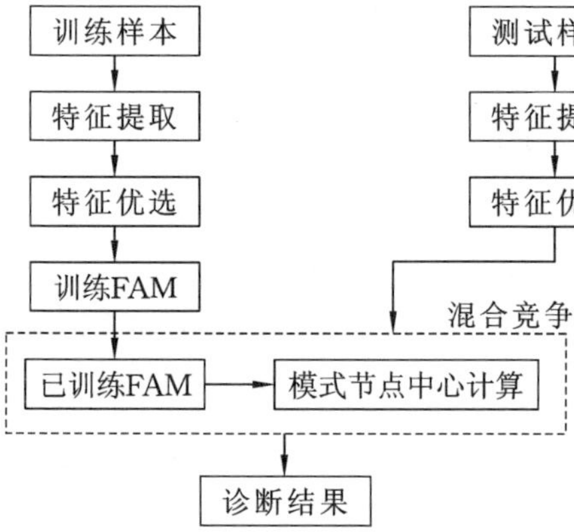

图 3.9 混合竞争 Fuzzy ARTMAP 的有监督故障诊断算法流程

3.3.4 诊断案例分析

为了验证混合竞争 FAM(IFAM)有监督诊断模型的有效性，这里仍以布鲁塞尔自由大学的齿轮故障数据作为分析对象。齿轮故障数据集的统计描述如表 3.5 所示。从表中可知每种故障类型的训练样本数和测试样本数分别为 20 和 15，每个样本包含 1024 个数据点。

表 3.5 齿轮故障数据集的统计描述

故障类型	正常	轻度剥落	中度剥落	重度剥落	轻度磨损
训练样本数	20	20	20	20	20
测试样本数	15	15	15	15	15
故障类别称号	1	2	3	4	5

利用前述的特征提取方法(小波和小波包分析方法)可从每个样本信号中抽取 16 个小波灰度矩和 16 个小波包能量谱,共 32 个特征参数,运用距离区分技术对这些特征参数进行优选,如图 3.10 所示。从图中可以看出当特征选择的门槛值 r 为 0.5 时,可选择 24 个敏感特征参数。将这些优选的敏感特征参数输入混合竞争 FAM 模型便可进行训练和诊断测试。

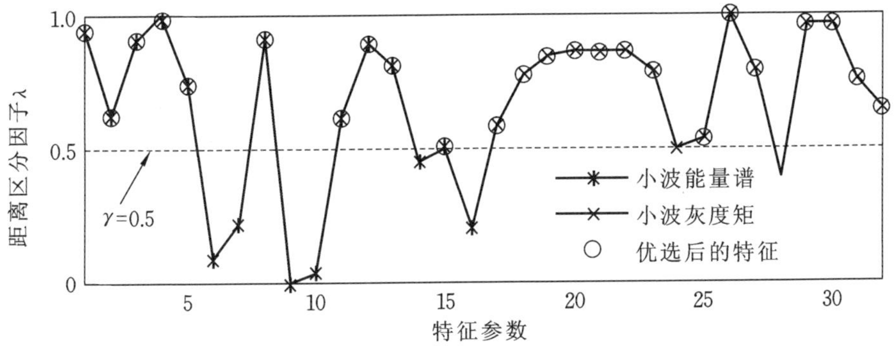

图 3.10 基于距离区分技术的特征参数选择

同时,为了验证 IFAM 诊断模型的优越性,FAM 也同样对齿轮故障数据样本进行了诊断分析,这两种方法均以快速学习和保守模式($\beta=1,\alpha_a=0.001$)进行训练。考虑到 FAM 模型中警戒参数 ρ_a 以及模型训练样本的输入顺序对诊断性能的影响,利用样本输入顺序不同的五折交叉法对 FAM 和 IFAM 进行训练,且在 0 到 1 的范围内以 0.05 增量的方式系统地对 FAM 模型的警戒参数 ρ_a 的值进行调整。表 3.6 所示为 IFAM 与 FAM 诊断性能的比较。图 3.11 所示为 IFAM 和 FAM 的诊断精度与警戒参数的关系。从表和图中可以看出当 ρ_a 从 0 变化到 0.95 时,IFAM 诊断精度的均值均高于 FAM,但其计算时间要长于 FAM;IFAM 因训练样本输入顺序导致诊断精度的误差(约 0.005)要小于 FAM(约 0.01),这些均可说明 IFAM 诊断性能要优于 FAM。ρ_a 从 0 变化到 0.95 时,FAM 和 IFAM 的诊断精度均未发生变化,可能原因就是齿轮不同故障类型的数据样本比较集中。

表 3.6　IFAM 与 FAM 诊断性能的比较

算法	FAM	IFAM
诊断精度均值/(%)	96.86	98.15
CPU 时间/s	4.142	5.257

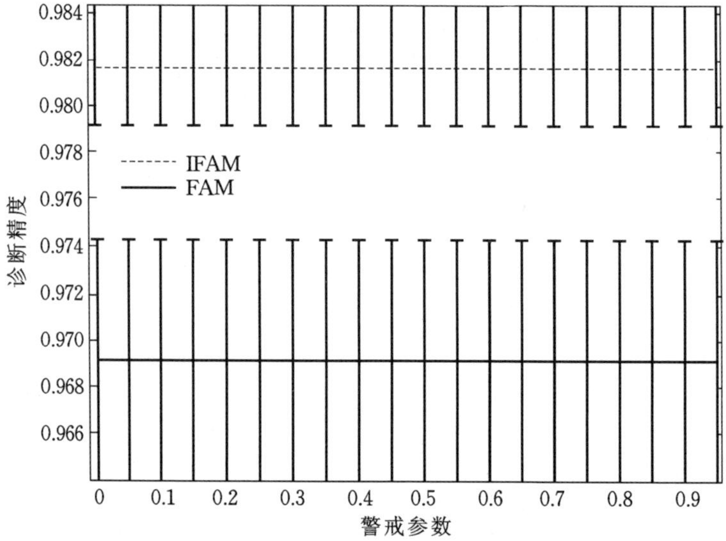

图 3.11　IFAM 和 FAM 的诊断精度与警戒参数的关系

由于 FAM 模型的性能受训练样本输入顺序影响，为了进一步验证混合竞争 FAM(IFAM)诊断模型的通用性和优越性，我们利用 bootstrap 法对 FAM 和 IFAM 进行了诊断分析，得到 FAM 和 IFAM 根据 bootstrap 法计算得到的诊断精度的统计值和柱状统计图，如表 3.7 和图 3.12 所示。从图中可以看出这两个模型的诊断精度均呈正态分布，但 IFAM 产生的精度呈正偏正态分布，而 FAM 产生的则为负偏。从表中可以看出，IFAM 的诊断精度的均值(98.467%)高于 FAM 的诊断精度的均值(97.081%)，其 95%置信区间为[98.438%，98.495%]，该区间的下限值 98.438%都高于 FAM 诊断精度置信区间的上限值 97.113%。这充分说明 IFAM 诊断精度和鲁棒性明显优于 FAM 模型。

表 3.7　基于 bootstrap 法的 FAM 和 IFAM 诊断精度的统计性能比较

算法	诊断精度/(%)	
	均值	95%置信区间
IFAM	98.467	[98.438,98.495]
FAM	97.081	[97.047,97.113]

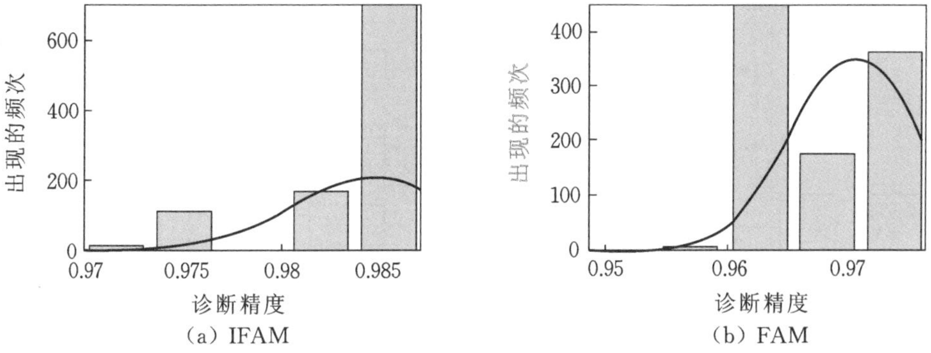

图 3.12　IFAM 和 FAM 分类精度的统计分布图

3.4　选择性集成 Fuzzy ARTMAP 智能诊断方法

用单一的 Fuzzy ARTMAP (FAM)模型进行故障诊断分析时,诊断精度常常不尽如人意:①FAM 的诊断性能受训练样本输入顺序及故障样本少的影响,诊断精度低且不稳定;②复杂机械设备故障往往呈现层次性、相关性、不确定性和并发性等特点,单个诊断模型往往因单一的分类策略导致诊断精度和稳定性不够理想。

基于集成学习的诊断模型通过综合利用单个分类器模型的优越性,融合各分类器的初步诊断结果,有效地提升了单个诊断模型的诊断精度。然而,这种以堆积方式进行融合的集成诊断模型虽然利用了各分类器模型的优点,但它同时继承了各个分类器模型的缺点。因此,集成多个分类器的诊断模型的诊断性能不一定优于单个分类器的诊断模型,甚至比单个诊断模型的精度低。因此,我们建立了基于多征兆域的选择性集成 FAM 的故障诊断模型,如图 3.13 所示。首先采用多种现代信号分析方法对振动信号进行分析,从五个征兆域中提取不同特征参数集并利用特征选择方法从中选取敏感特征参数,然后分别将其输入 FAM 网络模型进行初步诊断分析并利用相关性分析方法进行分类器的选择,最后通过贝叶斯置信法对选择的分类器的初步诊断结果进行融合,获取最终的诊断结论。

3.4.1　特征参数的提取和优选

3.4.1.1　特征参数的抽取

为了从不同的角度获取描述设备故障状态信息的特征参数,我们利用数学统计方法从时域和频域的角度提取时域特征参数和频域特征参数并根据振动信号的波形特点运用时间序列分析方法抽取 AR 模型系数作为特征参数。同时,我们从时

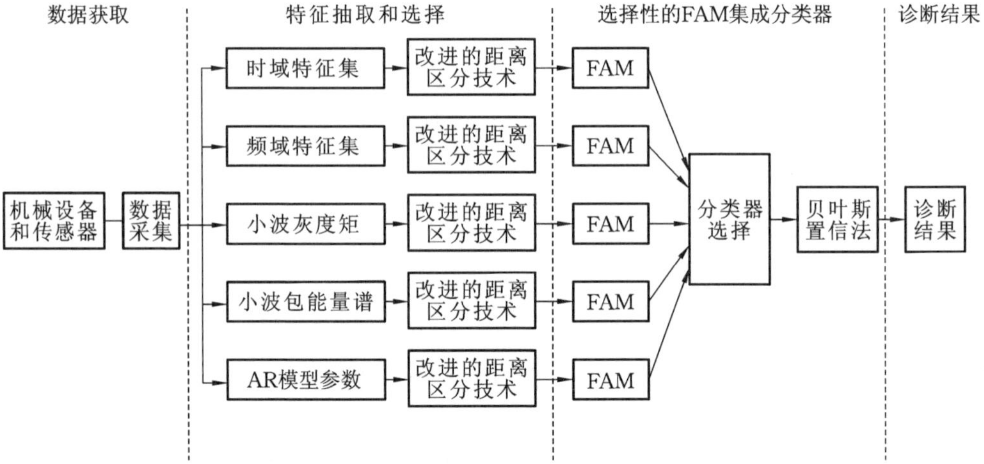

图 3.13 多征兆域的选择性集成 FAM 的故障诊断模型的识别流程图

域、频域角度运用小波和小波包方法分别提取小波灰度矩和小波包能量谱作为特征参数。显然，这些不同征兆域的特征参数均可从不角度描述设备故障状态的不同信息，我们将时域特征参数集(特征集 1)、频域特征参数集(特征集 2)、小波灰度矩(特征集 3)、小波包能量谱(特征集 4)、AR 模型参数(特征集 5)作为五个 FAM 分类器的输入进行诊断分析。

3.4.1.2 特征参数的优化选择

五个不同征兆域的特征参数集虽可从不同角度描述设备故障状态的信息，但每个特征参数集仍有可能出现特征参数冗余或不相关等现象。为了提高诊断精度，需对不同征兆域内的敏感特征参数进行优选。第 2 章使用的距离区分技术虽能有效地选择敏感特征参数，但这种距离区分技术在计算类内距离和类间距离时，均采用了简单的平均技术，也就是说某特征参数的类内距离是通过对不同类的该特征参数的类内距离进行简单平均得到的，该特征参数的类间距离的计算同样采用的是简单的平均技术。然而，这种简单的平均技术忽略了类与类之间的聚集程度的差异性，也忽略了不同类间距离的差异，从而导致所有特征参数的距离区分因子不够准确，选择的敏感特征也不够理想。因此，我们利用修正的距离区分技术进行敏感特征参数的选择。虽然该方法与原始的基于距离区分技术的特征参数选择方法大致相同，但为了叙述的方便和方法的完整性，我们仍描述了修正的距离区分技术进行特征参数选择的过程。

假定一个由 J 类组成包含 N 个样本的特征集，其中第 j 类有 $N_j(j=1,2,\cdots,J)$个样本，每个样本由 M 个特征参数表示，第 i 个样本的第 m 个特征参数可表示为 f_i^m，则修正的距离区分技术的特征选择算法可用如下方法表示。

（1）利用所有样本计算第 m 个特征参数的标准方差和均值。

$$\sigma_m^2 = \frac{1}{N}\sum_{i=1}^{N} (f_i^m - \overline{f}^m)^2 \tag{3.41}$$

$$\overline{f}^m = \frac{1}{N}\sum_{i=1}^{N} f_i^m \tag{3.42}$$

（2）根据属于第 j 类的样本数计算第 m 个特征参数的标准方差和均值。

$$\sigma_m^2(j) = \frac{1}{N_j - 1}\sum_{j=1}^{N_j} (f_j^m - \overline{f}_j^m)^2 \tag{3.43}$$

$$\overline{f}_j^m = \frac{1}{N_j}\sum_{j=1}^{N_j} f_j^m \tag{3.44}$$

（3）针对第 m 个特征，计算类中心 g_j 的加权的标准方差。

$$\sigma_m^n = \sum_{j=1}^{J} \rho_j (g_j^m - g^m)^2 = \mu_1 - \mu_2^2 \tag{3.45}$$

$$\mu_1 = \sum_{j=1}^{J} \rho_j (g_j^m)^2$$

$$\mu_2 = \sum_{j=1}^{J} \rho_j g_j^m$$

$$g^m = \sum_{j=1}^{J} \rho_j g_j^m$$

g^m 是根据所有样本计算得到的第 m 个特征的中心；g_j^m 是根据属于第 j 类的样本计算得到的第 m 个特征的中心，μ_1 和 μ_2 分别为其平方类中心和类中心；ρ_j 为第 j 类的先验概率，$\sum_{j=1}^{J} \rho_j = 1$。

（4）利用下式计算第 m 个特征的距离区分因子。

$$d_b^m - \beta d_w^m = \frac{1}{\sigma_m^2}\left[\sigma_m''^2 - \beta \sum_{j=1}^{J} \rho_j \sigma_m'^2(j)\right] \tag{3.46}$$

d_b^m 表示不同类之间第 m 个特征间的距离；d_w^m 表示同类之间第 m 个特征间的距离；β 是控制 d_w^m 影响的参数，常将其设定为 2。

考虑不同类别之间的重叠问题，对每个特征的补偿因子进行计算。计算同类间距 d_w^m 的第 m 个特征的方差因子

$$v_w^m = \frac{\max(d_w^m)}{\min(d_w^m)} \tag{3.47}$$

计算不同类间距 d_b^m 的第 m 个特征的方差因子。

$$u_b^m = \frac{\max \| \overline{\boldsymbol{f}}_i^m - \overline{\boldsymbol{f}}_j^m \|}{\min \| \overline{\boldsymbol{f}}_i^m - \overline{\boldsymbol{f}}_j^m \|} \tag{3.48}$$

$\| \bar{f}_i^m - \bar{f}_j^m \| = \dfrac{(\bar{f}_i^m - \bar{f}_j^m)}{\sigma_m^2}, i,j=1,2,\cdots,J, i\neq j$。这样第 m 个特征的补偿因子就可用下式计算得到：

$$\eta_m = \frac{1}{v_w^m} + \frac{1}{u_b^m} \tag{3.49}$$

相应的修正的距离区分因子便可用下式计算得到：

$$\begin{aligned} d_b^m - \beta' d_w^m = d_b^m - (\beta\eta_m) d_w^m &= \frac{1}{\sigma_m^2}\left[\sigma_m''^2 - \beta \sum_{j=1}^{J} \left(\frac{1}{v_j^w} + \frac{1}{u_j^b}\right)\rho_j \sigma_m'^2(j)\right] \\ &= \lambda_m \end{aligned} \tag{3.50}$$

$m=1,2,\cdots,M$。

(5) 按降序的方式排列修正的距离区分因子 $\lambda_m (m=1,2,\cdots,M)$。$\lambda_m$ 越大，其对应的特征参数越敏感，越能更好地对 J 个类进行区分。这样，根据距离区分因子 λ_m 从大到小的顺序就可以从原始特征集中选出敏感特征。

(6) 设定一个门槛值 γ，若 $\lambda_m \geqslant \gamma$，其对应的灵敏参数从 M 个特征中被选择，否则其对应的特征参数可被剔除。

为了验证修正的距离区分技术的优越性，我们通过一组仿真数据集对改进的距离区分技术和原始的距离区分技术计算的距离区分因子进行了比较分析。假定数据集由 140 个样本组成，分别包含于 4 类，每类有 35 个样本，每个样本由特征 x_i $(i=1,2,\cdots,6)$表示。图 3.14 所示为 140 个样本的 6 个特征参数的分布图。从图中可以清楚地看出，对于这 4 类的分类问题，各特征参数的整体区分能力依次为 $ax_1 > ax_2 > ax_3 > ax_4 > ax_5 > ax_6$，$ax_i (i=1,2,\cdots,6)$表示各特征参数的区分能力指标。在不同类的条件下特征 x_1 值之间的间隔明显大于特征 x_2，故 $ax_1 > ax_2$；特征 x_2 与特征 x_3 在不同类之间的间隔大致一样，但对于同类条件下特征 x_3 的波动明显更大，故 $ax_2 > ax_3$；特征 x_4 很容易把前两类和后两类区分，但却不能清晰地分开第一类和第二类、第三类和第四类，故有 $ax_3 > ax_4$；对于特征 x_4 和 x_5，在不同类之间这两特征值之间的间隔虽不相同，但在同类条件下，特征 x_5 的波动情况明显大于特征 x_4，导致各个类之间的混叠情况较大，故有 $ax_4 > ax_5$；对于特征 x_5 和 x_6，它们的分布情况类似于特征 x_3 和 x_4，特征 x_6 可以较容易地区分前两个类和后两个类，但它区分第一类和第二类、第三类和第四类就相当困难，所以有 $ax_5 > ax_6$。

上述只是对这些特征的区分能力进行简单的定性分析，为了对这些特征参数的区分能力进行量化分析，我们利用距离区分技术和修正的距离区分技术对这些特征参数的敏感性进行了分析，如图 3.15 所示。通过比较图 3.15(a)和图 3.15(b)发现，修正的距离区分技术产生的评估结果与实际情况相符。原始的距离区分技术产生的结果则有悖于事实，其认为区分这 4 类的特征 x_3 和 x_5 所表现的能力要分别低于特征 x_4 和 x_6，也就是说特征 x_4 和 x_6 的敏感性大于特征 x_3 和 x_5。这主

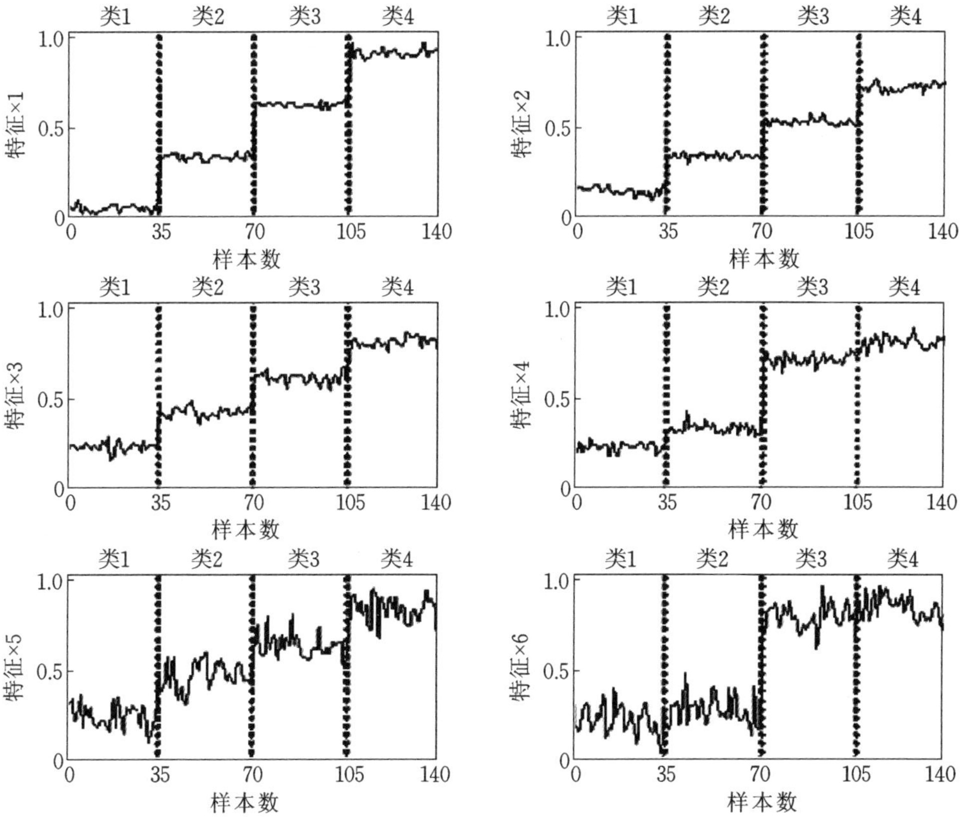

图 3.14　140 个样本的 6 个特征参数的分布图

要是因为原始的距离区分技术在计算类内和类间距离时采用了简单的平均技术，没有考虑它们之间的差异性；修正的距离区分技术则考虑了不同类之间的重叠性，也就是说在计算不同的类内和类间距离时考虑了类内差异性因子和类间差异性因子，克服了原始区分技术中的缺陷，故产生的评估结果与实际情况吻合。

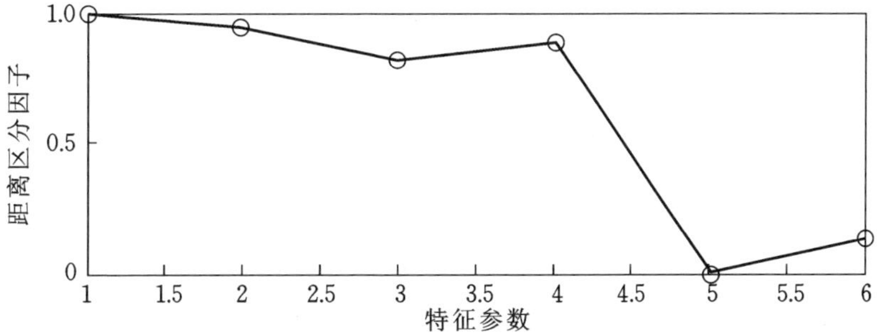

（a）原始的距离区分技术得到的区分因子

图 3.15　两种区分技术对 6 个特征参数的评估结果

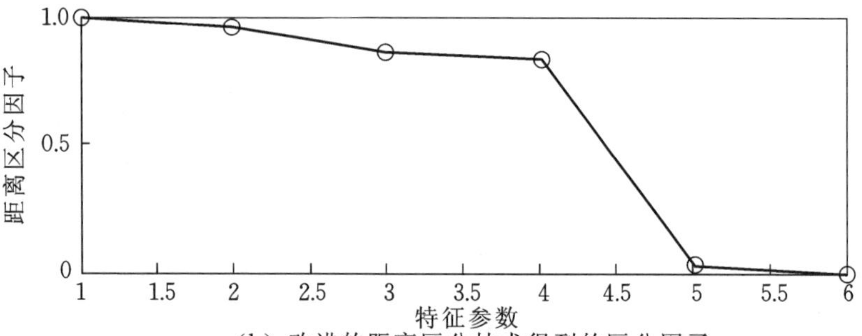

(b) 改进的距离区分技术得到的区分因子

续图 3.15

3.4.2 选择性集成 Fuzzy ARTMAP 智能诊断模型

集成神经网络模型通过融合单个神经网络模型的诊断优势，实现神经网络模型诊断性能的提升。但在实际的诊断过程中，并不是单个神经网络模型的数量越多，集成模型的诊断精度就越高。通常，由几个单个神经网络模型集成的诊断模型的诊断精度可能高于由所有单个神经网络模型集成的诊断模型。因此，如何选择合适的单个神经网络模型，构建选择性集成神经网络模型，对提升集成神经网络模型的诊断精度和减少计算负担具有重要作用。

3.4.2.1 基于相关性的神经网络分类器选择

研究表明，单个神经网络分类器之间的相关性对集成神经网络模型的诊断精度有重要影响。神经网络分类器之间的相关性越小，集成神经网络模型中单个分类器所提供的信息就越多，融合后的诊断精度就越高。因此，我们采用相关性分析方法对神经网络分类器进行选择，以期提升集成神经网络模型的分类精度。假定 n 个分类器之间的相关度 γ_n 被定义为

$$\gamma_n = \frac{nN^m}{N - N^m - N^c + nN^m} \tag{3.51}$$

N^m 是被所有单个神经网络分类器误分的样本数，N^c 是被所有单个分类器正确分类的样本数，N 是总的测试样本数。神经网络分类器选择过程的算法如下。

(1) 选择一个合适的性能测度(分类精度)作为评估标准。

(2) 从所有神经网络分类器中选择分类精度最高的分类器作为第一个分类器。

(3) 运用上式分别计算第一个神经网络分类器与其他神经网络分类器的相关度。

(4) 选择与第一个神经网络分类器有最低相关度的分类器进行融合。若具有最低相关度的神经网络分类器多于一个，则选择分类精度较高的作为第二个分类器。

(5) 重复(3)和(4)，直到所有的神经网络分类器均被选择。依此类推，就可以得到所有神经网络分类器最优的排列顺序。

3.4.2.2　基于贝叶斯置信法的融合策略

贝叶斯置信法(BBM)常用于多个神经网络分类器的融合，因为它不仅考虑了每个分类器的分类误差，而且考虑了它们之间的相互独立性。假定在模式 Z 空间中，有 M 个类和 K 个分类器，每个分类器 e_k 可看作一个函数，即

$$e_k(x)=j \tag{3.52}$$

$k=1,2,\cdots,K$；$j\in\{1,2,\cdots,M,M+1\}$。上式表示样本 x 被分类器 e_k 分到了 j 类。这样它的混合矩阵就可以表示为

$$\boldsymbol{CM}_k=\begin{bmatrix} n_{11}^k & n_{12}^k & \cdots & n_{1M}^k & n_{1(M+1)}^k \\ n_{21}^k & n_{22}^k & \cdots & n_{2M}^k & n_{2(M+1)}^k \\ \cdots & \cdots & \cdots & \cdots & \cdots \\ n_{M1}^k & n_{M2}^k & \cdots & n_{MM}^k & n_{M(M+1)}^k \end{bmatrix} \tag{3.53}$$

$k=1,\cdots,K$。$\boldsymbol{CM}_k$ 是通过训练后的分类器 e_k 分类测试样本得到的，行 i 相当于类 c_i，列 j 相当于 $e_k(x)=j$。混合矩阵中的单元 n_{ij}^k 表示属于类 c_i 的样本却被分类器 $e_k(x)$ 分到类 c_j。属于类 c_i 的样本总数为 $n_{i.}^k=\sum\limits_{j=1}^{M+1}n_{ij}^k$，$i=1,\cdots,M$；被分类器 $e_k(x)$ 分到类 c_j 的样本总数为 $n_{.j}^k=\sum\limits_{i=1}^{M}n_{ij}^k$，$j=1,\cdots,M+1$。根据这个混合矩阵，每一个分类器分类得到的置信度就可用下式计算得到：

$$B_k[x\in c_i/e_k(x)]=P[x\in c_i/e_k(x)=j]=n_{ij}^k\Big/\sum_{i=1}^{M}n_{ij}^k \tag{3.54}$$

$i=1,2,\cdots,M$。$j=1,2,\cdots,M+1$。

通常，当每个类的样本数相同时，按上式计算得到合适的置信度，但在实际应用中，每个类包含的样本数不一样的情况非常常见，用上式计算得到的置信度就不是很准确，可能造成最终的分类精度有所降低，因此，采用修正置信度计算公式计算。

$$IB_k[x\in c_i/e_k(x)]=P[x\in c_i/e_k(x)=j]=\frac{n_{ij}^k\Big/\sum\limits_{j=1}^{M+1}n_{ij}^k}{\sum\limits_{i=1}^{M}\left(n_{ij}^k\Big/\sum\limits_{j=1}^{M+1}n_{ij}^k\right)} \tag{3.55}$$

$i=1,2,\cdots,M$；$j=1,2,\cdots,M+1$。

当 K 个分类器 $e_1,e_2,\cdots,e_K$ 均进行分类时，它们相应的置信度 $B_1,B_2,\cdots,B_K$ 也可通过计算得到，经混合计算就可得到多个分类器最后融合的置信度。通常当后验问题不好估计时，采用平均求和方法估计后验概率要更准确，其计算公式如下：

$$\begin{aligned} B(i)=B[x\in c_i\mid e_1(x),e_2(x),\cdots,e_K(x),EN]&=P[x\in c_i\mid e_1(x),e_2(x),\cdots,e_K(x),EN] \\ &=\frac{1}{M+1}\sum_{k=1}^{K}B_k[x\in c_i\mid e_1(x),EN] \end{aligned} \tag{3.56}$$

$i=1,2,\cdots,M+1$。

这样，样本 x 就可以根据 $\mathrm{Bel}(j)=\max_{i=1}^{M+1}B(i)$分到类 $j(j=1,2,\cdots,M+1)$中。

3.4.3 诊断案例分析

为了验证选择性集成 FAM 网络模型诊断的有效性，我们仍采用美国凯斯西储大学轴承数据进行诊断分析。该数据包括轴承 7 种不同故障类型，即除了不同损伤程度的轴承球体故障外，还包括轴承内圈和外圈故障，如表 3.8 所示。图 3.16 所示为轴承在不同故障状态下的振动信号。

表 3.8 轴承数据的样本统计表

状态类型	正常	中度内圈故障	中度外圈故障	轻度球体故障	中度球体故障	重度球体故障	非常重度球体故障
故障尺寸/mm	0	0.36	0.36	0.18	0.36	0.54	0.72
训练样本数	35	35	35	35	35	35	35
测试样本数	35	35	35	35	35	35	35
分类标签	1	2	3	4	5	6	7

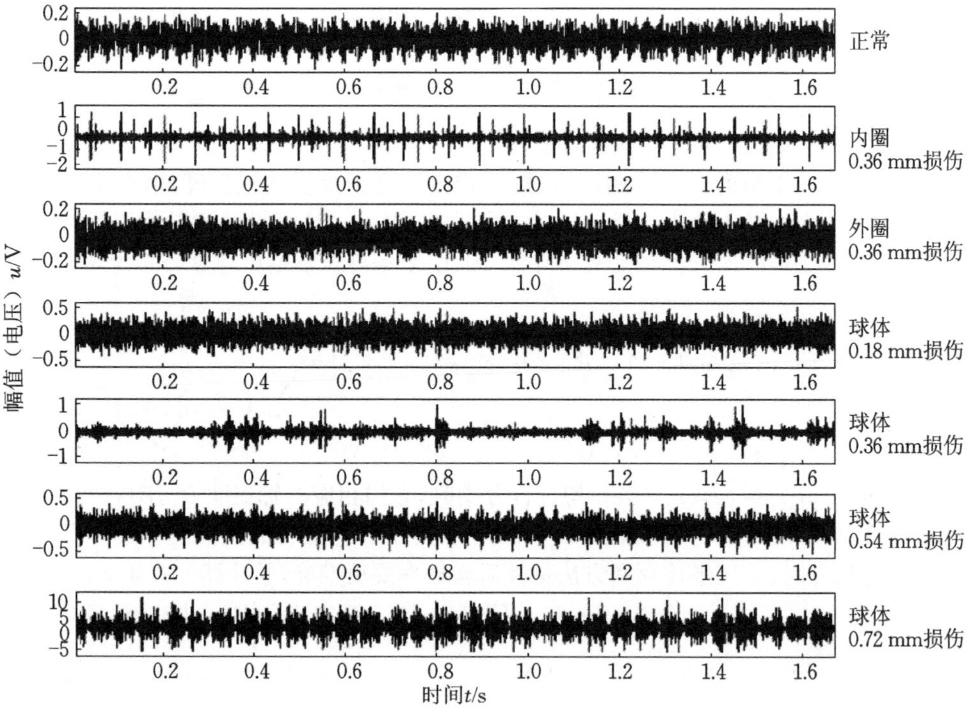

图 3.16 轴承在不同故障状态下的振动信号

1. 诊断分析

利用前述的特征提取方法从这些数据样本中分别抽取五个不同征兆域的特征参数集，其中 AR 模型阶数按经验设定为 45，即有 45 个特征参数。考虑到计算负担及特征参数之间的冗余性，用修正的距离区分技术对这些不同征兆域中的特征参数进行筛选。图 3.17 所示为不同征兆域中的特征参数优选的结果。从图中可以看出每个征兆域中的敏感特征参数均不相同，频域中的特征参数均较敏感，而其他征兆域中都有一些冗余的或不相关的特征参数。

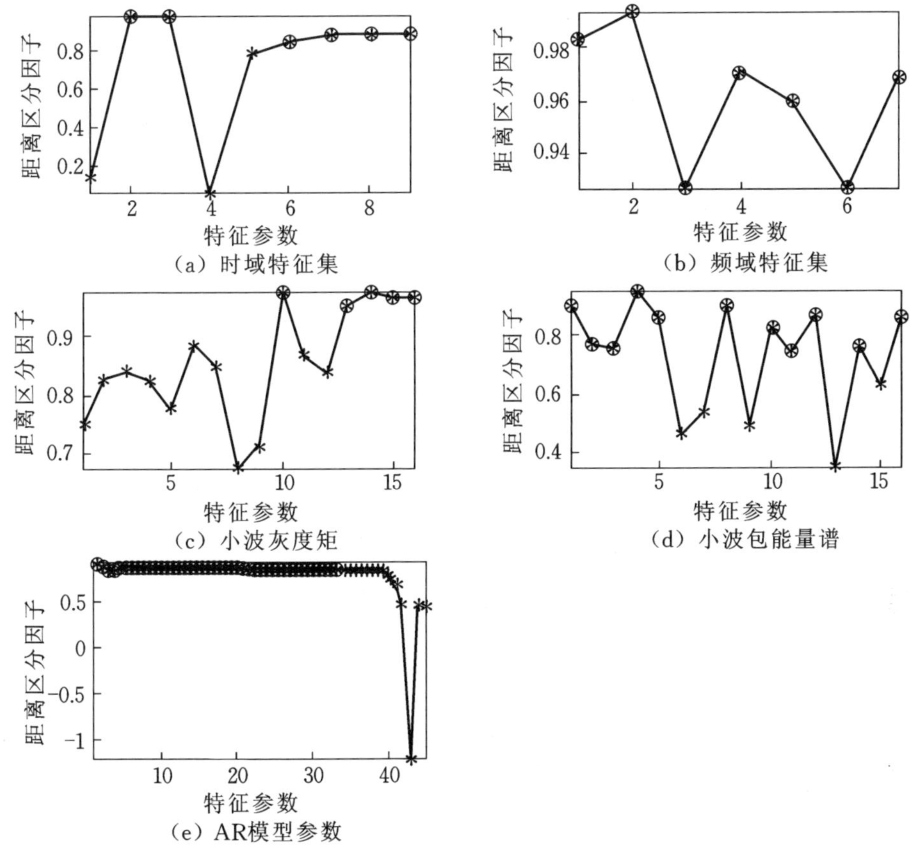

图 3.17　不同征兆域中的特征参数优选的结果

为了方便，将时域特征参数作为 FAM 输入进行诊断的模型称为 FAM1，将频域特征参数集作为输入的为 FAM2，将小波灰度矩作为输入的为 FAM3，将小波包能量谱作为输入的为 FAM4，将 AR 模型参数作为输入的为 FAM5。在运用 5 个不同征兆域的特征参数分别训练 FAM 网络时，网络均在快速学习和保守模式下进行。众所周知，FAM 模型中的警戒参数 ρ_a 影响着分类精度，为了获取每个 FAM

中最优的警戒参数 ρ_a，该参数以 0.05 的增量方式从 0 变化到 0.95。此外，考虑到 FAM 的性能受训练样本输入顺序的影响，每个 FAM 均进行 10 次测试。图 3.18 所示为在不同警戒参数下的各 FAM 的平均诊断精度。从图中可以看出，除了 FAM4 在 $\rho_a>0.85$ 时精度下降外，其他 FAM 的诊断精度对警戒参数的变化并不敏感。表 3.9 所示为每个 FAM 诊断性能比较。从表中可以看出 FAM4 的诊断精度最高。

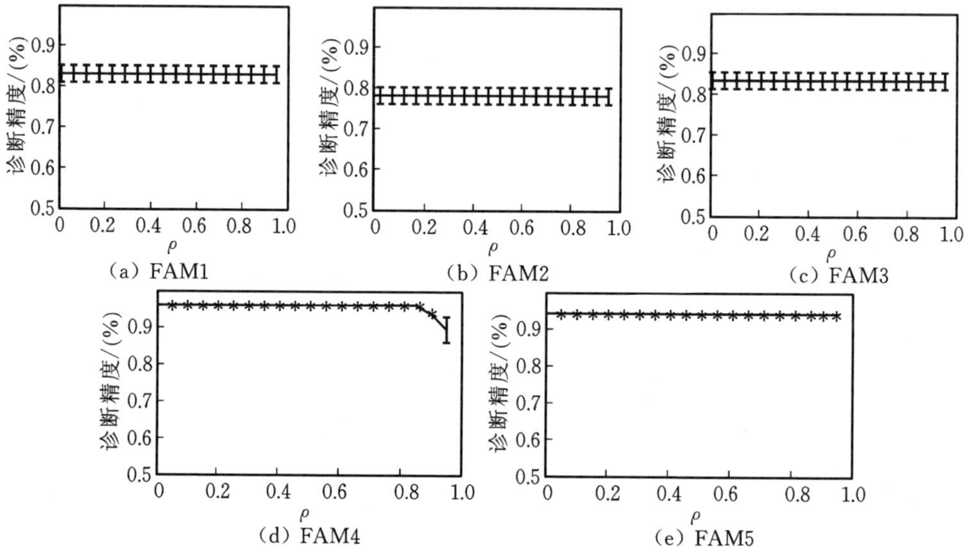

图 3.18　在不同警戒参数下的各 FAM 的平均诊断精度

表 3.9　每个 FAM 诊断性能比较

基于征兆域的分类器	FAM1	FAM2	FAM3	FAM4	FAM5
平均诊断精度/(%)	82.939	78.245	83.054	96.367	94.449

当所有单个神经网络分类器诊断的结果得到后，利用前述的相关性方法对 FAM 分类器进行选取，诊断测试时用 10 种不同输入顺序的训练样本对 FAM 进行训练。表 3.10 所示为集成分类器的优选顺序。

表 3.10　集成分类器的优选顺序

选择的 FAM 的数量	FAM 的序列号					相关度
1	4					1
2	4	2				0.997 70
3	4	2	3			0.991 72

续表

选择的 FAM 的数量	FAM 的序列号					相关度
4	4	2	3	5		0.989 17
5	4	2	3	5	1	0.981 64

根据 FAM 分类器的优选顺序，就可以利用 BBM 对各 FAM 的初步诊断结果进行融合。为了验证 FAM 分类器经选择后构建的集成 FAM 的优越性，我们将未选择和选择的集成 FAM 分类器进行了比较分析。图 3.19 所示为基于 BBM 的选择性集成 FAM 的诊断性能比较。从图中可以看出，具有选择性的集成分类器的诊断精度高于未选择的诊断精度。用 FAM4、FAM2、FAM3 和 FAM5 集成后的诊断精度是最高的，也就是说经选择后的由这四个 FAM 分类器集成后的诊断性能要高于未选择的四个 FAM 集成后的诊断性能，甚至高于五个 FAM 集成后的诊断性能。

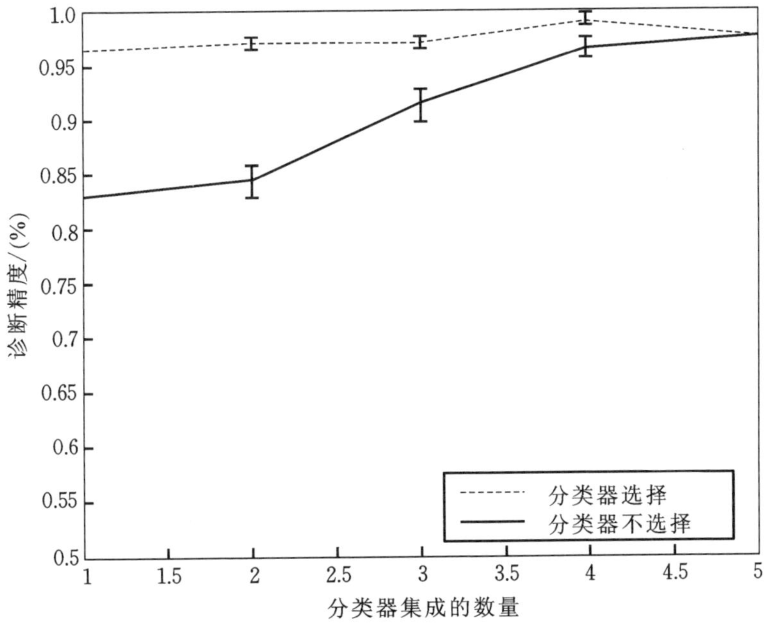

图 3.19　基于 BBM 的选择性集成 FAM 的诊断性能比较

2. 通用性分析

由于 FAM 的分类性能在其进行训练时受样本输入顺序的影响，为了验证选择性集成 FAM 的优越性和鲁棒性，我们用 bootstrap 法对其性能进行了统计分析。为了方便，将经选择后由 FAM4、FAM2、FAM3 和 FAM5 集成的分类器称为 ENSEM1，将由所有 FAM 集成的分类器称为 ENSEM2。图 3.20 所示为各种 FAM

分类器诊断性能的统计柱状图。从图中可以看出这些分类器的诊断精度的统计分布均大致满足正态分布，稍有差别的是 FAM4、FAM5、ENSEM1 和 ENSEM2 的诊断精度的统计分布是呈正偏的。表 3.11 所示为各分类器诊断精度的统计性能比较。从表中可以看出两个集成的分类器 ENSEM1 和 ENSEM2 的诊断精度的统计均值均高于单个 FAM 的诊断精度；ENSEM1 的诊断精度最高(99.069%)，甚至高于 ENSEM2。另外，ENSEM1 的诊断精度的标准方差最小(0.504%)，其 95% 置信区间为[97.959%，100%]。所有这些都表明集成的 FAM 具有较强的稳定性和鲁棒性，同时也进一步证明了单个 FAM 分类器的选择是有必要的，毕竟选择性集成 FAM 的诊断精度高于所有 FAM 集成的诊断精度。

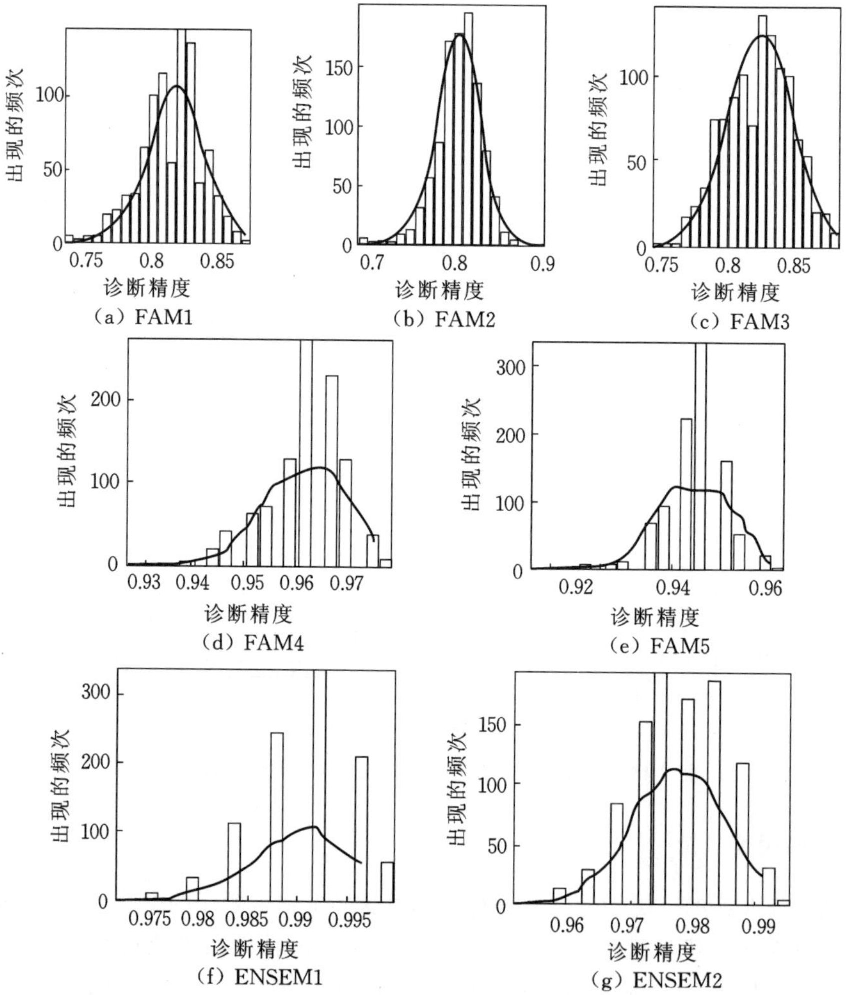

(a) FAM1　(b) FAM2　(c) FAM3

(d) FAM4　(e) FAM5

(f) ENSEM1　(g) ENSEM2

图 3.20　各种 FAM 分类器诊断性能的统计柱状图

表 3.11　各分类器诊断性能的统计性能比较

分类器名称	FAM1	FAM2	FAM3	FAM4	FAM5	ENSEM1	ENSEM2
均值/(%)	81.964	78.938	82.598	96.279	94.495	99.069	97.787
方差/(%)	2.301	2.789	2.779	0.760	0.687	0.504	0.749
95%置信区间/(%)	[76.735，86.122]	[73.061，84.082]	[77.143，88.163]	[94.694，97.551]	[92.653，95.918]	[97.959，100]	[96.327，99.184]

3. 特征参数优选方法有效性分析

为了验证改进的距离区分技术进行特征参数优选的有效性，我们对其做了比较性测试分析。分别从第 1 个特征集、第 2 个特征集、第 3 个特征集、第 4 个特征集和第 5 个特征集中随机选择 6 个特征、7 个特征、5 个特征、11 个特征和 27 个特征，也就是说选择的特征的数量与通过改进的距离区分技术选择的敏感特征的数量相同，将它们分别输入单个 FAM 分类器中进行诊断测试。测试时输入 FAM 的训练样本均采用 10 种不同输入顺序，即 10 次诊断测试试验。诊断测试的平均结果如图 3.21 和表 3.12 所示。为了比较分析，将敏感特征作为分类器输入的诊断结果也显示在表 3.12 和图 3.21 中。

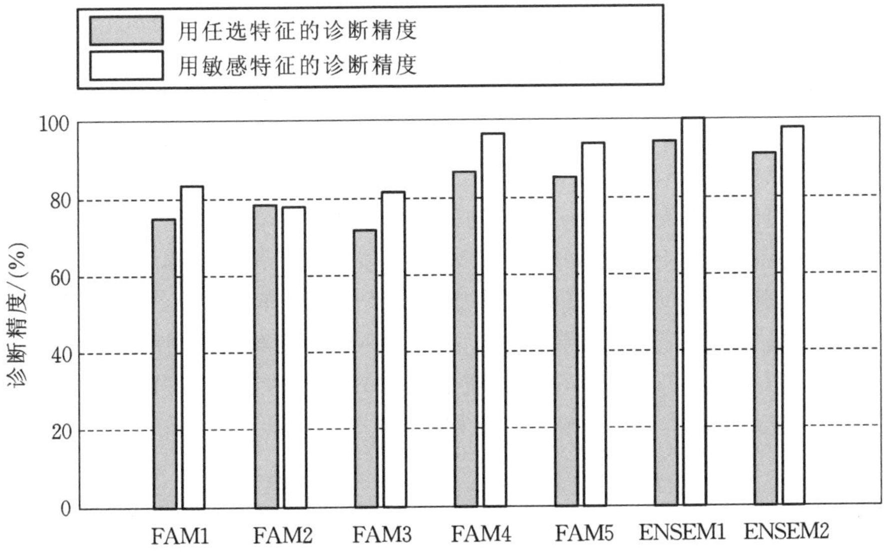

图 3.21　各分类器诊断精度的比较

表 3.12　基于特征的各分类器的诊断结果比较

特征参数选择	诊断精度/(%)						
	FAM1	FAM2	FAM3	FAM4	FAM5	ENSEM1	ENSEM2
随机选择	74.896	78.245	71.800	87.082	85.564	95.200	91.021
择优选择	82.939	78.245	82.204	96.367	94.449	99.069	97.787

从图 3.21 和表 3.12 可以看出，与利用敏感特征参数输入各分类器得到的诊断测试结果相比，运用随机选择的特征参数训练各分类器时，这 5 个单个 FAM 分类器的诊断精度均有所下降，下降范围为 0～10.404%；ENSEM1 和 ENSEM2 的诊断精度也从 99.069%和 97.787%分别下降到 95.200%和 91.021%。这些表明随机选择的特征参数中包含太多与故障类型不相关和冗余的信息，当这些特征参数都输入各分类器时，很明显诊断精度都下降了。这也说明了改进的距离区分技术能剔除一些冗余和不相关的特征参数，是一种优秀的特征选择方法。

从图 3.21 和表 3.12 也可发现，虽然这 5 个单个 FAM 分类器运用随机选择的特征参数进行诊断时得到的诊断精度都下降了，但这些单个 FAM 分类器是互补的，它们混合后构建的两个集成分类器的诊断精度都高于单个 FAM 分类器，诊断精度分别提高到 95.200%和 91.021%，且 ENSEM1 的诊断精度高于 ENSEM2。这说明集成的 FAM 分类器的诊断性能是高效的，也进一步说明选择性集成的 FAM 分类器的性能是更优越的。

4. 选择性集成 FAM 抗噪性分析

为了验证选择性集成 FAM 的抗噪能力，将随机噪声添加到测试样本的每个特征参数之中。不失一般性，每个 FAM 分类器中的警戒参数 ρ_a 设为 0.7，以优选的敏感特征参数作为 FAM 输入，训练样本同样以 10 种不同输入顺序训练各 FAM 分类器。不同信噪比条件下各分类器的诊断精度如图 3.22 所示。从图中可以看出当信噪比从 0 增加到 50%时，单个 FAM 分类器的诊断精度基本上呈线性下降趋势，而两个集成的 FAM 分类器的测试精度均高于单个 FAM 的诊断精度。另外，从图中还可以看出当信噪比增到 15%时，ENSEM1 的诊断精度仍高于 90%且高于 ENSEM2。所有这些都说明这两个集成的 FAM 分类器具有很好的抗噪能力且选择性的集成 FAM 分类器的抗噪性能更好。

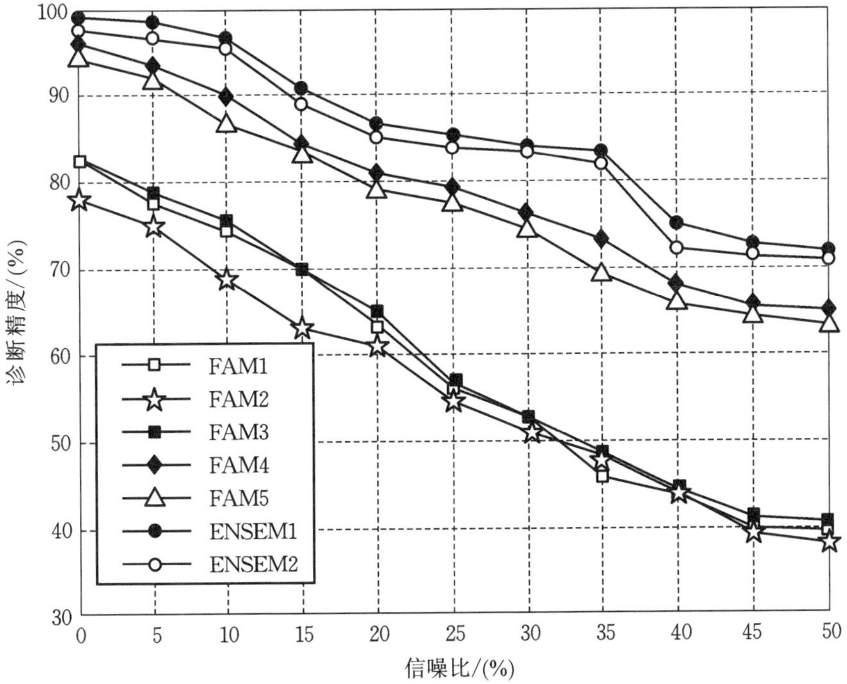

图 3.22　不同信噪比条件下各分类器的诊断精度

3.5　本章小结

本章针对有监督增量式 Fuzzy ARTMAP (FAM)模型受数据样本输入顺序及数据样本少等因素影响导致诊断精度低的问题，提出了系列改进的方法，并应用于轴承、齿轮故障的诊断分析中，产生如下结论。

(1) 不同特征参数对不同故障状态有不同的重要度。为了进一步提高 FAM 的诊断性能，我们建立了加权 FAM 诊断模型，实现了轴承不同故障类型的有效诊断分析，使诊断精度和鲁棒性明显优于 FAM+原始特征和 FAM+优化特征。

(2) 针对原始 FAM 模型因样本输入顺序及“硬竞争”分类机制导致诊断精度低的问题，我们建立了混合竞争的 FAM 模型，通过基于模糊相似性聚类和“独活”硬竞争的混合竞争机制，实现了齿轮故障的高精度诊断分析，使诊断精度和鲁棒性优于 FAM 模型。

(3) 考虑到 FAM 性能受训练样本输入顺序影响以及单个 FAM 诊断性能不稳定的问题，我们建立了基于不同征兆域的选择性集成 FAM 的诊断模型，实现了轴承 7 种不同故障状态的有效诊断分析，使抗噪能力和鲁棒性优于集成 FAM 和单个 FAM 诊断模型。

参考文献

[1] CARPENTER G A, GROSSBERG S, MARKUZON N, et al. Fuzzy ARTMAP: A neural network architecture for incremental supervised learning of analog multidimensional maps[J]. IEEE Transactions on Neural Networks, 1992, 3:698-713.

[2] ANAGNOSTOPOULO G C, GEORGIOPOULOS M. Category regions as new geometrical concepts in Fuzzy-ART and Fuzzy-ARTMAP[J]. Neural Networks, 2002, 15(10):1205-1221.

[3] YANG B S, HAN T, AN J L. ART-KOHONEN neural network for fault diagnosis of rotating machinery[J]. Mechanical Systems & Signal Processing, 2004, 18:645-657.

[4] CHEN L, TANG H L. Improved computation of beliefs based on confusion matrix for combining multiple classifiers[J]. Electronics Letters, 2004, 40(4):238-239.

第4章 混合深度学习故障诊断方法

随着计算机和网络技术的发展，机械设备故障诊断已进入机械大数据时代。这些机械大数据除了具有传统大数据的特点（如数据量大、多样、高速率、易变等特点）外，还具有低密度、强噪声、非线性、不均衡等特点。传统“浅层机器学习模型＋信号处理方法提取特征参数”的故障诊断模式因依赖人为因素，导致诊断精度及稳定性仍有待提升。

深度学习能自动提取特征参数并建立特征参数与故障类别的复杂映射关系，实现了设备“端到端”的故障诊断，减少了人为因素参与，目前已在设备故障诊断领域得到了广泛应用。常见的深度学习模型，如深度置信网络（DBN）、深度卷积网络（CNN）、深度自编码网络（DAE）等均已有效地实现了设备故障诊断分析，但这些深度学习模型在进行诊断分析时需大量故障数据样本进行训练。实际的工业生产中很难获取大量故障数据样本，限制了深度学习在故障诊断中的有效应用。鉴于此，本章在介绍混合深度神经网络模型的基础上，阐述了集成深度度量学习模型，建立了多尺度信息融合的胶囊神经网络模型，开发了多尺度特征融合的 Vision Transformer（ViT）模型，并利用相关案例进行了验证分析。

4.1 混合深度学习故障诊断方法概述

深度学习模型通过构建的深层次网络模型从海量的数据样本中学习隐含的表征参数并建立表征参数与故障类别的复杂映射关系，从而实现设备的故障诊断分析。但深度神经网络模型在故障诊断过程中常需大量故障数据样本进行训练，而在实际工业应用中，机械设备故障数据样本较少且噪声大，从而导致深度神经网络模型诊断精度有待提升。

混合深度学习智能诊断方法在利用深度学习模型的基础上，结合先进的信号处理方法及其他智能方法，解决少样本下机械设备故障诊断精度低的问题。深度度量学习、胶囊神经网络、ViT 等模型因自身网络结构特点及特征参数提取的优势，有效地缓解了对大量数据样本的依赖。但这些深度学习模型在进行故障诊断分析时，因从原始振动信号中抽取特征参数，可能使隐藏在原始信号中的故障特征参数未能获取，从而导致诊断精度有待进一步提升。信息融合方法可通过综合多个信息源、多源信息故障特征参数或多个诊断模型的诊断决策，提升故障诊断模型的诊断精度。鉴于此,深度度量学习、胶囊神经网络、ViT 等模型结合多元信息融合方法,解决少样本、强噪声下的故障诊断精度低的问题,实现设备高精度、高鲁棒性诊断分析。

4.2 集成模糊相似性深度度量学习的故障诊断方法

深度度量学习是传统深度学习模型的改进,通过非线性变换将数据样本对映射到深度网络结构的特征空间中,并建立显式非线性映射函数关系,从而实现类别的识别。传统深度度量学习常采用欧几里得距离度量数据样本的距离并进行识别分析,易使故障边界处的数据样本被误分。基于模糊相似性的深度度量学习模型则利用模糊相似性法则对数据样本进行相似性度量,可有效解决故障边界处数据样本被误分的问题,但其在进行诊断分析时仍需大量故障数据样本进行训练,而实际的工业生产过程中设备故障数据样本很难得到;深度度量学习主要是对原始信号进行学习获取特征参数,隐藏在原始信号中的特征参数并未被挖掘提取,从而导致诊断精度仍不足。集成学习方法可以综合利用多个诊断模型的优势,不仅能减少对大故障数据样本的依赖,而且能提升单个诊断模型的精度。因此,我们建立了集成模糊相似性深度度量学习的故障诊断方法。

4.2.1 深度神经网络模型简介

深度神经网络模型(DNN)是一种包含多个隐藏层的深度结构,通过多层非线性变换学习分层特征参数,无须依赖人工经验从数据中提取特征参数,直接从原始数据中自动学习对分类任务有用的特征参数。如图 4.1 所示,一个具有 $N+1$ 层的深度神经网络结构,$\boldsymbol{X}$ 表示输入层,$\boldsymbol{h}^{(1)} \sim \boldsymbol{h}^{(N-1)}$ 是若干隐藏层,$\boldsymbol{h}^{(N)}$ 是顶层特征输出层,在第 n 层有 $P^{(n)}$ 个神经元,$n \in [1,2,\cdots,N]$,$(\boldsymbol{W},\boldsymbol{b})=(\boldsymbol{W}^{1},\boldsymbol{b}^{(1)},\boldsymbol{W}^{(2)},\boldsymbol{b}^{(2)},\cdots,\boldsymbol{W}^{(N)},\boldsymbol{b}^{(N)})$为网络参数。对于给定的数据样本 $\boldsymbol{X} \in \mathbf{R}^{d}$,第一层的输入为 $\boldsymbol{X}$,其输出 $\boldsymbol{h}^{(1)}$ 可表示为

$$\boldsymbol{Z}^{(1)}=\boldsymbol{W}^{(1)}\boldsymbol{X}+\boldsymbol{b}^{(1)} \tag{4.1}$$

$$\boldsymbol{h}^{(1)}=s\,[\boldsymbol{Z}^{(1)}] \in \mathbf{R}^{P(1)} \tag{4.2}$$

$\boldsymbol{Z}^{(1)}$ 表示第一层的输入加权和;$\boldsymbol{W}^{(1)} \in \mathbf{R}^{P(1)\times d}$ 是在第一层学习的投影矩阵;$\boldsymbol{b}^{(1)} \in \mathbf{R}^{P(1)}$ 是一个偏置向量;s 为每层的非线性激活函数,常用 tan$h$ 函数。

第二层的输入是第一层的输出 $\boldsymbol{h}^{(1)}$,则第二层的输出 $\boldsymbol{h}^{(2)}$ 为

$$\boldsymbol{Z}^{(2)}=\boldsymbol{W}^{(2)}\boldsymbol{h}^{(1)}+\boldsymbol{b}^{(2)} \tag{4.3}$$

$$\boldsymbol{h}^{(2)}=s\,[\boldsymbol{Z}^{(2)}] \in \mathbf{R}^{P(2)} \tag{4.4}$$

$\boldsymbol{Z}^{(2)}$ 表示第二层的输入加权和;$\boldsymbol{W}^{(2)} \in \mathbf{R}^{P(2)\times P(1)}$、$\boldsymbol{b}^{(2)} \in \mathbf{R}^{P(2)}$ 以及 s 分别为第二

层的投影矩阵、偏置向量以及激活函数。

依此类推，第 n 层的输出为

$$\boldsymbol{Z}^{(n)}=\boldsymbol{W}^{(n)}\boldsymbol{h}^{(n-1)}+\boldsymbol{b}^{(n)} \tag{4.5}$$

$$\boldsymbol{h}^{(n)}=s\left[\boldsymbol{Z}^{(n)}\right]\in\mathbf{R}^{P(n)} \tag{4.6}$$

最顶层的输出为

$$\boldsymbol{Z}^{(N)}=\boldsymbol{W}^{(N)}\boldsymbol{h}^{(N-1)}+\boldsymbol{b}^{(N)} \tag{4.7}$$

$$f^{(\boldsymbol{X})}=\boldsymbol{h}^{N}=s\left[\boldsymbol{Z}^{(N)}\right]\in\mathbf{R}^{P(N)} \tag{4.8}$$

映射 $f:\mathbf{R}^{d}\rightarrow\mathbf{R}^{P(N)}$ 是一个参数非线性方程，由参数 $\boldsymbol{W}^{(n)}$ 和 $\boldsymbol{b}^{(n)}$ 确定，$n\in[1,2,\cdots,N]$。基于前述推理过程，DNN 就可以获取原始输入样本在不同网络层抽取得到的表征参数，将网络顶层抽取的表征参数输入特定的分类器模型便可以对数据样本进行分类识别。

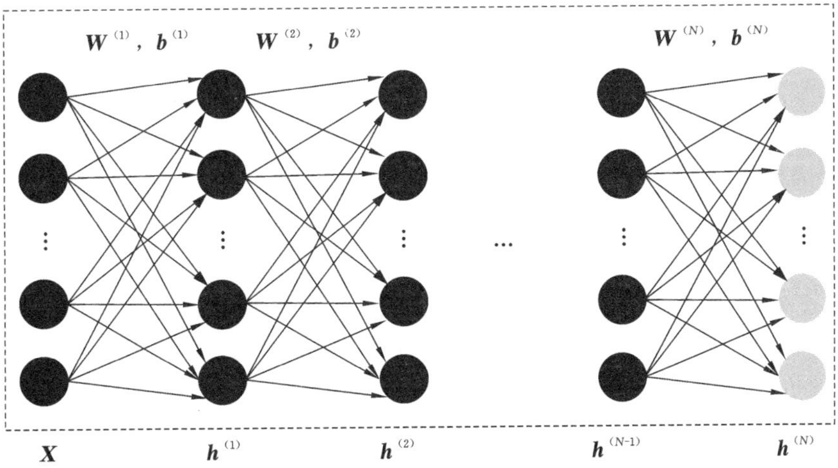

图 4.1　深度神经网络结构

4.2.2　深度度量学习

度量学习旨在学习数据样本的距离或相似度，通过映射关系使同类数据尽可能接近彼此，使异类数据尽可能远离彼此，即通过减小数据样本的类内离散度和类间相似度来提升分类器的识别能力。然而大多数现有度量学习方法只能通过一个线性变换将数据样本映射到高维特征空间，难以捕捉数据样本的非线性关系。为了解决这个问题，基于核函数的非线性度量方法被广泛研究，将数据样本映射到高维特征空间，然后在高维特征空间中对数据样本的距离进行学习。然而基于核函数的非线性度量学习方法不能获得显式的非线性映射函数。不同于以上两种度量学习方法，深度度量学习方法结合深度学习与度量学习的特点，通过 DNN 学习一组分层的非线性变换，将数据样本对映射到一个具有深度结构的特征空间，最大化数据样本的类间距离并最小化数据样本的类内距离，建立显式非线性映射函数关系，从而进行分类识别。

4.2.2.1　基于欧氏距离的度量学习

欧氏距离(Euc)是指在欧式几何空间中计算的点与点的距离。欧氏距离计算使欧式几何空间成为一个度量空间。空间中任意两数据 $\boldsymbol{x}$ 与 $\boldsymbol{y}$ 的欧氏距离可用如下公式计算：

$$d(\boldsymbol{x},\boldsymbol{y})=\|\boldsymbol{x}-\boldsymbol{y}\|_2 \tag{4.9}$$

距离 $d(\boldsymbol{x},\boldsymbol{y})$ 表示数据样本 $\boldsymbol{x}$ 和数据样本 $\boldsymbol{y}$ 的距离，$d(\boldsymbol{x},\boldsymbol{y})$ 越小表示数据样本 $\boldsymbol{x}$ 和 $\boldsymbol{y}$ 越相似，两个数据样本属于同类，否则两个数据样本属于异类。

4.2.2.2　边界 Fisher 分析

为了将度量学习引入深度学习，我们通过边际 Fisher 分析(MFA)在 DNN 顶层的特征空间中对样本的提取特征进行约束，提升深度学习的特征表达能力，提高分类性能。MFA 是有监督降维算法，通过每个数据样本与邻近样本的距离衡量同类或异类样本的距离。与传统线性判别分析(LDA)算法相比，MFA 可以达到更好的分类效果，其原因在于 LDA 中要使基于类内、类间散度的判别分析达到最优效果，要求每类数据样本必须近似服从高斯分布，这在实际工程应用中难以实现，而 MFA 对数据样本没有任何先验假设，进行判别分析更为简单有效。如图 4.2 所示，基于图嵌入框架，MFA 分别建立了表示类内紧凑性的内在图(intrinsic graph)以及表示类间可分性的惩罚图(penalty graph)。在内在图中，每个数据样本只和它同类

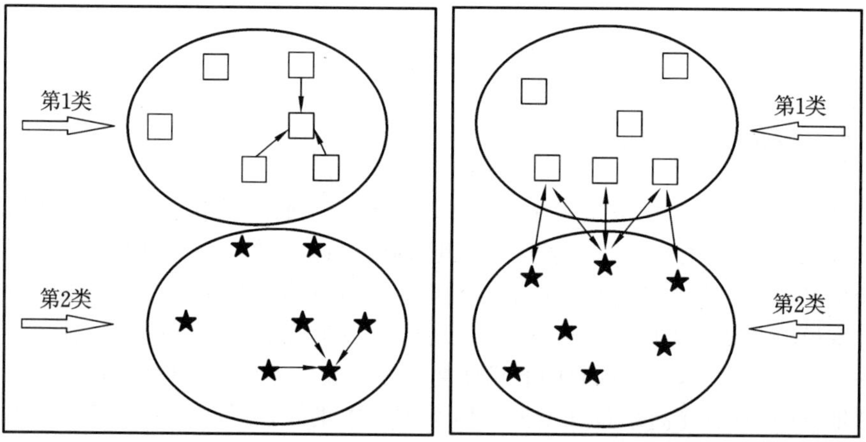

(a) 内在图　　(b) 惩罚图

图 4.2　边际 Fisher 分析的内在图和惩罚图中的邻接关系

样本的 k_1 个最近邻居进行连接，将产生的邻接矩阵记为 $\boldsymbol{P}$。在惩罚图中，每个数据样本只和它异类样本的 k_2 个最近邻居进行连接，将产生的邻接矩阵记为 $\boldsymbol{Q}$。矩阵 $\boldsymbol{P}$ 或 $\boldsymbol{Q}$ 可表示为

$$P_{ij}(Q_{ij})=\begin{cases}1, & \text{样本 } x_i \text{ 与样本 } x_j \text{ 相连}\\ 0, & \text{样本 } x_i \text{ 与样本 } x_j \text{ 不相连}\end{cases}$$

MFA 的可分准则就是使每个样本只拉近和它同类样本的 k_1 个最近邻居，同时远离和它异类样本的 k_2 个最近邻居。基于图嵌入框架便可以分别得到由内在图描述的类内紧致性 S_c 和由惩罚图描述的类间可分性 S_b。

4.2.2.3　基于距离的深度度量学习模型

由前述的分析可知，对于训练样本集 $\boldsymbol{X}$ 中的每个样本对 $\boldsymbol{x}_i$ 和 $\boldsymbol{x}_j$，在网络的第 n 层可表示为 $f^{(n)}(\boldsymbol{x}_i)$ 和 $f^{(n)}(\boldsymbol{x}_j)$，则在第 n 层样本 $\boldsymbol{x}_i$ 和 $\boldsymbol{x}_j$ 的距离可通过欧式距离的平方进行度量，即

$$d_{f^{(n)}}^2(\boldsymbol{x}_i,\boldsymbol{x}_j)=\|f^{(n)}(\boldsymbol{x}_i)-f^{(n)}(\boldsymbol{x}_j)\|_2^2 \tag{4.10}$$

基于图嵌入框架，对所有训练样本的顶层输出进行边际 Fisher 分析（MFA），形成强监督深度度量学习模型。因此，基于欧几里得距离的深度度量学习模型（DMN-Euc）参数的求取问题就可以转化为如下目标函数的优化问题，其中参数 $\boldsymbol{W}^{(n)}$ 和 $\boldsymbol{b}^{(n)}$ 可以通过梯度下降法求取。

$$\min_{f^{(N)}} J=S_c^{(N)}-\alpha S_b^{(N)}+\gamma\sum_{n=1}^{N}[\|\boldsymbol{W}^{(n)}\|_F^2+\|\boldsymbol{b}^{(n)}\|_2^2] \tag{4.11}$$

α 是平衡类内紧致性和类间可分性重要性的自由参数，α 越大表明最大化类间散度越重要（相对于最小化类内散度）。γ 为可调正则化参数，$\gamma>0$。$\|\boldsymbol{W}^{(n)}\|_F$ 表示矩阵 $\boldsymbol{W}^{(n)}$ 的 Frobenius 范数。$S_c^{(n)}$ 和 $S_b^{(n)}$ 分别定义了类内紧致性和类间可分性，其表达式如下：

$$S_c^{(n)}=\frac{1}{Mk_1}\sum_{i=1}^{M}\sum_{j=1}^{M}P_{ij}d_{f^{(n)}}^2(\boldsymbol{x}_i,\boldsymbol{x}_j) \tag{4.12}$$

$$S_b^{(n)}=\frac{1}{Mk_2}\sum_{i=1}^{M}\sum_{j=1}^{M}Q_{ij}d_{f^{(n)}}^2(\boldsymbol{x}_i,\boldsymbol{x}_j) \tag{4.13}$$

M 为训练集的样本个数，如果 $\boldsymbol{x}_j$ 是 $\boldsymbol{x}_i$ 的 k_1 个类内最邻近的，则 $P_{ij}=1$，否则 $P_{ij}=0$；如果 $\boldsymbol{x}_j$ 是 $\boldsymbol{x}_i$ 的 k_2 个类间最邻近的，则 $Q_{ij}=1$，否则 $Q_{ij}=0$。

为了解决式(4.11)中参数优化的问题，使用梯度下降法获得参数 $\{\boldsymbol{W}^{(n)},\boldsymbol{b}^{(n)}\}$，其中 $n=1,2,\cdots,N$。目标函数 J 对于参数 $\boldsymbol{W}^{(n)}$ 和 $\boldsymbol{b}^{(n)}$ 的梯度分别可以计算为如下：

$$\begin{aligned}\frac{\partial J}{\partial \boldsymbol{W}^{(n)}}=&\frac{1}{Mk_1}\sum_{i=1}^{M}\sum_{j=1}^{M}P_{ij}[\boldsymbol{L}_{ij}^{(n)}\boldsymbol{h}_i^{(n-1)\mathrm{T}}+\boldsymbol{L}_{ji}^{(n)}\boldsymbol{h}_j^{(n-1)\mathrm{T}}]\\&-\frac{\alpha}{Mk_2}\sum_{i=1}^{M}\sum_{j=1}^{M}Q_{ij}[\boldsymbol{L}_{ij}^{(n)}\boldsymbol{h}_i^{(n-1)\mathrm{T}}+\boldsymbol{L}_{ji}^{(n)}\boldsymbol{h}_j^{(n-1)\mathrm{T}}]+2\gamma\boldsymbol{W}^{(n)}\end{aligned} \tag{4.14}$$

$$\frac{\partial J}{\partial \boldsymbol{b}^{(n)}}=\frac{1}{Mk_1}\sum_{i=1}^{M}\sum_{j=1}^{M}P_{ij}\,[\boldsymbol{L}_{ij}^{(n)}+\boldsymbol{L}_{ji}^{(n)}]$$
$$-\frac{\alpha}{Mk_2}\sum_{i=1}^{M}\sum_{j=1}^{M}Q_{ij}\,[\boldsymbol{L}_{ij}^{(n)}+\boldsymbol{L}_{ji}^{(n)}]+2\gamma\boldsymbol{b}^{(n)} \tag{4.15}$$

$\boldsymbol{h}_i^{(0)}=\boldsymbol{x}_i$，$\boldsymbol{h}_j^{(0)}=\boldsymbol{x}_j$，是网络的原始输入样本，对于所有其他层($n=1,2,\cdots N-1$)，更新公式如下：

$$\boldsymbol{L}_{ij}^{(N)}=[\boldsymbol{h}_i^{(N)}-\boldsymbol{h}_j^{(N)}]\odot\varphi'[\boldsymbol{Z}_i^{(N)}] \tag{4.16}$$
$$\boldsymbol{L}_{ji}^{(N)}=[\boldsymbol{h}_j^{(N)}-\boldsymbol{h}_i^{(N)}]\odot\varphi'[\boldsymbol{Z}_j^{(N)}] \tag{4.17}$$
$$\boldsymbol{L}_{ij}^{(n)}=[\boldsymbol{W}^{(n+1)\mathrm{T}}\boldsymbol{L}_{ij}^{(n+1)}]\odot\varphi'[\boldsymbol{Z}_i^{(n)}] \tag{4.18}$$
$$\boldsymbol{L}_{ji}^{(n)}=[\boldsymbol{W}^{(n+1)\mathrm{T}}\boldsymbol{L}_{ji}^{(n+1)}]\odot\varphi'[\boldsymbol{Z}_j^{(n)}] \tag{4.19}$$

运算符$\odot$表示数组元素依次相乘。使用以下梯度下降算法更新$\boldsymbol{W}^{(n)}$和$\boldsymbol{b}^{(n)}$，直到收敛：

$$\boldsymbol{W}^{(n)}=\boldsymbol{W}^{(n)}-\tau\frac{\partial J}{\partial \boldsymbol{W}^{(n)}} \tag{4.20}$$

$$\boldsymbol{b}^{(n)}=\boldsymbol{b}^{(n)}-\tau\frac{\partial J}{\partial \boldsymbol{W}^{(n)}} \tag{4.21}$$

τ为学习率。

4.2.3 基于模糊相似性的深度度量学习模型

为了便于理解，这里对基于Yu范数构建的模糊相似性进行了完整描述。如第2章所述，Yu范数表示的T范数和S范数分别为

$$T(x,y)=\max[0,(1+\lambda)(x+y-1)-\lambda xy] \tag{4.22}$$
$$S(x,y)=\min[1,x+y+\lambda xy] \tag{4.23}$$

$x,y\in[0,1]$，$\lambda>-1$，则依此测量两样本相似度的模糊相似函数可表示为

$$E(x,y)=T\,[Sn(\bar{x},y),Sn(x,\bar{y})] \tag{4.24}$$

考虑到设备故障类别边界处的数据样本具有故障模糊性，边界处的数据样本采用距离或角度等距离测度函数进行区分时易被误分，因此将上式基于模糊相似性的测度函数引入深度度量学习模型，构建基于模糊相似性的深度度量学习模型(DMN-Yu)。也就是在前述的基于距离的深度度量学习(DMN-Euc)模型中，对训练样本集$\boldsymbol{X}$中的每个样本对$\boldsymbol{x}_i$和$\boldsymbol{x}_j$，在深度度量学习网络的第n层可表示为$f^{(n)}(\boldsymbol{x}_i)$和$f^{(n)}(\boldsymbol{x}_j)$，两者的相似性便可用模糊相似性函数代替欧式距离函数，即用下式代替式(4.10)：

$$d_{f^{(n)}}^2(\boldsymbol{x}_i,\boldsymbol{x}_j)=S<f^{(n)}(\boldsymbol{x}_i),f^{(n)}(\boldsymbol{x}_j)> \tag{4.25}$$

$S\langle\boldsymbol{x}_i,\boldsymbol{x}_j\rangle=\max\{0,(1+\lambda)[Sn(\bar{\boldsymbol{x}}_i,\boldsymbol{x}_j)+Sn(\boldsymbol{x}_i,\bar{\boldsymbol{x}}_j)-1]-\lambda Sn(\bar{\boldsymbol{x}}_i,\boldsymbol{x}_j)Sn(\boldsymbol{x}_i,\bar{\boldsymbol{x}}_j)\}$，$Sn(\boldsymbol{x}_i,\boldsymbol{x}_j)=\min(1,\boldsymbol{x}_i+\boldsymbol{x}_j+\lambda\boldsymbol{x}_i\boldsymbol{x}_j)$，$\bar{\boldsymbol{x}}_i=1-\boldsymbol{x}_i$，$\lambda$为常数。

相应的模糊相似性深度度量学习模型(DMN-Yu)的参数 $\boldsymbol{W}^{(n)}$ 和 $\boldsymbol{b}^{(n)}$ 通过对下面的目标函数利用梯度下降法便可求得。

$$\min_{f^{(N)}} J = S_{c''}^{(N)} - \alpha S_{b''}^{(N)} + \gamma \sum_{n=1}^{N} [\,||\boldsymbol{W}^{(n)}||_{F''}^{2} + ||\boldsymbol{b}^{(n)}||_{2''}^{2}\,] \tag{4.26}$$

$$S_{c''}^{(n)} = \frac{1}{Mk_1} \sum_{i=1}^{M} \sum_{j=1}^{M} P_{ij} S\langle f^{(n)}(\boldsymbol{x}_i), f^{(n)}(\boldsymbol{x}_j)\rangle \tag{4.27}$$

$$S_{b''}^{(n)} = \frac{1}{Mk_2} \sum_{i=1}^{M} \sum_{j=1}^{M} Q_{ij} S\langle f^{(n)}(\boldsymbol{x}_i), f^{(n)}(\boldsymbol{x}_j)\rangle \tag{4.28}$$

$||\boldsymbol{W}^{(n)}||_{F''}^{2} = \mathrm{sum}[S\langle \boldsymbol{W}^{(n)}, \boldsymbol{W}^{(n)}\rangle]$ 表示参数 $\boldsymbol{W}^{(n)}$ 的各分量进行自相似计算并求和，$||\boldsymbol{b}^{(n)}||_{2''}^{2} = \mathrm{sum}[S\langle \boldsymbol{b}^{(n)}, \boldsymbol{b}^{(n)}\rangle]$ 表示参数 $\boldsymbol{b}^{(n)}$ 的各分量进行自相似计算并求和。

反向传播神经网络(BPNN)是一个十分有效的分类器模型，在模糊相似性深度度量学习网络(DMN-Yu)的顶层特征输出层添加 BPNN 分类器，以期对整体深度度量学习网络的参数进行微调，使特征自动提取与故障分类识别融为一体，从而实现数据样本的分类识别。

4.2.4 模糊相似性深度度量学习的诊断算法

模糊相似性深度度量学习(DMN-Yu)诊断方法首先使用 DNN 结构学习非线性相似性度量，然后在最后的特征输出层结合 BPNN 分类器微调整个网络完成训练，最后依此进行故障诊断分析，如图 4.3 所示。

(1) 获取大量带标签的设备故障数据样本，进行归一化，按比例划分训练集和测试集。

(2) 构建 DMN-Yu 模型并进行参数初始化，将 $\boldsymbol{W}^{(n)}$ 和 $\boldsymbol{b}^{(n)}$ 分别初始化为大小接近于 0 的数，对学习率 τ 等模型参数进行设置。

(3) 利用训练样本对 DMN-Yu 模型进行有监督训练，将数据样本逐层进行非线性变换至顶层，对顶层特征参数进行基于模糊相似性的边际 Fisher 分析，约束所提取的特征；在网络顶层的特征输出层添加 BPNN 分类器微调整体网络，训练整个网络模型。

(4) 利用已训练的 DMN-Yu 模型对测试样本进行诊断分析。

4.2.5 诊断案例分析

为了验证模糊相似性深度度量学习(DMN-Yu)故障诊断方法的有效性，我们仍以美国凯斯西储大学的滚动轴承数据作为分析对象。轴承 10 种故障类型数据样本统计如表 4.1 所示。共 10 种故障类型，每种故障类型的训练样本数为 490、测试样本数为 210，每个样本的样本点数是 512。

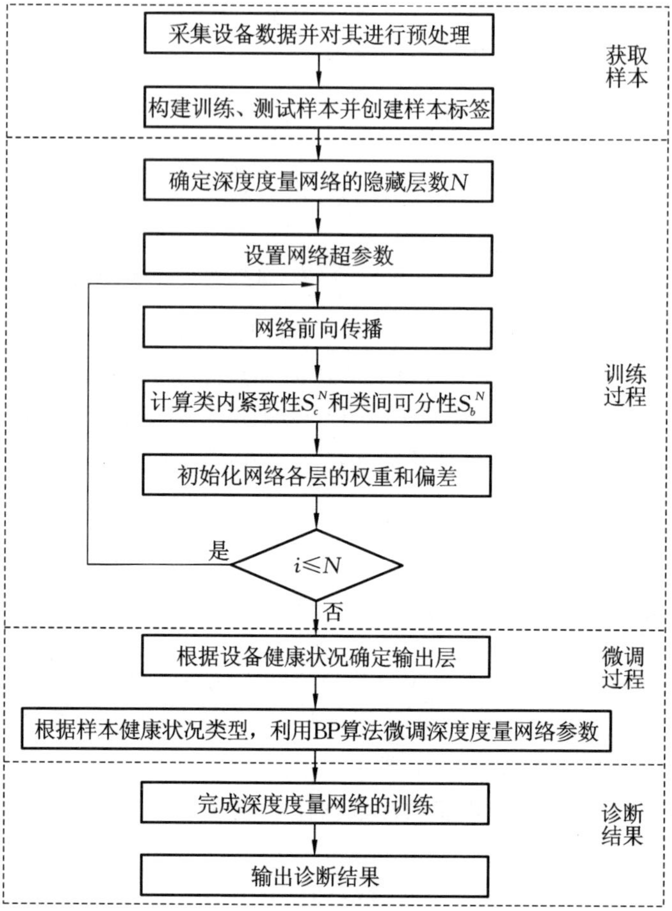

图 4.3　深度度量学习诊断流程图

表 4.1　轴承 10 种故障类型数据样本统计

故障编号	故障状况类型	故障程度/mm	训练样本	测试样本
1	正常	0	490	210
2	轻度内圈	0.18	490	210
3	中度内圈	0.36	490	210
4	重度内圈	0.54	490	210
5	轻度滚动体	0.18	490	210
6	中度滚动体	0.36	490	210
7	重度滚动体	0.54	490	210

续表

故障编号	故障状况类型	故障程度/mm	训练样本	测试样本
8	轻度外圈	0.18	490	210
9	中度外圈	0.36	490	210
10	重度外圈	0.54	490	210

这里采用的 DMN-Yu 模型是一个具有 3 层（$N=2$）网络的结构，每层的节点数分别为 512、100、100，在顶层特征输出层添加 BPNN 分类器，其分类结果输出层节点数为故障类型数，即 10。将模型参数 α 设置为 4.0，λ 为 0.2，最大迭代次数 T 为 10，正则化参数 γ 为 0.5，初始学习率 τ 为 0.2，学习率下降因子为 0.95，相邻点 k_1 和 k_2 根据经验取 $k_1=5$，$k_2=10$。为了分析 DMN-Yu 模型对每类故障类型进行诊断的有效性，我们采用混淆矩阵对诊断结果进行了可视化，使用精确度 P 和召回率 R 两个指标对诊断结果进行了定量分析，给出了轴承训练集的诊断混淆矩阵，如图 4.4 所示。从图中可以看出该方法可以对训练数据样本进行准确的诊断分析。

诊断状态 \ 实际状态	1	2	3	4	5	6	7	8	9	10	
1	490 10.0%	0 0.0%	0 0.0%	0 0.0%	0 0.0%	0 0.0%	0 0.0%	0 0.0%	0 0.0%	0 0.0%	100% 0.0%
2	0 0.0%	490 10.0%	0 0.0%	0 0.0%	0 0.0%	0 0.0%	0 0.0%	0 0.0%	0 0.0%	0 0.0%	100% 0.0%
3	0 0.0%	0 0.0%	490 10.0%	0 0.0%	0 0.0%	0 0.0%	0 0.0%	0 0.0%	0 0.0%	0 0.0%	100% 0.0%
4	0 0.0%	0 0.0%	0 0.0%	490 10.0%	0 0.0%	0 0.0%	0 0.0%	0 0.0%	0 0.0%	0 0.0%	100% 0.0%
5	0 0.0%	0 0.0%	0 0.0%	0 0.0%	490 10.0%	0 0.0%	0 0.0%	0 0.0%	0 0.0%	0 0.0%	100% 0.0%
6	0 0.0%	0 0.0%	0 0.0%	0 0.0%	0 0.0%	490 10.0%	0 0.0%	0 0.0%	0 0.0%	0 0.0%	100% 0.0%
7	0 0.0%	0 0.0%	0 0.0%	0 0.0%	0 0.0%	0 0.0%	490 10.0%	0 0.0%	0 0.0%	0 0.0%	100% 0.0%
8	0 0.0%	0 0.0%	0 0.0%	0 0.0%	0 0.0%	0 0.0%	0 0.0%	490 10.0%	0 0.0%	0 0.0%	100% 0.0%
9	0 0.0%	0 0.0%	0 0.0%	0 0.0%	0 0.0%	0 0.0%	0 0.0%	0 0.0%	490 10.0%	0 0.0%	100% 0.0%
10	0 0.0%	0 0.0%	0 0.0%	0 0.0%	0 0.0%	0 0.0%	0 0.0%	0 0.0%	0 0.0%	490 10.0%	100% 0.0%
	100% 0.0%	100% 0.0%	100% 0.0%	100% 0.0%	100% 0.0%	100% 0.0%	100% 0.0%	100% 0.0%	100% 0.0%	100% 0.0%	100% 0.0%

图 4.4　DMN-Yu 模型对训练样本的诊断混淆矩阵

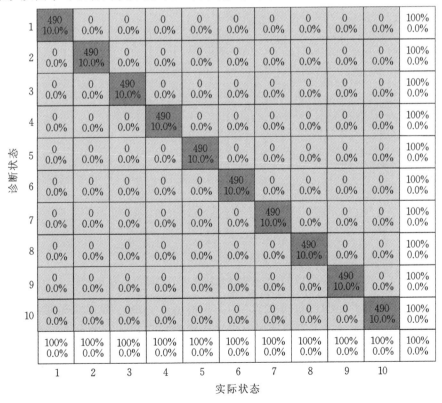

图 4.5 所示为 DMN-Yu 模型在测试集样本上的故障诊断混淆矩阵。由图可知，该诊断模型对测试样本的诊断精度达到 97%，其中故障编号 1 的精确度 P 为 98.6%，召回率 R 为 100%，其他故障编号的精确度和召回率也都在 90%以上。在故障编号 8 的 210 个样本中，有 207 个数据样本被准确诊断，只有 3 个样本被误诊为故障编号 3 和故障编号 10，其召回率为 98.6%，精确度为 100%，从图中也可以看出其他故障类型的数据样本也只有少数被误诊。这充分说明 DMN-Yu 模型能有效地对轴承不同故障类型进行诊断分析。

诊断状态 \ 实际状态	1	2	3	4	5	6	7	8	9	10	
1	210 10.0%	0 0.0%	0 0.0%	0 0.0%	1 0.0%	0 0.0%	0 0.0%	0 0.0%	2 0.0%	0 0.0%	98.6% 1.4%
2	0 0.0%	195 9.3%	0 0.0%	0 0.0%	2 0.0%	0 0.0%	0 0.0%	0 0.0%	0 0.0%	0 0.0%	99.0% 1.0%
3	0 0.0%	4 0.0%	201 9.6%	0 0.0%	2 0.0%	3 0.0%	0 0.0%	2 0.0%	0 0.0%	0 0.0%	94.8% 5.2%
4	0 0.0%	2 0.0%	0 0.0%	207 9.9%	3 0.0%	0 0.0%	0 0.0%	0 0.0%	2 0.0%	0 0.0%	96.7% 3.3%
5	0 0.0%	2 0.0%	0 0.0%	0 0.0%	198 9.4%	0 0.0%	0 0.0%	0 0.0%	1 0.0%	0 0.0%	98.5% 1.5%
6	0 0.0%	5 0.0%	1 0.0%	1 0.0%	1 0.0%	199 9.5%	1 0.0%	0 0.0%	0 0.0%	0 0.0%	95.7% 4.3%
7	0 0.0%	0 0.0%	0 0.0%	0 0.0%	0 0.0%	0 0.0%	208 9.9%	0 0.0%	2 0.0%	0 0.0%	99.0% 1.0%
8	0 0.0%	0 0.0%	0 0.0%	0 0.0%	0 0.0%	0 0.0%	0 0.0%	207 9.9%	0 0.0%	0 0.0%	100% 1.5%
9	0 0.0%	0 0.0%	0 0.0%	0 0.0%	3 0.0%	0 0.0%	0 0.0%	0 0.0%	203 9.7%	0 0.0%	98.5% 1.5%
10	0 0.0%	2 0.0%	8 0.0%	1 0.0%	0 0.0%	8 0.0%	1 0.0%	1 0.0%	0 0.0%	210 10.0%	90.5% 9.5%
	100% 0.0%	92.9% 7.1%	95.7% 4.3%	98.6% 1.4%	94.3% 5.7%	94.8% 5.2%	99.0% 1.0%	98.6% 1.4%	96.7% 3.3%	100% 0.0%	97.0% 3.0%

图 4.5 DMN-Yu **模型在测试集样本上的故障诊断混淆矩阵**

与此同时，为了证明已训练的 DMN-Yu 模型在诊断过程中进行推理的有效性，我们对测试集数据样本进行逐层故障特征提取的特征分布散点图进行了描述。t-SNE 是一种可视化高维数据的算法，由于模型对每一层提取的故障特征维数较高，先采用 PCA 对所提特征降维，再采用 t-SNE 将降维后的故障特征映射至三维空间对其进行可视化。图 4.6 至图 4.8 所示为测试集中的原始数据、第一隐藏层输出特征、第二隐藏层输出特征的可视化结果。从这三个图可以看出，随着数据样本经过变换的网络层数递增，不同故障类别特征数据的类间距离越来越大，类内距离越来越小，到最顶层特征输出层时所有故障类别基本被全部分开，说明 DMN-Yu 模型可以通过最小化类内距离和最大化类间距离进行较好的特征提取，从而使后续的诊断过程更容易，使诊断精度更高。

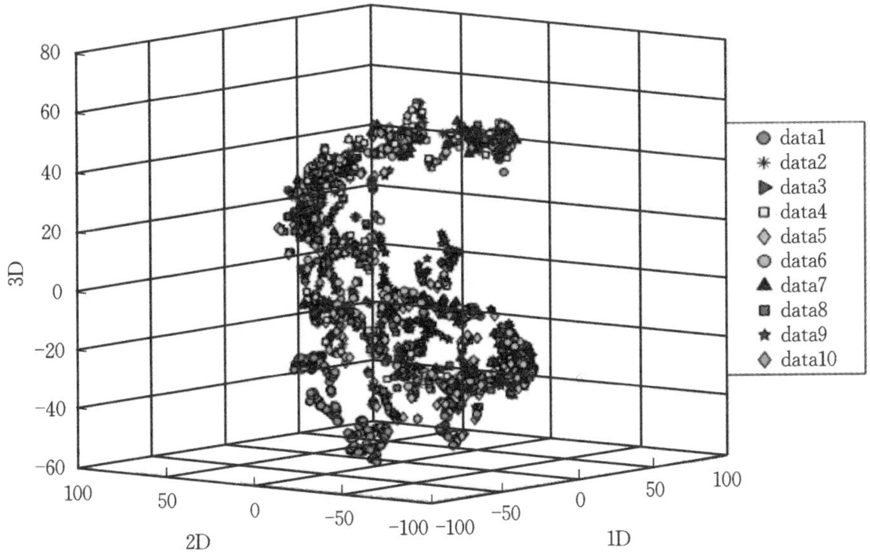

图 4.6　原始数据样本的 3D 特征散点分布图

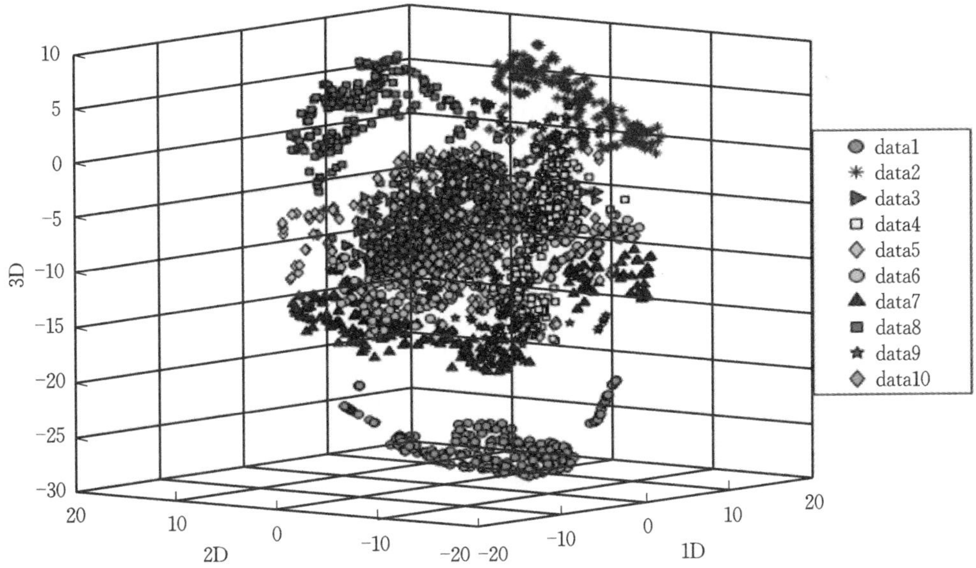

图 4.7　DMN-Yu 模型第一隐藏层的 3D 特征散点分布图

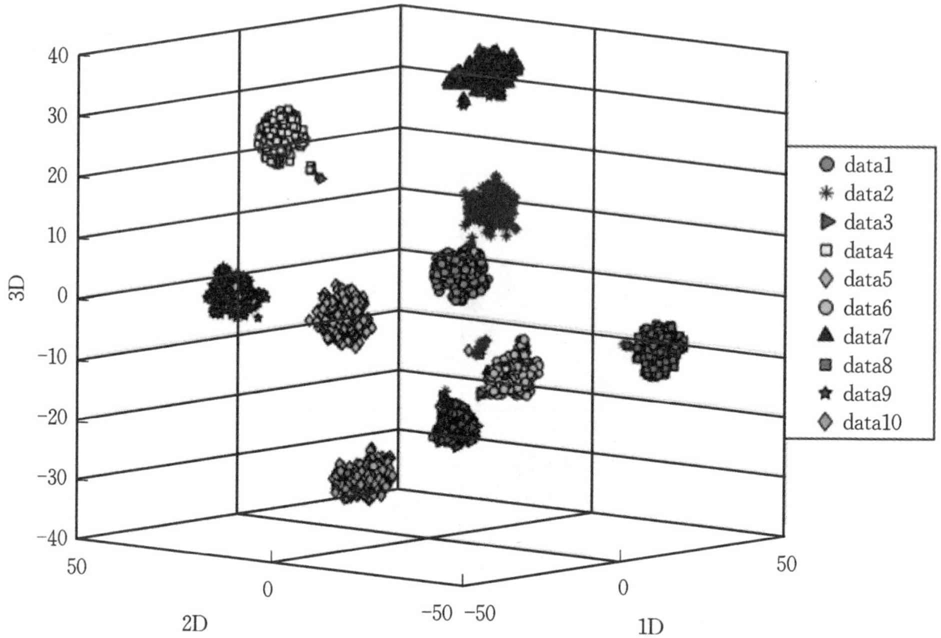

图 4.8 DMN-Yu 模型第二隐藏层的 3D 特征散点分布图

另外,为了验证 DMN-Yu 诊断模型的优越性,我们利用基于欧式距离的深度度量学习(DMN-Euc)、传统 DBN 以及基于人工提取特征参数的支持向量机(SVM)对同样的数据样本进行了诊断分析。DBN 选取 4 层网络结构,每层的节点数分别为 512、100、100、10,学习率 ε 为 0.000 1;SVM 的核函数选择阶数为 2 的多项式核函数,采用一对多的分类器策略对其进行训练。每种方法均进行 10 次诊断试验,取 10 次诊断试验结果的平均值作为最终诊断结果,同时给出各算法的平均诊断时间,如表 4.2 所示。由表 4.2 可以看出,DMN-Yu 模型的诊断精度最高,其平均精度为 96.76%。DMN-Euc 模型的平均诊断精度为 95.72%,稍逊于 DMN-Yu 模型。DBN 模型的平均精度为 94.10%,明显低于 DMN-Yu 模型和 DMN-Euc 模型。用人工提取的特征参数和 SVM 进行诊断分析时,特征参数为 9 个时域特征(平均值、标准方差、均方根 3 个有量纲特征和偏度、峭度、波峰因子、裕度因子、波形因子、冲击因子 6 个无量纲特征),得到的平均诊断精度为 85.05%,远低于 DMN-Yu 模型。这充分说明 DMN-Yu 能对轴承故障进行有效的诊断分析,且优于 DMN-Euc、DBN 和 SVM 模型。从表 4.2 可知,DMN-Yu 模型的平均诊断时间低于 DMN-Euc 模型,但高于 SVM 和 DBN 模型,主要是因为深度度量学习模型自动提取特征参数时需耗大量计算资源。

表 4.2　10 次诊断试验的平均诊断结果

方法	平均诊断精度/(%)	平均诊断时间/s
DMN-Yu	96.76	2952.2
DMN-Euc	95.72	3389.9
DBN	94.10	2673.8
常用统计特征+SVM	85.05	595.3

与此同时,我们也对 DMN-Euc 模型和 DBN 模型对测试集数据样本进行逐层故障特征提取的特征分布散点图,以及人工提取的故障特征分布散点图进行了可视化分析。图 4.9 至图 4.13 所示为对 DMN-Euc 模型的第一隐藏层输出特征、第二隐藏层输出特征,DBN 模型的第一隐藏层输出特征、第二隐藏层输出特征,人工提取的 9 个时域统计特征参数的可视化结果。从这些特征分布散点图与 DMN-Yu 模型提取的特征分布散点图可知,DMN-Yu 对故障类内离散度和类间相似度的抑制效果更明显,进一步说明 DMN-Yu 模型诊断性能的优越性。

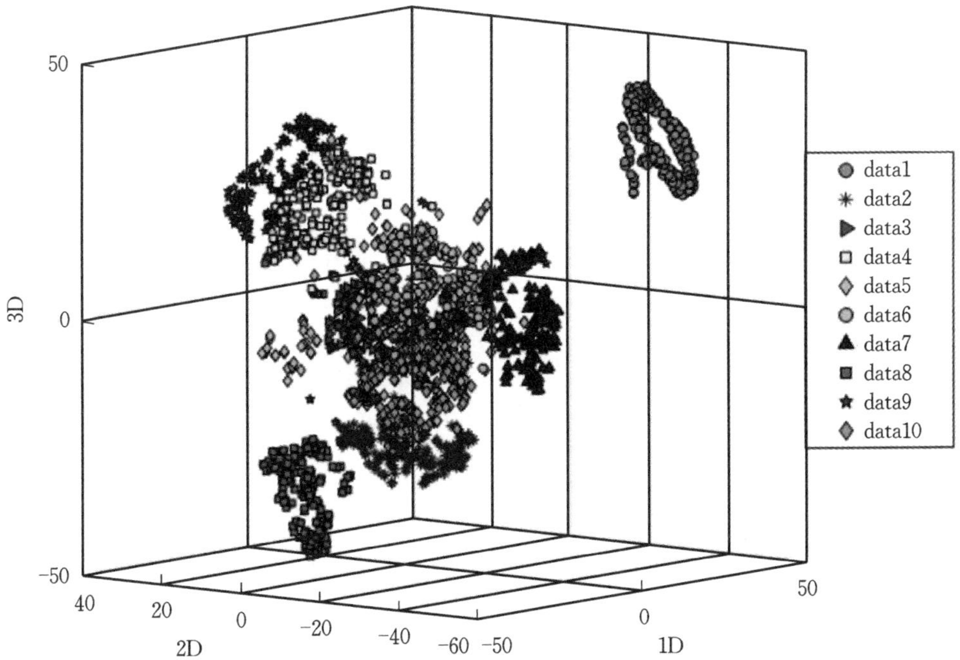

图 4.9　DMN-Euc **模型第一隐藏层的 3D 特征散点分布图**

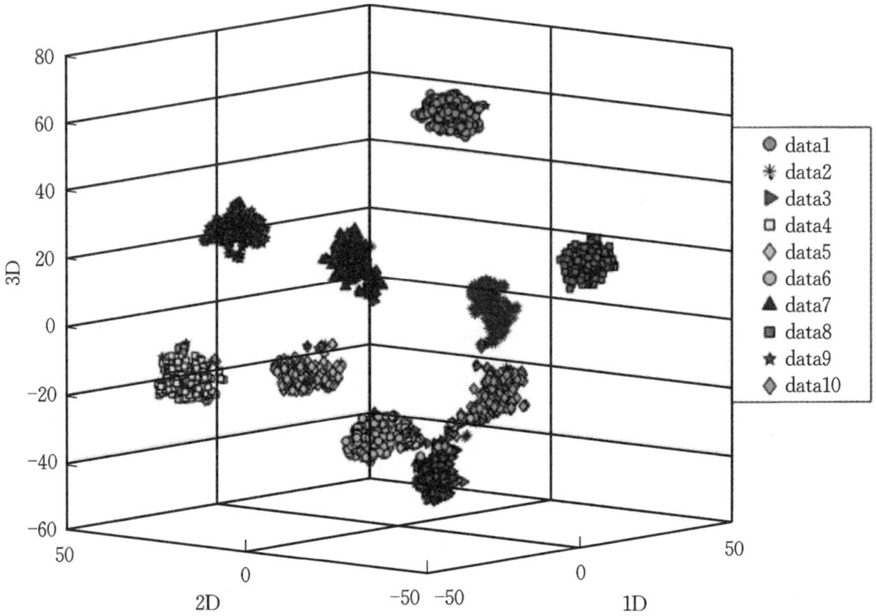

图 4.10 DMN-Euc 模型第二隐藏层的 3D 特征散点分布图

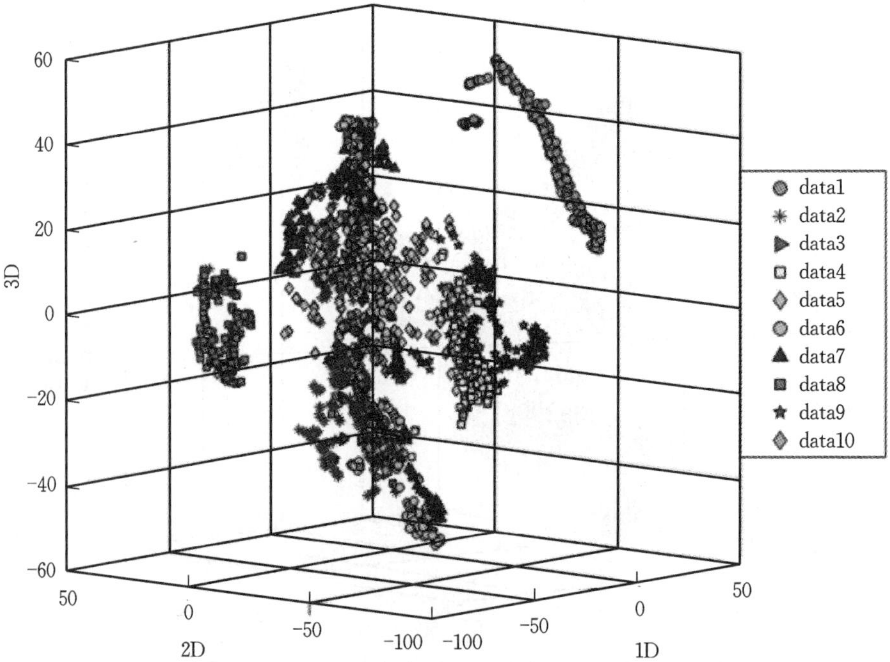

图 4.11 DBN 模型第一隐藏层的 3D 特征散点分布图

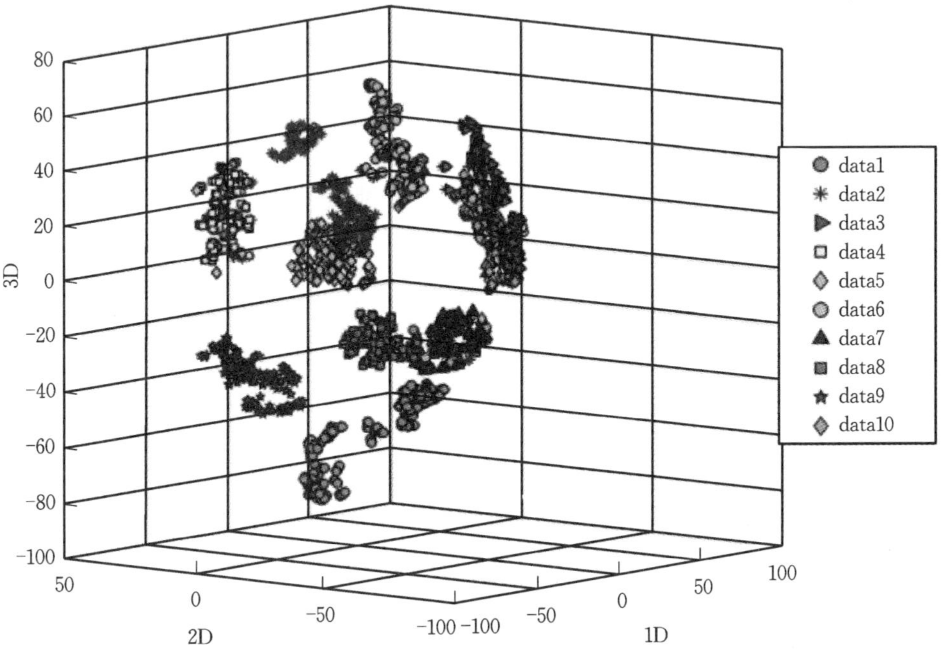

图 4.12　DBN 模型第二隐藏层的 3D 特征散点分布图

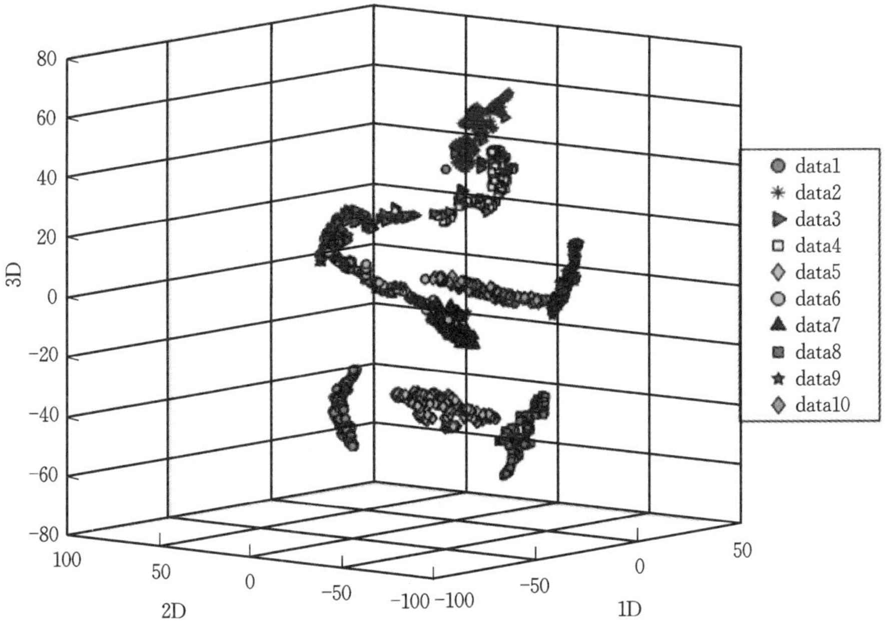

图 4.13　人工提取特征的 3D 特征散点分布图

由此可知，通过对轴承 10 种不同故障类型的诊断分析建立的基于模糊相似性的深度度量学习诊断模型，不仅能对数据样本的类内离散度和类间相似度进行学习，获取更有利于分类识别的特征参数，而且能提升诊断精度，诊断效果优于基于欧式距离的深度度量学习、DBN 和 SVM 模型。

4.2.6 集成模糊相似性深度度量学习诊断模型

模糊相似性深度度量学习(DMN-Yu)诊断模型虽然能够对数据样本的类内离散度和类间相似度进行学习，获取更有利于诊断识别的特征参数，进而提高故障诊断精度。但在实际的工程应用中，较少故障数据样本会导致诊断精度下降，导致诊断稳定性和泛化能力差。考虑到集成学习在小样本、高维、复杂数据结构等方面具有很强的分类能力，为进一步提升模糊相似性深度度量学习的诊断能力，我们建立了集成模糊相似性深度度量学习诊断模型。

集成学习的故障诊断方法主要包括单个诊断模型的构建和决策的融合机制。单个诊断模型的构建主要包括两种方法：一是将不同的分类器模型用在相同的数据集上，生成的诊断模型具有异质特性；二是将同样的分类器模型用在不同的数据集上，生成的单个诊断模型是同质类型。在实际的工业生产过程中，振动传感器布置少，深度学习模型从原始振动信号中提取特征参数时易忽略一些隐藏在原始信号中反映设备动态特性的关键参数，因此我们建立了如图 4.14 所示的集成 DMN-Yu 故障诊断模型。首先利用集成经验模式方法(EEMD)将原始振动信号分解成若干 IMF 分量，然后将多个 IMF 分量分别输入多个 DMN-Yu 诊断模型进行初步诊断分析，最后将多个诊断模型的初步诊断结果运用贝叶斯置信法进行融合，获取最终的诊断结果。

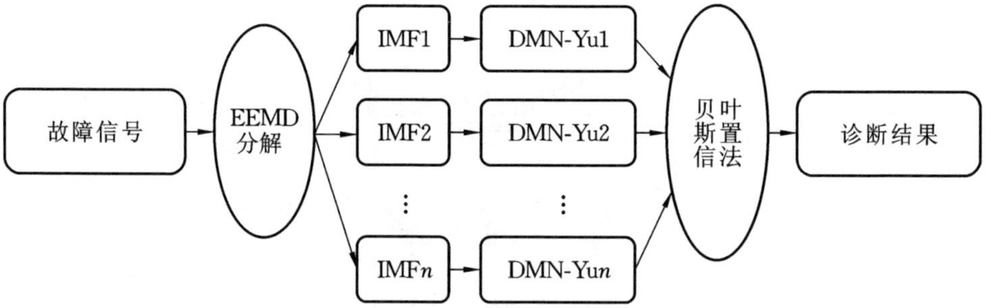

图 4.14 基于贝叶斯置信法的集成 DMN-Yu **诊断流程图**

4.2.6.1 EEMD 信号分解法

经验模式分解(EMD)是一种对非线性和非平稳信号具有很好分解效果的时频分解方法。利用 EMD 方法可以把原始振动数据 $\boldsymbol{x}(t)$ 分解为多项固有模态函数

(IMF)和余项之和,获得的各项 IMF 分量是原始数据信号从高频到低频进行分解的不同频段子信号,每个频段的子信号包含不同的频率成分,即

$$\boldsymbol{x}(t)=\sum_{j=1}^{n}\boldsymbol{c}_j+\boldsymbol{r}_n \tag{4.29}$$

$\boldsymbol{c}_j$ 表示分解的第 j 个 IMF 分量,$\boldsymbol{r}_n$ 表示从原始信号 $\boldsymbol{x}(t)$中提取 n 个 IMF 分量信号之后的残余项。

EMD 在分解过程中存在模态混叠问题,即 EMD 分解得到的不同 IMF 分量中存在相似频率信号,导致其在应用方面受到一定制约。集成经验模式分解方法(EEMD)是为解决此问题而生的一种噪声辅助分析方法,在原始信号中加入频率均匀分布的高斯白噪声并进行多次 EMD 分解,将多次分解获得的 IMF 分量相加求平均,从而消除信号中的噪声影响,进而有效解决 EMD 的模式混叠问题。该 EEMD 的具体分解算法如下。

(1) 在原始信号 $\boldsymbol{x}(t)$中添加高斯白噪声 $\boldsymbol{w}_i(t)$,白噪声的幅值标准差是常数、均值是 0,即

$$\boldsymbol{x}_i(t)=\boldsymbol{x}(t)+\boldsymbol{w}_i(t) \tag{4.30}$$

(2) 采用 EMD 方法分解信号 $\boldsymbol{x}_i(t)$,将分解得到的 IMF 分量记为 $\boldsymbol{c}_{ij}(t)$,即

$$\boldsymbol{x}_i(t)=\sum_{j=1}^{n}\boldsymbol{c}_{ij}(t)+\boldsymbol{r}_i(t) \tag{4.31}$$

$\boldsymbol{c}_{ij}(t)$表示将第 i 次加入的白噪声信号采用 EMD 分解获得的 n 个分量中的第 j 个 IMF 分量。

(3) 向原始信号加入不同序列的白噪声,将步骤(1)和步骤(2)重复 N 次,对 N 次分解得到的 IMF 分量求平均,则用 EEMD 分解的第 j 个 IMF 分量可表示为

$$\boldsymbol{c}_j(t)=\frac{1}{N}\sum_{i=1}^{N}\boldsymbol{c}_{ij}(t) \tag{4.32}$$

N 表示总体平均次数,即分解次数;$\boldsymbol{c}_j(t)$为利用 EEMD 方法对原始信号进行分解获得的第 j 个 IMF 分量。EEMD 的最终分解结果可表示为

$$\boldsymbol{x}(t)=\sum_{j}\boldsymbol{c}_j(t)+\boldsymbol{r}(t) \tag{4.33}$$

$\boldsymbol{r}(t)$表示经 EEMD 分解后得到的最终残差。

4.2.6.2　基于贝叶斯置信法的融合机制

集成学习方法的另一个关键问题就是多个诊断模型的融合机制。鉴于前述贝叶斯置信法的特点,即能考虑各分类器的分类误差以及各故障类型对应的训练样本个数的差异性,这里仍采用贝叶斯置信法作为融合机制,具体算法可参考第 3 章,这里不再赘述。

4.2.6.3 集成模糊相似性深度度量学习诊断算法

为实现集成 DMN-Yu 模型的诊断分析,我们给出了集成 DMN-Yu 模型的故障诊断算法,如图 4.15 所示。该算法的具体步骤如下。

(1) 在获取大量有标签的故障信号的基础上,利用滑动时间窗函数获取没有数据重叠的多个数据样本并将其分为训练样本集和测试样本集。

(2) 对训练样本进行归一化处理,利用 EEMD 方法对数据样本进行分解,得到 n 个 IMF 分解信号,然后将 n 个 IMF 分量分别输入 DMN-Yu 诊断模型并进行有监督训练,从而得到各已训练的 DMN-Yu 模型。

(3) 对测试样本进行归一化处理并输入 EEMD 模型进行分解,获得 n 个 IMF 分解信号,分别输入各已训练的 DMN-Yu 模型进行诊断分析,获取初步诊断结果。

(4) 将 n 个 DMN-Yu 模型的初步诊断结果输入贝叶斯置信法进行融合,获取最终的诊断结果。

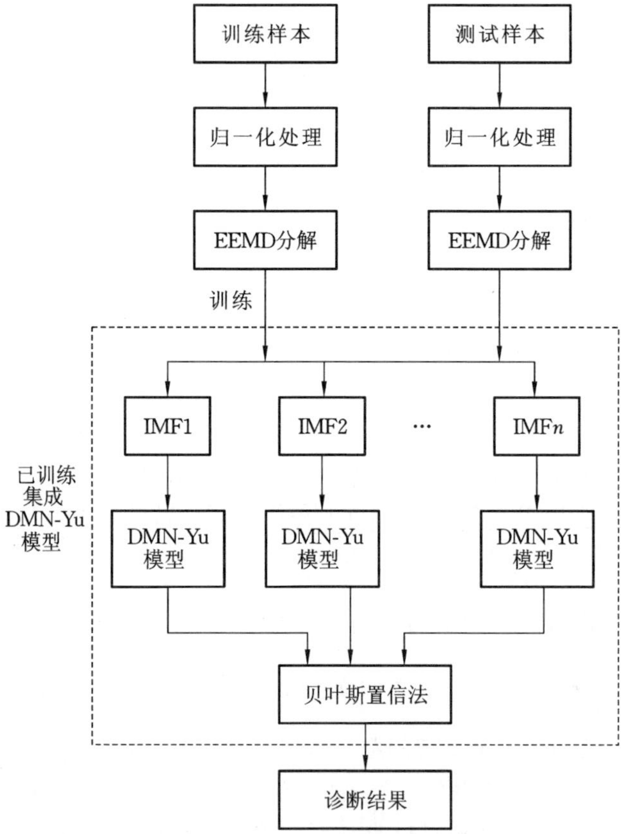

图 4.15 集成 DMN-Yu 模型的故障诊断算法

4.2.7　诊断案例分析

为了验证集成 DMN-Yu 故障诊断方法的有效性，我们仍以美国凯斯西储大学轴承数据中心的轴承数据作为对象进行诊断分析。采用载荷为 0 HP、转速为 1797 rpm 运行条件下采样频率为 12 kHz 的轴承数据构建数据样本集，如表 4.3 所示。该样本集包含 10 种不同故障类型，每种故障类型的数据样本数是 500（训练样本数是 350，测试样本数是 150），每个数据样本含 512 个样本点数。

表 4.3　滚动轴承 10 种故障类别的数据集统计表

故障编号	故障类型	故障程度/mm	训练样本	测试样本
1	正常	0	350	150
2	轻度内圈	0.18	350	150
3	中度内圈	0.36	350	150
4	重度内圈	0.54	350	150
5	轻度滚动体	0.18	350	150
6	中度滚动体	0.36	350	150
7	重度滚动体	0.54	350	150
8	轻度外圈	0.18	350	150
9	中度外圈	0.36	350	150
10	重度外圈	0.54	350	150

采用 EEMD 分别对训练集样本信号和测试集样本信号进行分解，EEMD 的两个参数分别设置为 $k=0.1$，$N=100$。图 4.16 所示为轴承轻度内圈故障信号的 EEMD 分解结果。从图中可以看出，该分解信号由 8 个 IMF 分量信号和 1 个残余信号组成，IMF 信号的频率随着阶数的增加而下降，这说明每个 IMF 信号差异较大，从而为集成 DMN-Yu 模型中各 DMN-Yu 诊断模型差异化提供了数据基础。

将 8 个 IMF 分量分别作为 8 个 DMN-Yu 模型的输入进行训练和诊断，得到 8 个初步诊断结果，将这 8 个初步诊断结果利用贝叶斯置信法进行融合，从而获得最终的诊断结果。DMN-Yu 模型是一个具有 3 层（$N=2$）且每层节点数分别为 512、100、100 的网络结构，而顶层特征输出层添加了 BPNN 分类器，其分类输出层节点数为 10，表示 10 个故障类型。DMN-Yu 模型的参数 α 为 4.0，λ 为 0.2，最大迭代次数 T 为 10，正则化参数 γ 为 0.5，初始学习率 τ 为 0.2，学习率下降因子为 0.95。图 4.17 所示为单个 DMN-Yu 模型的故障诊断结果。

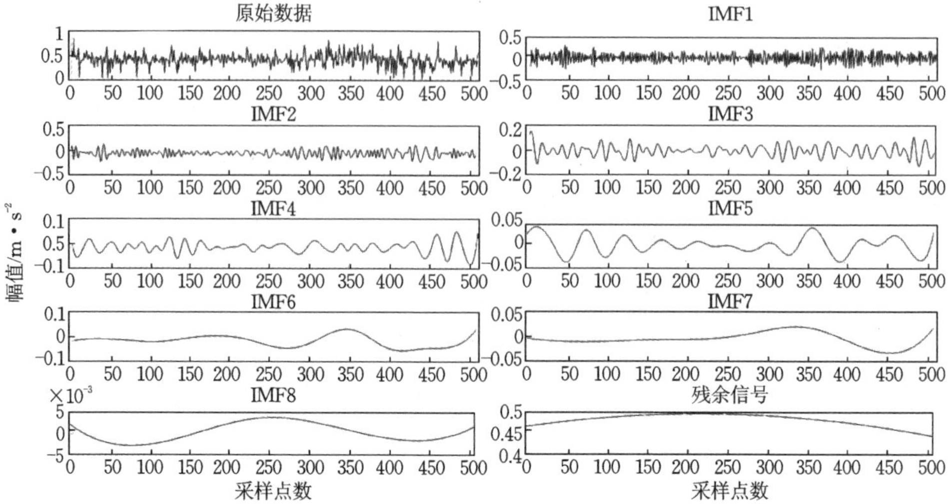

图 4.16　轴承轻度内圈故障信号的 EEMD 分解结果

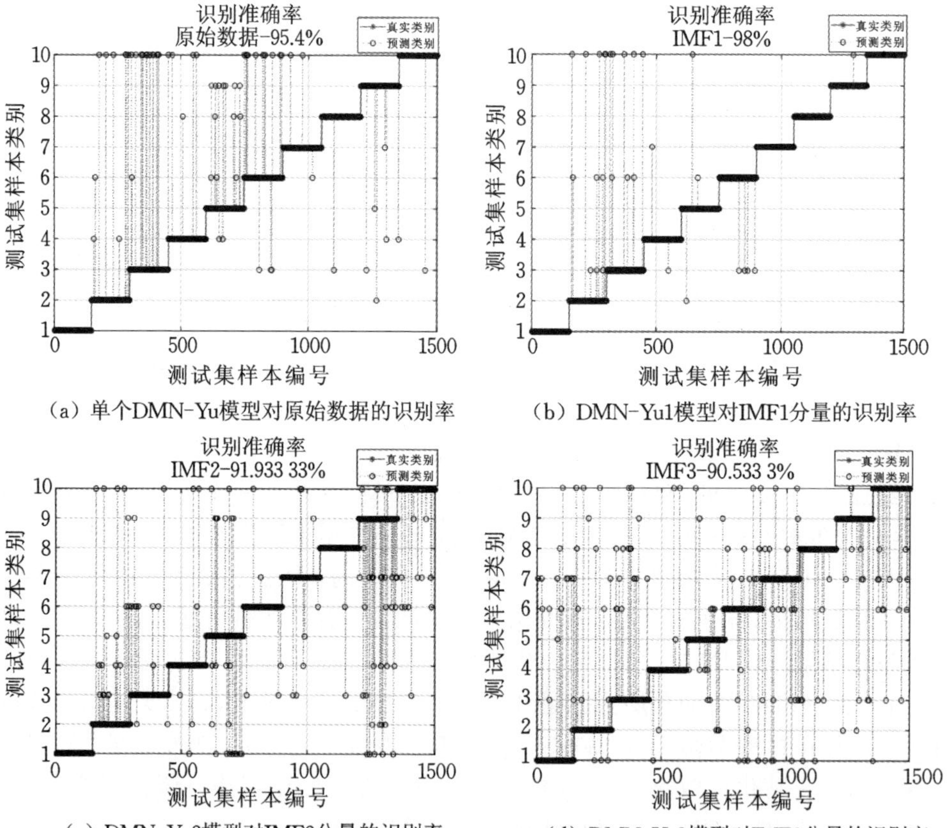

(a) 单个DMN-Yu模型对原始数据的识别率　(b) DMN-Yu1模型对IMF1分量的识别率

(c) DMN-Yu2模型对IMF2分量的识别率　(d) DMN-Yu3模型对IMF3分量的识别率

图 4.17　单个 DMN-Yu 模型的故障诊断结果

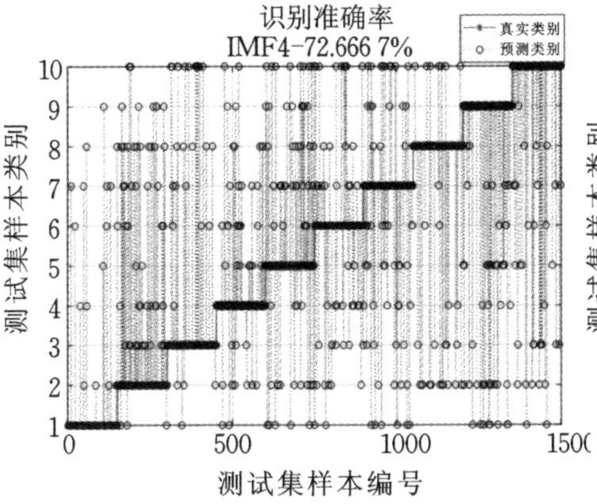

（e）DMN-Yu4模型对IMF4分量的识别率

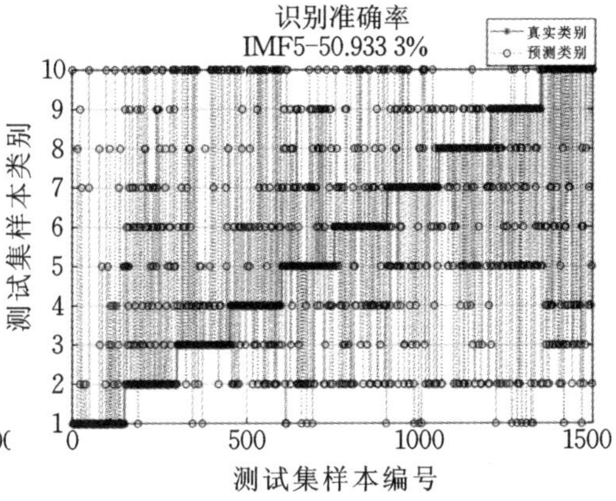

（f）DMN-Yu5模型对IMF5分量的识别率

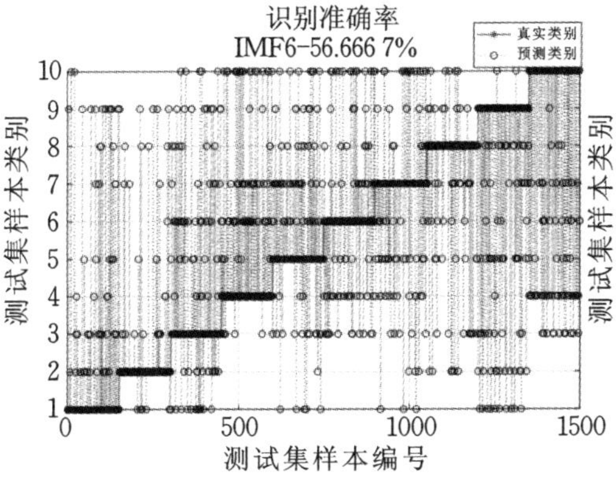

（g）DMN-Yu6模型对IMF6分量的识别率

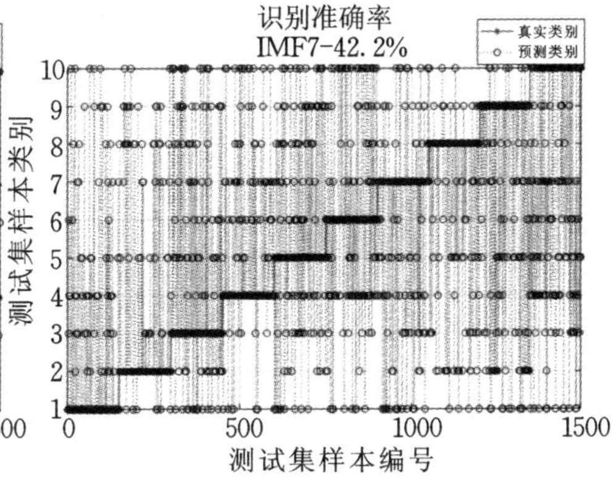

（h）DMN-Yu7模型对IMF7分量的识别率

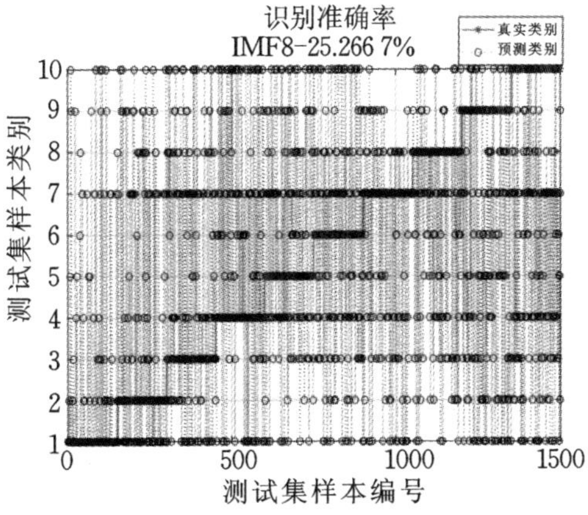

（i）DMN-Yu8模型对IMF8分量的识别率

续图 4.17

从图 4.17 可以看出，单个 DMN-Yu 模型在原始训练数据样本数较少的情况下的诊断精度较低，为 95.4%；利用 8 个 DMN-Yu 模型分别对 8 个 IMF 分量进行诊断分析时得到的诊断精度不同。基本上 IMF 分量的阶数越高，精度反而越低，如第一阶 IMF1 分量信号的诊断精度最高(98%)，第八阶 IMF8 分量信号的诊断精度最低(25.27%)，主要原因是每个 IMF 分量在不同尺度上包含不同的故障特征信息，阶数越低包含的故障特征信息越多，相应的 DMN-Yu 模型的诊断精度越高。

图 4.18 所示为基于贝叶斯置信法集成 DMN-Yu 模型的诊断结果。其中直方图代表将单个 IMF 分量输入 DMN-Yu 模型得到的诊断结果，折线图表示将前 n 个 DMN-Yu 模型的诊断结果经贝叶斯置信法融合后得到的最终诊断结果。从图 4.18 可以看出，随着集成的 DMN-Yu 诊断模型数量的增加，诊断精度越来越高，融合前 7 个诊断模型的诊断精度为 99.93%，融合 8 个诊断模型的最终诊断精度达到 100%，明显比单个模型的诊断精度 95.4% 高。可见，集成学习可以在训练样本较少的情况下显著提高故障诊断精度。

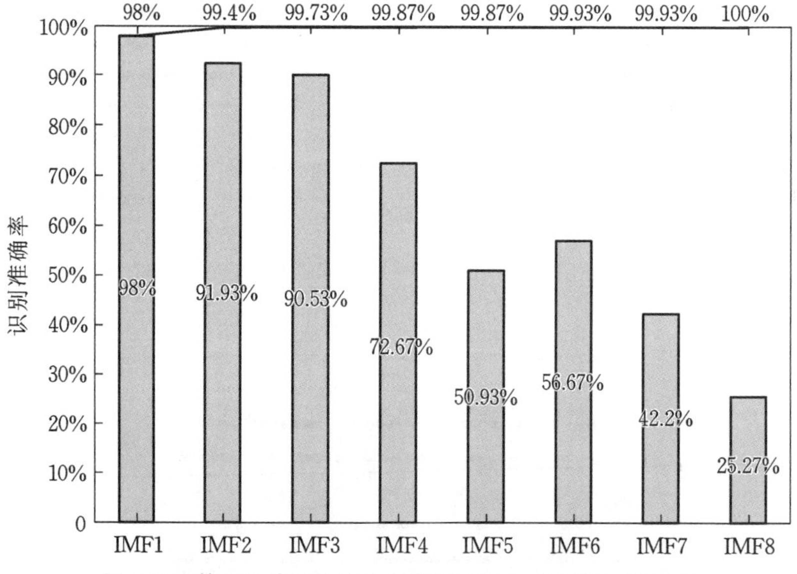

图 4.18　基于贝叶斯置信法集成 DMN-Yu 模型的诊断结果

为了验证基于贝叶斯置信法的集成 DMN-Yu 故障诊断方法的优越性，我们将其与基于投票法的集成 DMN-Yu 的诊断方法进行了比较分析，给出了采用多数投票法将多个 DMN-Yu 模型的初步诊断结果进行融合的诊断精度，如图 4.19 所示。从图中可以看出前三个 DMN-Yu 模型进行融合得到的诊断精度最高，为 98.27%，高于单个模型的诊断精度 95.4%。但当 DMN-Yu 模型融合的数量增加时，其诊断精度反而下降，主要原因可能是当单个 DMN-Yu 模型的诊断结果差异较大时，采用多数投票法融合不同的 DMN-Yu 诊断模型时，获得的最终诊断结果时高时低。

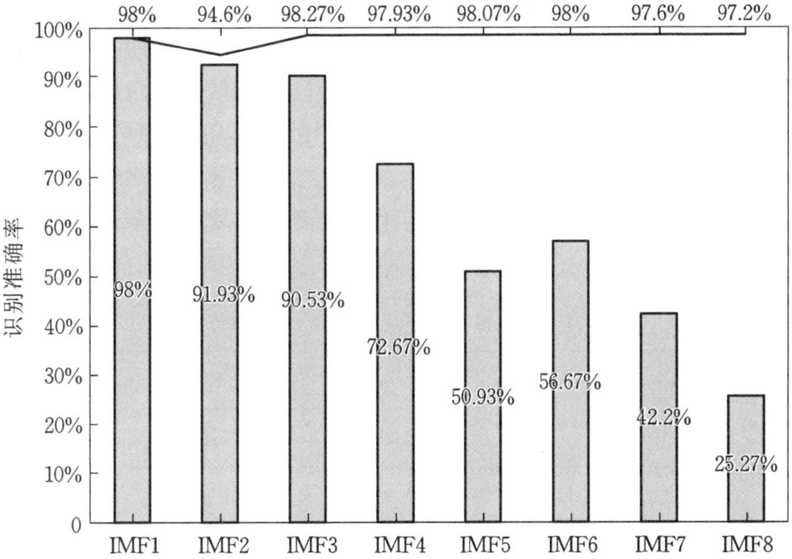

图 4.19　多数投票法集成 DMN-Yu 模型的诊断结果

从图 4.18 和图 4.19 也可看出，采用贝叶斯置信法融合得到的诊断精度明显高于采用多数投票法融合得到的最高诊断精度 98.27%，原因是贝叶斯置信法融合数据样本的最终诊断结果时考虑了数据样本对应故障类型的先验概率，而多数投票法只根据当前各单个诊断模型的初步诊断结果进行融合而获得最终诊断结果，未考虑以往历史数据样本对应的故障类型的概率问题，导致贝叶斯置信法的融合精度优于多数投票法的融合精度，使基于贝叶斯置信法融合的集成 DMN-Yu 的诊断性能优于基于多数投票法的集成 DMN-Yu 的诊断性能。

另外，为了分析基于贝叶斯置信法的集成 DMN-Yu 诊断模型的稳定性，我们对三种不同工况（载荷为 0 HP、转速为 1797 rpm，载荷为 1 HP、转速为 1772 rpm 和载荷为 2HP、转速为 1750 rpm）下的轴承故障数据进行了诊断分析。每种工况下的数据样本含 10 种故障类别，每个故障类别的样本数为 500（训练样本数为 350，测试样本数为 150），每个数据样本含样本点数为 512。我们给出了基于贝叶斯置信法的集成 DMN-Yu 模型和基于多数投票法的集成 DMN-Yu 模型及单个 DMN-Yu 模型对这三种工况下的数据样本集进行诊断分析的结果（采用 5 折交叉法进行诊断分析的平均值），如表 4.4 所示。从表 4.4 可以看出，基于贝叶斯置信法的集成 DMN-Yu 模型对 3 种工况下的数据样本进行诊断分析时，其平均诊断精度分别为 99.95%、99.96% 和 99.96%，三者的最大差异只有 0.01%；基于多数投票法的集成

DMN-Yu 模型诊断的平均诊断精度分别为 98.24%、98.69%和 98.01%，三者的最大差异为 0.68%，最小差异为 0.23%；单个 DMN-Yu 模型对这三种工况下的数据样本进行诊断分析得到的平均诊断精度分别为 93.57%、93.28%和 92.68%，三者的最小差异为 0.29%，最大差异为 0.89%。可见，基于贝叶斯置信法的集成 DMN-Yu 模型对这三种工况下数据样本的诊断精度差异值最小，平均诊断精度也最高，基于多数投票法的集成 DMN-Yu 模型的平均诊断精度次之，单个 DMN-Yu 模型的平均诊断精度最低且诊断精度的差异值最大，说明基于贝叶斯置信法的集成 DMN-Yu 模型具有良好的诊断稳定性和泛化性，优于基于多数投票法的集成 DMN-Yu 模型和单个 DMN-Yu 模型。

表 4.4　三种模型在不同数据集上的诊断结果

诊断方法	平均诊断精度/(%)		
	0 HP 数据集	1 HP 数据集	2 HP 数据集
基于贝叶斯置信法的集成 DMN-Yu 模型	99.95	99.96	99.96
基于多数投票法的集成 DMN-Yu 模型	98.24	98.69	98.01
DMN-Yu 模型	93.57	93.28	92.68

4.3　多元信息决策融合的胶囊网络故障诊断方法

卷积神经网络(CNN)主要由特征提取器和分类器两个主要模块组成，因其出色的特征提取能力而广泛应用于故障诊断领域。CNN 提取的特征参数主要以标量形式表征故障信息，无法对特征参数的位置关系进行描述，从而导致诊断精度仍有待提高。胶囊神经网络是 CNN 模型的改进版本，可将提取的标量特征参数转换为向量，以此减少特征空间信息的丢失，进而提高模型的诊断能力。

胶囊神经网络在进行故障诊断分析时减少了对大训练数据样本的依赖，广泛应用于故障诊断领域。但其在进行训练时仍需一定数量的数据样本进行训练，其从原始振动信号中提取特征参数时易忽略隐藏在信号中的设备动态特性参数，实际的机械设备正常样本多、故障数据样本也较少，这些均导致胶囊神经网络的诊断精度不足。多尺度信息融合方法不仅可将原始振动信号分解成不同尺度子信号来获取不同角度的故障特征信息，而且有助于提升诊断模型的诊断精度和鲁棒性。鉴于此，我们建立了多元信息决策融合的胶囊神经网络模型，以期解决少样本、不平衡数据样本诊断精度低的难题，实现设备高可靠性、高精度诊断分析。

4.3.1　胶囊神经网络模型

胶囊神经网络是为解决 CNN 网络模型提取标量特征参数而无法捕捉特征参数的空间信息发展起来的网络模型，其核心思想是将传统 CNN 的每个神经元由标量转换成向量并作为网络的输入，以此降低特征参数空间信息的丢失，提高模型的特征提取能力和分类识别能力。胶囊神经网络主要由卷积操作和动态路由协议组成，包含卷积层、初始胶囊层和数字胶囊层，如图 4.20 所示。卷积操作通过对原始输入样本进行卷积运算提取标量特征参数后，利用映射变换将输入的标量特征转换成初始胶囊层的矢量特征，利用动态路由算法建立初始胶囊层和数字胶囊层的映射关系，从而实现故障类别的识别。该动态路由算法能识别不同特征向量的位置关系，能更有效地学习具有区分性的表征参数。

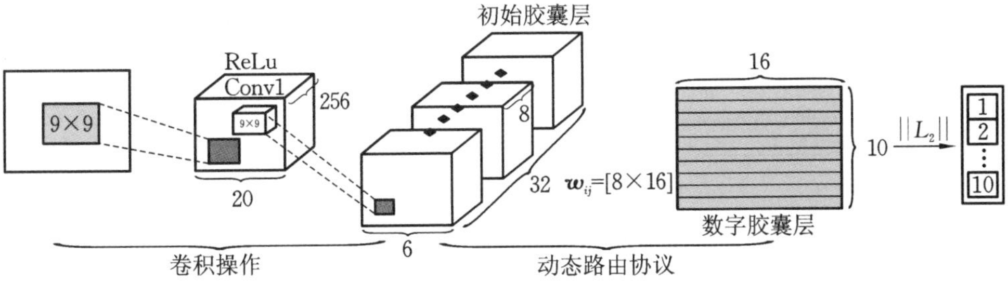

图 4.20　胶囊网络结构图

卷积操作主要由卷积层组成，通过卷积运算将低级特征不断抽象为高级特征。卷积层采用局部感受野和权重共享的方式，对输入数据样本的局部特征进行卷积运算。每层卷积运算过程主要由卷积运算、激活运算组成，通常用一个卷积核作为特征探测器，将其与输入层进行卷积运算，所得到的结果便可作为一个新的特征层。其计算公式可表示为

$$\boldsymbol{x}_n^{l+1}=\sum_i \boldsymbol{x}_i^l * \boldsymbol{\omega}_{\text{in}}+\boldsymbol{b}_n \tag{4.34}$$

$\boldsymbol{x}_n^{l+1}$ 为第 $l+1$ 层的第 n 个的特征通道；$\boldsymbol{x}_i^l$ 为第 l 层的第 i 个特征通道；$\boldsymbol{\omega}_{\text{in}}$ 为卷积核权值；$\boldsymbol{b}_n$ 为偏置项；* 为卷积运算。为了使模型具有非线性表达能力，把卷积层的结果进行非线性映射，即通过激活函数对卷积的输出值进行非线性变换，其表达式为

$$\boldsymbol{y}_n^{l+1}=f(\boldsymbol{x}_n^{l+1}) \tag{4.35}$$

f 为非线性激活函数，其中 Relu 函数因其强大的非线性映射能力而被广泛应用，其表达为

$$\text{Relu}(x)=\max(0,x) \tag{4.36}$$

为了获取更高级的特征参数，通常会利用多个卷积层进行特征参数提取。利用多个卷积核进行卷积运算会造成输出的特征矩阵维度变高，使参数大量增加，使计算负担急剧增加，使过拟合风险增加。因此，常在每个卷积层后面插入一个池化层，其作用是对卷积层输出的特征矩阵进行降维，减小特征矩阵的空间尺寸。

动态路由算法的基本原理如图 4.21 所示。经卷积操作运算得到的标量特征参数$u_i^l=[u_1^l,u_2^l,\cdots,u_H^l]$与权重矩阵 $\boldsymbol{W}_{ij}$ 相乘，便可得到初始胶囊层中的预测向量 $\boldsymbol{m}_{j|i}$，其表达式为

$$\boldsymbol{m}_{j|i}=\boldsymbol{W}_{ij}u_i^l \tag{4.37}$$

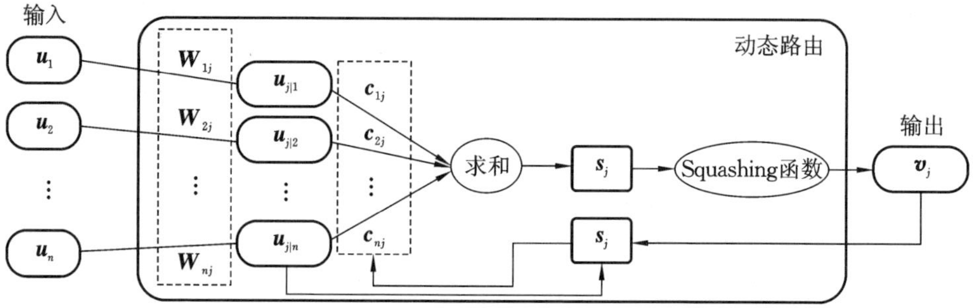

图 4.21　动态路由算法的基本原理

这些预测向量通过加权求和便可得到数字胶囊层的输入向量 $\boldsymbol{s}_j$，表达式如下：

$$\boldsymbol{s}_j=\sum_i \boldsymbol{c}_{ij}\boldsymbol{m}_{j|i} \tag{4.38}$$

数字胶囊层通过 Squashing 函数对 $\boldsymbol{s}^j$ 进行计算得到相应的输出 $\boldsymbol{v}_j$，即

$$\boldsymbol{v}_j=\text{Squashing}(\boldsymbol{s}_j) \tag{4.39}$$

$$\text{Squashing}(\boldsymbol{s}_j)=\frac{\|\boldsymbol{s}_j^2\|}{1+\|\boldsymbol{s}_j^2\|}\times\frac{\boldsymbol{s}_j}{\|\boldsymbol{s}_j\|}=\frac{\boldsymbol{s}_j\|\boldsymbol{s}_j\|}{1+\|\boldsymbol{s}_j\|^2} \tag{4.40}$$

j 表示第 j 个胶囊。$\boldsymbol{c}_{ij}$ 是耦合系数且在训练过程中通过动态路由协议算法进行迭代更新，其更新公式如下：

$$\boldsymbol{c}_{ij}=\text{softmax}(\boldsymbol{b}_{ij})=\mathrm{e}^{b_{ij}}/\sum \mathrm{e}^{b_i} \tag{4.41}$$

$\boldsymbol{b}_{ij}$ 表示胶囊 i 与胶囊 j 的耦合系数的先验概率对数值，可以通过如下公式进行更新：

$$\boldsymbol{b}_{ij}=\boldsymbol{b}'_{ij}+\boldsymbol{u}_{ij} \tag{4.42}$$

$\boldsymbol{b}'_{ij}$ 表示之前的先验概率对数值。协议 $\boldsymbol{u}_{ij}$ 通过下式定义：

$$\boldsymbol{u}_{ij}=\langle \boldsymbol{v}_j,\boldsymbol{m}_{j|i}\rangle \tag{4.43}$$

这样，胶囊神经网络在训练过程中，通过式(4.37)至式(4.43)反复迭代，便可确定网络模型的相关参数。为了获得更优权值参数，损失函数由边缘损失和重构损

失函数组成。边缘损失函数的公式如下：

$$L_k = T_k \max(0, m^+ - \|\boldsymbol{a}^k\|)^2 + \lambda(1 - T_k)\max(0, \|\boldsymbol{a}^k\| - m^-)^2 \tag{4.44}$$

k 是故障类别数；T_k 是 k 的指示函数，当类 k 存在，T_k 为 1，否则为 0；m^+ 为上界值，取 0.9；m^- 为下界值，取 0.1；λ 为比例系数，常设置为 0.5；$\boldsymbol{a}^k$ 为第 k 类存在的概率，类 k 存在对应的概率不小于 0.9，类 k 不存在对应的概率不大于 0.1。

通常胶囊神经网络在数字胶囊层后加入三层全连接层并将最后一层全连接层展开重构输入图像，通过像素级比较重构特征与原始输入的均方误差来计算重构损失。重构损失越小，说明重构图像与输入图像越像，网络识别性能越好。一般重构损失会乘以一个远小于 1 的缩放因子 a，其目的是降低重构损失在反向传播中的作用，以免模型将训练集数据样本和输入一一匹配造成过拟合。因此，胶囊神经网络的总损失函数如下：

$$L = L_k + aL(\text{重构损失}) \tag{4.45}$$

4.3.2　胶囊神经网络诊断算法

考虑到胶囊神经网络的输入为二维图像，基于胶囊神经网络的故障诊断算法如下。

(1) 利用滑动时间窗对一维振动信号进行分析获取一维数据样本并构建训练数据样本集和测试数据样本集。

(2) 利用相关方法将一维数据样本转换成二维数据样本。

(3) 利用训练样本集对胶囊神经网络进行训练。

(4) 利用已训练的胶囊神经网络对测试样本进行诊断分析，获取诊断结果。

4.3.3　多尺度信息决策融合的胶囊神经网络故障诊断模型

在实际的工业生产中，机械设备故障数据样本较少，正常数据样本多，胶囊网络模型提取特征参数时容易忽视隐藏在原始信号中设备的动态特性参数，从而导致其诊断能力仍有待提升。因此，我们建立了多尺度信息决策融合的胶囊神经网络故障诊断模型，以期提升故障诊断精度。图 4.22 所示为多尺度信息决策融合的胶囊神经网络故障诊断思路。首先利用时间滑动窗函数对振动信号进行切片获取一维数据样本，然后利用自适应噪声完备经验模态分解方法（CEEMDAN）对这些数据样本进行分解获取不同尺度的本征模式信号（IMF），然后分别输入具有卷积注意力模块的胶囊神经网络模型进行初步诊断分析，最后利用加权投票表决法进行融合获取最终的诊断结果。

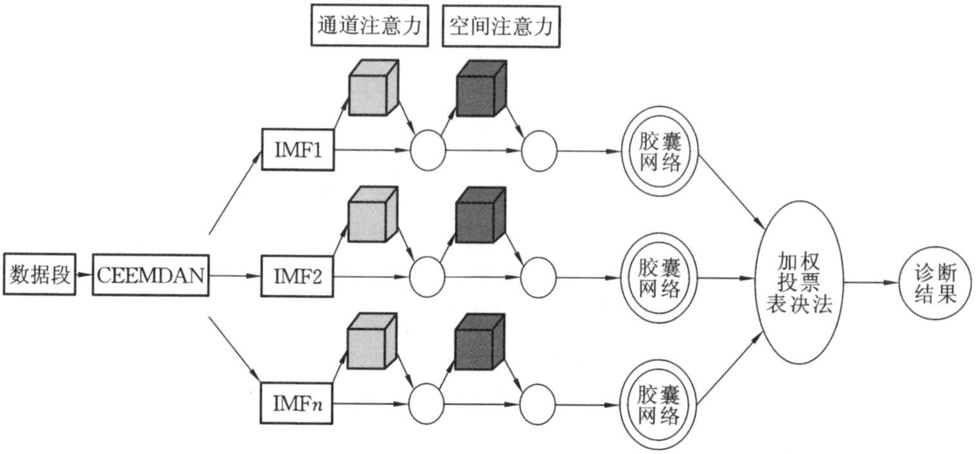

图 4.22　多尺度信息决策融合的胶囊神经网络故障诊断思路

4.3.3.1　自适应噪声完备经验模式分解法

传统经验模式分解(EMD)和集成经验模式分解(EEMD)方法能有效地对振动信号进行降噪和分解,被广泛应用于非线性和非平稳信号处理,但受模式混叠影响,其分解效果不够理想,因此自适应噪声完备经验模式分解法(CEEMDAN)应运而生。为了获取更多故障信息,CEEMDAN 将原始振动信号分解成不同尺度信号,即本征模式信息(IMF),具体的分解算法如下。

(1) 假定 $\boldsymbol{x}(n)$为原始振动信号,$\boldsymbol{A}_0$为白噪声幅值,$\boldsymbol{v}_i(n)$为高斯白噪声序列,第 i 个信号为 $\boldsymbol{x}^i(n)=\boldsymbol{x}(n)+\boldsymbol{A}_0\boldsymbol{v}_i(n)$ ($i=1,2,3\cdots,I$;I 为添加白噪声序列的次数),$\boldsymbol{E}_K(\cdot)$是第 k 阶 EMD 分解的 IMF 成分,$\mathbf{CIMF}_k(\cdot)$是 CEEMDAN 分解的 IMF 成分。

(2) 将白噪声序列 $\boldsymbol{A}_0\boldsymbol{v}_i(n)$添加到原始振动信号 $\boldsymbol{x}(n)$中,结合 EMD 方法就可得到第一阶 IMF 成分,即

$$\mathbf{CIMF}_1(n)=\frac{1}{I}\sum_{i=1}^{I}\mathbf{IMF}_1^i(n) \tag{4.46}$$

相应的残余信号 $\boldsymbol{r}_1(n)=\boldsymbol{x}(n)-\mathbf{CIMF}_1(n)$。

(3) 将第一阶残余信号 $\boldsymbol{r}_1(n)$添加到 $\boldsymbol{A}_1\boldsymbol{E}_1[\boldsymbol{v}^i(n)]$,其中 $\boldsymbol{E}_1[\boldsymbol{v}^i(n)]$是白噪声 $\boldsymbol{A}_0\boldsymbol{v}_1(n)$经 EMD 分解后的第一阶 IMF,新生成的信号 $\boldsymbol{r}_1(n)+\boldsymbol{A}_1\boldsymbol{E}_1[\boldsymbol{v}^i(n)]$经分解就可得到第二阶 IMF。

$$\mathbf{CIMF}_2(n)=\frac{1}{I}\sum_{i=1}^{I}\boldsymbol{E}_1\boldsymbol{r}_1(n)+\boldsymbol{A}_1\boldsymbol{E}_1[\boldsymbol{v}^i(n)] \tag{4.47}$$

(4) 第 k 阶残余信号 $\boldsymbol{r}_k(n)=\boldsymbol{r}_{k-1}(n)-\mathbf{CIMF}_k(n)$ ($k=2,3\cdots,K$)。这样,第

$(k+1)$阶模式成分便可通过下式得到：

$$\mathbf{CIMF}_{k+1}(n)=\frac{1}{I}\sum_{i=1}^{I}\boldsymbol{E}_1 r_k(n)+\boldsymbol{A}_k\boldsymbol{E}_k\left[\boldsymbol{v}^i(n)\right] \tag{4.48}$$

(5) 重复步骤(4)直至 EMD 方法的分解条件不能满足要求，这样原始振动信号就可被分解成不同的 IMF 成分。

$$\boldsymbol{x}(n)=\sum_{i=1}^{k}\mathbf{CIMF}_i(n)+\boldsymbol{R}(n) \tag{4.49}$$

$\boldsymbol{R}(n)$是分解后的最终残余信号。

4.3.3.2　具有注意力机制的胶囊神经网络模型

胶囊神经网络不仅可以从 IMF 信号中提取特征参数，而且能保存不同特征参数的位置关系。众所周知，敏感的特征参数可以提升故障诊断模型的诊断精度。卷积块注意力模块(CBAM)可利用注意力机制从特征图中选取敏感特征参数，为了提升故障诊断精度，可以将卷积注意力模块引入胶囊神经网络模型。

注意力机制源于人眼对感受野内图像特征的研究。人眼通常会对感受野内重点图像特征进行关注，忽视非重点的图像特征。注意力模块就是模仿人类视觉的注意力机制，从特征图中选择敏感特征参数，抑制不敏感特征参数。CBAM 利用通道注意力和空间注意力机制对特征图从通道和空间两方面同时进行特征参数优选(见图 4.23)，主要由通道注意力模块和空间注意力模块串联而成。

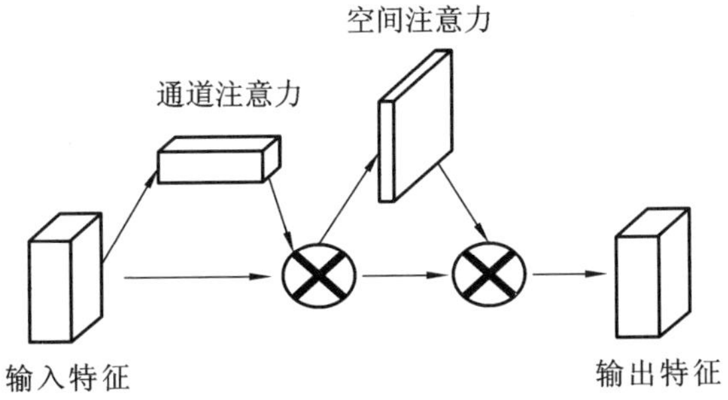

图 4.23　卷积块注意力模块

通道注意力图 $\mathrm{M_c}$ 通过通道注意力机制从特征图中选择敏感特征通道而得到，空间注意力图 $\mathrm{M_s}$ 通过选择通道的敏感特征而得到。输入特征图 F 通过这两个注意力模块进行优化选择便可得到优化的特征 F″，其选择过程如下所示：

$$\boldsymbol{F}'=\boldsymbol{M}_{\mathrm{c}}(\boldsymbol{F})\boldsymbol{F} \tag{4.50}$$

$$\boldsymbol{F}''=\boldsymbol{M}_{\mathrm{s}}(\boldsymbol{F}')\boldsymbol{F}' \tag{4.51}$$

$\boldsymbol{F}\in\mathbf{R}^{C\times H\times B}$，是 CBAM 模块的输入特征图，$C$ 为通道数量，H 和 W 是高度和宽度。$\boldsymbol{F}'$表示乘以通道注意力图的特征图。$\boldsymbol{F}''$是空间注意力图乘以$\boldsymbol{F}'$的结果，它

表示 CBAM 模块的输出。$\boldsymbol{M}_c \in \mathbf{R}^{C\times1\times1}$，表示通道维度中的注意力权重。$\boldsymbol{M}_s \in \mathbf{R}^{1\times H\times B}$，表示空间维度中的注意力权重。

为了从卷积层提取的特征图中获取敏感的特征参数并抑制不重要的特征参数，将卷积注意力模块引入胶囊神经网络模型。图 4.24 所示为单个具有卷积块注意力模块的胶囊神经网络故障诊断流程。首先用 CEEMDAN 对原始信号数据样本（含有 1024 个数据点）进行分解得到不同尺度的 IMF 子信号，利用 reshape 函数将其转换成二维图片，然后输入卷积层和平均池化层进行特征图的提取，利用 CBAM 模块对特征图进行优化选择，最后利用 reshape 进行变换并输入胶囊神经网络进行初步诊断分析。另外，为了提升模型的非线性处理能力并避免梯度消失，Relu 函数在所有卷积模块中均被选为激活函数。

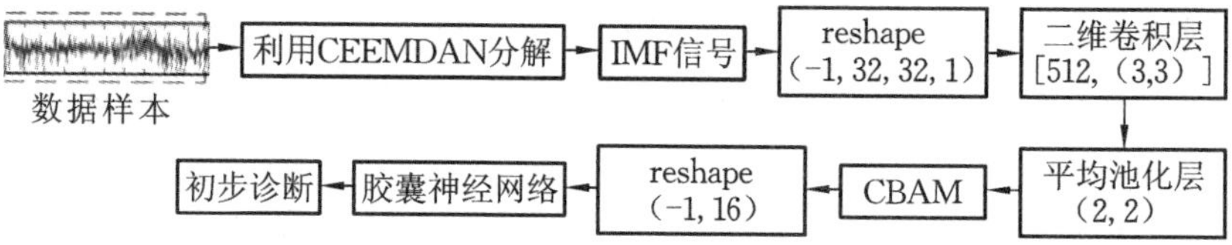

图 4.24　单个具有卷积块注意力模块的胶囊神经网络故障诊断流程

4.3.3.3　加权投票表决法

不同的 IMF 信号分别输入具有卷积块注意力机制的胶囊神经网络模型时会产生不同的诊断结果，对最终的诊断结果有不同的贡献度。为了提升胶囊神经网络模型的诊断性能，加权投票表决法（WMVM）融合各具有卷积块注意力机制的胶囊神经网络模型的初步诊断结果，其计算公式如下：

$$H(x) = C_{\text{armax}_j} \sum_{n=1}^{N} w_n h_n^j(\boldsymbol{x}) \tag{4.52}$$

$\boldsymbol{x}$ 表示数据样本。$H(x)$ 为最终的故障类标签。$C_{\text{armax}_j}(\cdot)$ 为数据样本 $\boldsymbol{x}$ 被分类为不同故障类的最大概率。$h_n^j(\boldsymbol{x})$ 为 N 个胶囊神经网络模型将数据样本 $\boldsymbol{x}$ 诊断为 j 类的概率。w_n 为每个胶囊网络模型进行初步诊断所得的概率 $h_n^j(\boldsymbol{x})$ 的权重，可以通过下式计算而得到：

$$w_n = c_n / \sum_{n=1}^{N} c_n \tag{4.53}$$

c_n 为第 n 个胶囊神经网络模型对验证数据集的诊断精度。

4.3.4　多尺度信息决策融合的胶囊神经网络故障诊断算法

图 4.25 所示为多尺度信息决策融合的胶囊神经网络故障诊断算法。具体诊断步骤如下：

① 在采集设备振动信号后，利用时间滑动窗函数对一维振动信号进行切片，获取多个数据样本；

② 将数据样本划分为训练集、验证集、测试集，利用 CEEMDAN 方法分别对不同数据集内的数据样本进行分析，获取不同尺度的 IMF 信号，利用 reshape 函数将其转换为二维图像；

③ 利用训练集数据样本的不同尺度 IMF 对应的二维图像分别对不同的胶囊神经网络进行训练，获得多个已训练的单个胶囊神经网络模型；

④ 利用已训练的多个胶囊神经网络模型对验证集数据样本的不同 IMF 信号进行诊断分析，依据式(4.53)获取加权投票表决法的权重，构建已训练的多尺度信息融合的胶囊神经网络模型；

⑤ 利用已训练的多尺度信息融合的胶囊神经网络模型对测试样本进行诊断分析，获取相应的诊断结果。

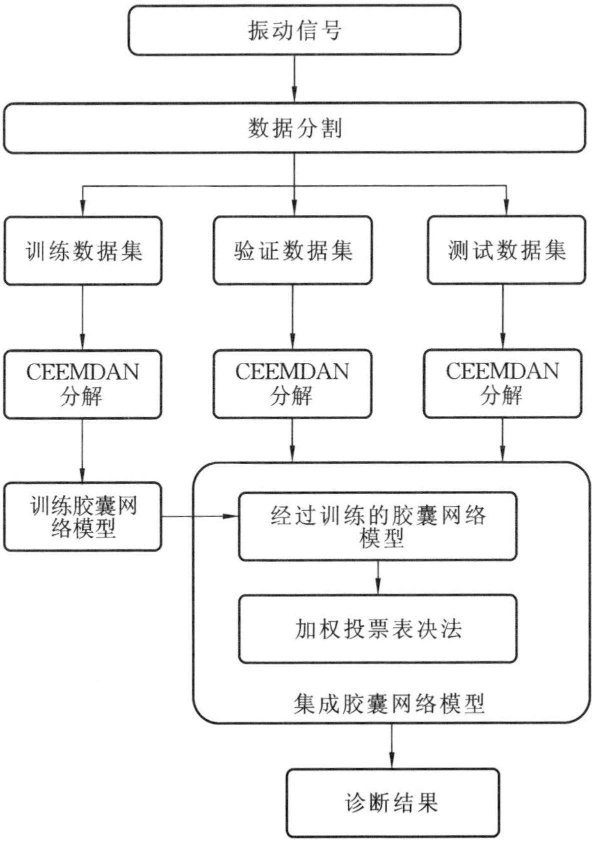

图 4.25　多尺度信息决策融合的胶囊神经网络故障诊断流程

4.3.5 诊断案例分析

为了验证多尺度信息决策融合的胶囊神经网络模型诊断的有效性，我们对都灵理工大学的轴承不平衡故障数据进行了诊断分析。将轴承三种不同故障类型（正常、内圈故障、滚珠体故障）的振动信号作为分析对象，轴承在变转速（6000 rpm和12,000 rpm）和变载荷（0 N、1012 N、1006 N、1407 N和992 N）条件下进行测试。如表4.5所示，五个具有不同平衡度和不同样本个数的数据集A、B、C、D和E的训练样本数与验证数据样本数相同，分别为220、320、420、280和480，测试样本数均为1200，每个数据样本含有1024个数据点。

表4.5 轴承训练、验证、测试数据样本统计表

数据集		故障类型			不平衡度（正常：故障）
		正常	内圈故障	滚珠体故障	
		故障标签为0，转速为6000 rpm、12 000 rpm，载荷为0 N、1012 N	故障标签为1，转速为6000 rpm、12 000 rpm，载荷为1006 N、1407 N	故障标签为2，转速为6000 rpm、12 000 rpm，载荷为992 N、1407 N	
训练、验证数据样本	A	180/180	20/20	20/20	9：1
	B	280/280	20/20	20/20	14：1
	C	380/380	20/20	20/20	19：1
	D	200/200	40/40	40/40	5：1
	E	400/400	40/40	40/40	10：1
测试数据样本	A、B、C、D、E	400	400	400	1:1

1. 故障诊断分析

图4.26所示为三种不同故障类型的轴承振动信号。从图中可以看出，这三种故障信号的波形差异较小，很难区分。为了获取更多轴承故障信息，我们用CEEMDAN方法对这三种轴承故障信号进行了分解。图4.27所示为轴承内圈故障信号的CEEMDAN分解结果。分解结果由8阶IMF信号和1个残余信号组成。从图中可以看出，分解后的IMF信号可以从不同尺度描述轴承的动态特性，且前7阶的IMF信号含有更多频率成分信息及故障信息。

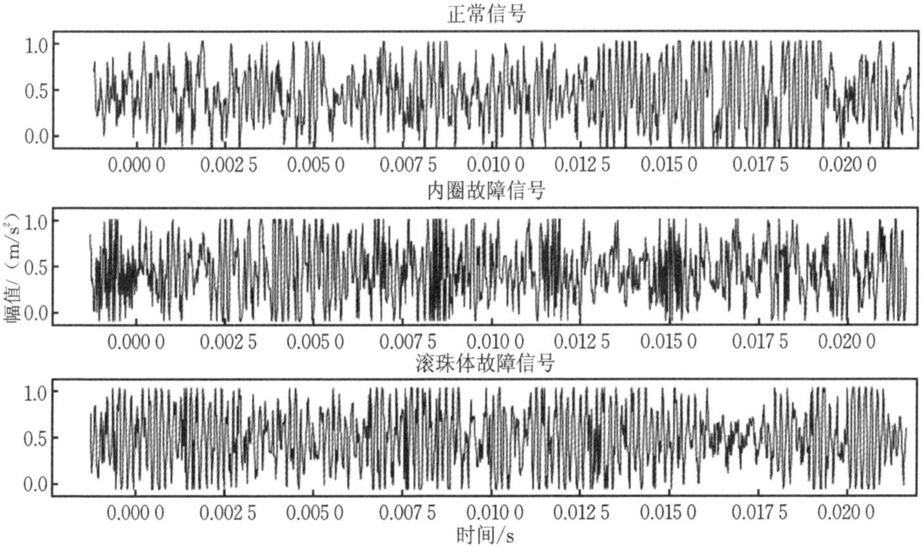

图 4.26　三种不同故障类型的轴承振动信号

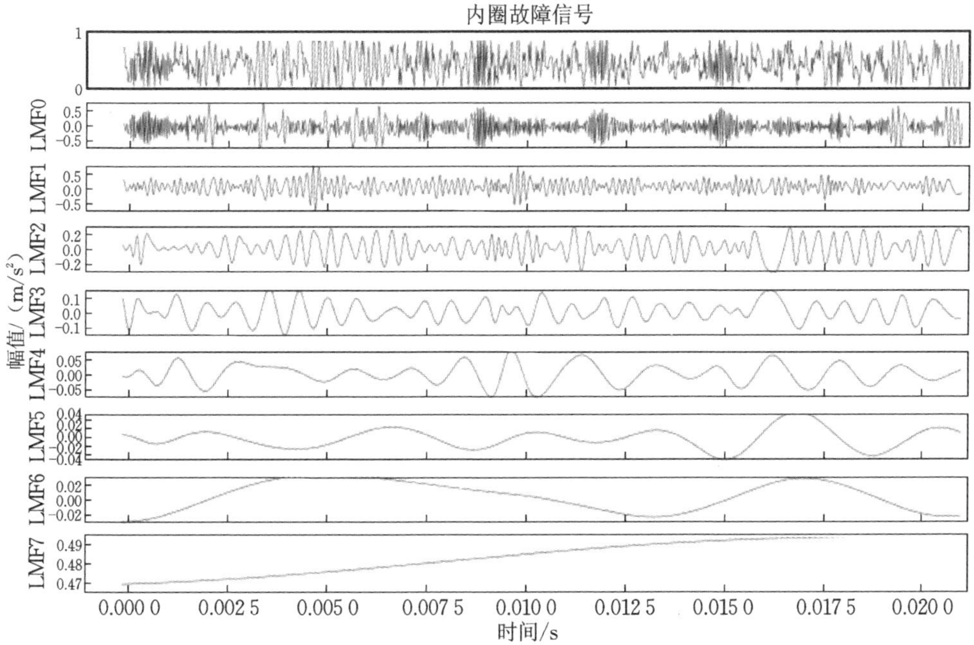

图 4.27　轴承内圈故障信号的 CEEMDAN 分解结果

将振动信号分解的前 7 阶 IMF 信号进行二维转换并输入多尺度信息决策融合的具有注意力机制的胶囊神经网络模型进行诊断。图 4.28 所示为前 7 阶 IMF 信号对应的二维灰度图。从图中可以看出，不同 IMF 信号对应的灰度图明显有很大的区别，这说明不同尺度 IMF 信号可以从不同角度描述设备故障信息，有利于提升多尺度信息融合的胶囊神经网络模型的诊断精度和鲁棒性，因为 IMF 信号差异越大，多个胶囊神经网络模型融合的诊断性能越好。

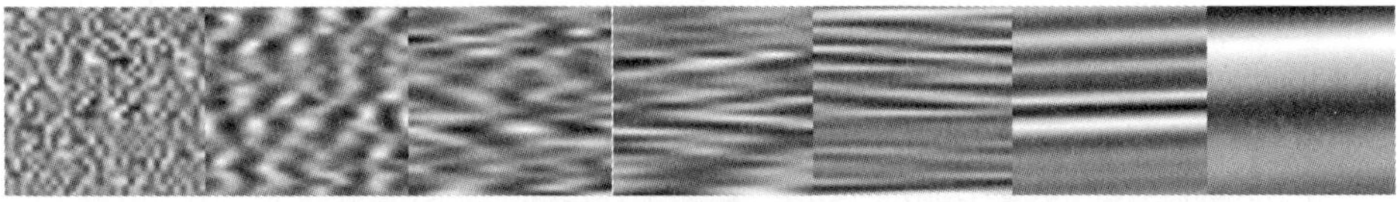

图 4.28　前 7 阶 IMF 信号对应的二维灰度图

表 4.6 所示为多尺度信息决策融合的胶囊神经网络模型在不同数据集上的诊断结果。从表中可以看出，5 个不同数据集的不同 IMF 信号对应的诊断精度不同；前 5 阶的 IMF 信号可以被胶囊神经网络进行有效的诊断分析，第一阶 IMF0 信号的诊断精度为 1，第六阶和第七阶 IMF 信号的诊断精度则较低，而多尺度信息融合的具有注意力机制的胶囊神经网络模型对五个测试样本集的诊断精度均达到 1。这主要是因为原始振动信号经 CEEMDAN 分解后得到 IMF 信号，与其他干扰信号进行了有效的分离，前四阶 IMF 信号不仅可以描述不同尺度的动态特性，而且包含更多的故障相关信息，因此它们对应的诊断模型的诊断精度较高；不同的 IMF 信号包含的故障信息不同，当所有不同尺度的 IMF 信号分别输入不同的具有注意力机制的胶囊神经网络时，可以获得 7 个不同的具有注意力机制的胶囊神经网络诊断模型，这些诊断模型对最终的诊断结果也具有不同的重要性，因此当用加权投票表决法对所有 7 个诊断模型进行融合时，综合各个具有注意力机制的胶囊神经网络诊断模型的互补性，进一步提高了诊断精度。

表 4.6　多尺度信息融合的胶囊神经网络模型在不同数据集上的诊断结果

数据集	诊断精度							
	IMF0	IMF1	IMF2	IMF3	IMF4	IMF5	IMF6	Ensemble Capsnet with CBAM
A	1	0.833	0.832	0.998	0.578	0.333	0.333	1
B	1	0.833	0.736	0.999	0.593	0.333	0.333	1
C	1	0.833	0.833	0.999	0.667	0.333	0.333	1
D	1	1	0.928	0.999	0.668	0.333	0.333	1
E	1	0.833	0.889	0.999	0.743	0.334	0.333	1

2. 抗噪能力分析

为了验证多尺度信息决策融合的具有卷积注意力机制的胶囊神经网络模型(Ensemble Capsnet with CBAM)的抗噪能力，我们用 Ensemble Capsnet with CBAM 对含有不同信噪比的数据集 A 进行了诊断分析。Ensemble Capsnet with CBAM 和多尺度信息决策融合的无卷积注意力机制的胶囊神经网络模型(Ensemble Capsnet w/o CBAM)在不同信噪比(SNR)测试数据样本集上的诊断结果不同，如图 4.29 和表 4.7 所示。从图和表中可以看出，Ensemble Capsnet with CBAM 和 Ensemble Capsnet w/o CBAM 均可有效地对不同 SNR 的数据样本进行诊断分析。当信噪比为－10 dB、－1 dB、10 dB 和 20 dB 时，Ensemble Capsnet with CBAM 和 Ensemble Capsnet w/o CBAM 的诊断精度均为 1；当信噪比为－20 dB 时，Ensemble Capsnet w/o CBAM 的诊断精度为 0.817，低于 Ensemble Capsnet with CBAM 的诊断精度。这些结果表明，Ensemble Capsnet with CBAM 和 Ensemble Capsnet w/o CBAM 不仅具有很强的抗噪能力，而且可以高精度诊断不平衡数据样本。这说明多尺度信息融合机制不仅提高了胶囊神经网络模型的诊断精度，而且增强了其抗噪声能力。然而，当信噪比小于－10 dB 时，Ensemble Capsnet w/o CBAM 的诊断精度小于 1，这主要是因为利用卷积注意力机制后有效地选择了敏感特征，进一步提高了胶囊神经网络模型的抗噪声能力和诊断精度，这也说明卷积注意力机制能有效地优选敏感特征参数。

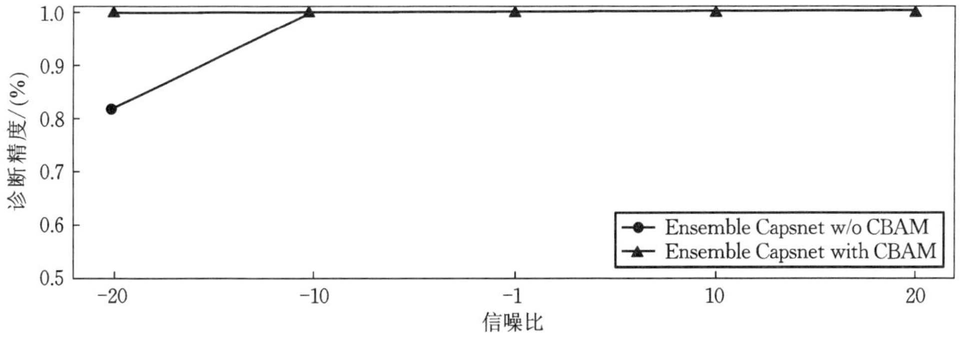

图 4.29　两种不同多尺度信息决策融合的胶囊神经网络模型对不同信噪比数据集的诊断精度图

表 4.7　两个不同多尺度信息决策融合胶囊神经网络模型对不同信噪比数据集的诊断精度表

信噪比/dB		－20	－10	－1	10	20
诊断精度	Ensemble Capsnet with CBAM	1	1	1	1	1
	Ensemble Capsnet w/o CBAM	0.817	1	1	1	1

3. 性能比较分析

为了验证 Ensemble Capsnet with CBAM 诊断性能的优越性，将其与其他五种诊断方法[CNN、带或不带 CBAM 的胶囊神经网络(Capsnet with CBAM、Capsnet w/o CBAM)、多尺度信息融合的 CNN(Ensemble CNN)、Ensemble Capsnet w/o CBAM]的诊断性能进行了比较分析。表 4.8 和图 4.30 所示为 6 个诊断模型在不同数据集上的诊断结果。从表 4.8 和图 4.30 可以看出，Capsnet with CBAM 的诊断精度高于 Capsnet w/o CBAM 和 CNN 的诊断精度，这表明 CBAM 模块可以有效地选择敏感特征，提高 Capsnet 的诊断性能。对于五个不同不平衡度的数据集，Capsnet with CBAM 的诊断精度低于 Ensemble Capsnet w/o CBAM 和 Ensemble Capsnet with CBAM。Ensemble Capsnet w/o CBAM 和 Ensemble Capsnet with CBAM 的诊断精度最高，均为 1。这些结果表明多尺度信息融合方法可以有效地提高 Capsnet 和 CNN 的诊断精度，Ensemble Capsnet with CBAM 在不平衡数据集的诊断方面具有更优异的诊断性能。

表 4.8　6 个诊断模型在不同数据集上的诊断精度表

数据集	诊断精度					
	CNN	Capsnet with CBAM	Capsnet w/o CBAM	Ensemble CNN	Ensemble Capsnet w/o CBAM	Ensemble Capsnet with CBAM
A	0.595	0.673	0.658	0.658	1	1
B	0.653	0.73	0.658	0.724	1	1
C	0.628	0.649	0.548	0.657	1	1
D	0.689	0.82	0.703	0.999	1	1
E	0.695	0.794	0.719	0.996	1	1

从表 4.8 和图 4.30 可以看出，Capsnet with CBAM 对 5 个数据集的原始振动信号的诊断精度分别为 0.673、0.73、0.649、0.82 和 0.794，均低于 Capsnet with CBAM 对 5 个数据集第一阶 IMF0 信号进行诊断分析的诊断精度(见表 4.6)。这主要是因为原始振动信号被噪声或其他低频信号干扰后，隐藏在原始振动信号中的故障信息不能被胶囊神经网络完全提取，但是 CEEMDAN 将原始振动信号分解

为不同尺度的 IMF 子信号后，相当于将噪声或其他低频信号与第一阶 IMF0 信号分离，因此胶囊神经网络便可以从第一阶 IMF0 中提取更纯粹的故障信息，从而使单个胶囊神经网络能对第一阶 IMF0 信号进行高精度诊断分析。

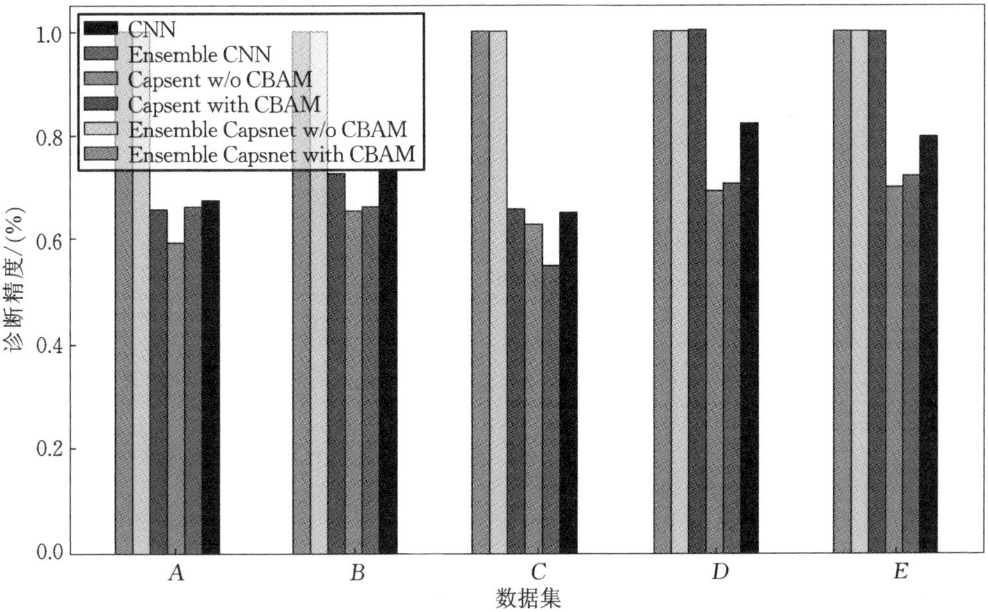

图 4.30　6 个诊断模型在不同数据集上的诊断精度图

为了说明不同融合机制对诊断模型具有不同的诊断效果，运用基于投票表决法（VM）的多尺度信息决策融合 CNN（Ensemble CNN based on VM）、基于投票表决法的多尺度信息决策融合的具有卷积注意力机制的胶囊神经网络（Ensemble Capsnet with CBAM based on VM）和基于投票表决法的多尺度信息决策融合的无卷积注意力机制的胶囊神经网络（Ensemble Capsnet w/o CBAM based on VM）对这五个数据集进行了诊断分析，如图 4.31 和表 4.9 所示。从图和表可以看出，Ensemble CNN based on WMVM、Ensemble Capsnet with CBAM based on WMVM 和 Ensemble Capsnet w/o CBAM based on WMVM 的诊断精度分别高于 Ensemble CNN based on VM、Ensemble Capsnet with CBAM based on VM 和 Ensemble Capsnet w/o CBAM based on VM 的诊断精度，说明基于 WMVM 的融合机制优于基于 VM 的融合机制，也进一步说明不同的 IMF 信号对最终诊断结果的贡献度不同，从而使基于 WMVM 的融合机制能进一步提高诊断精度。

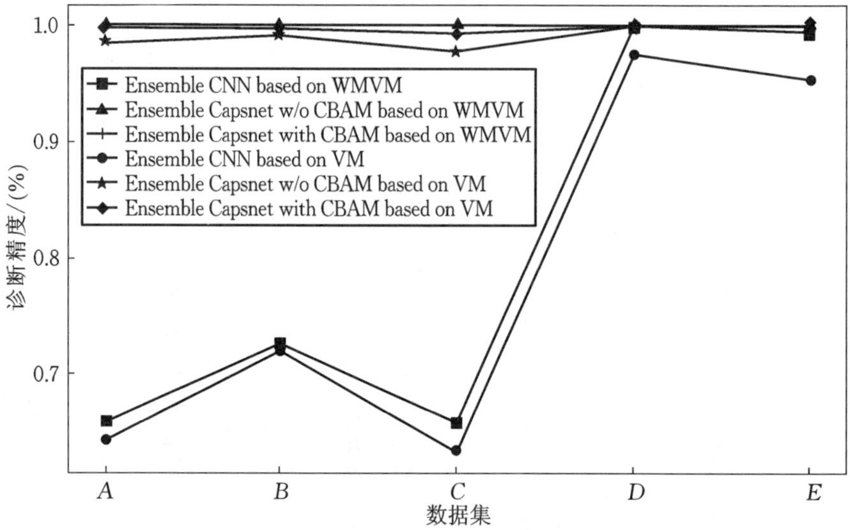

图 4.31　不同融合模型的诊断结果

表 4.9　6 个融合诊断模型在不同数据集上的诊断精度

数据集	诊断精度					
	Ensemble CNN based on VM	Ensemble Capsnet with CBAM based on VM	Ensemble Capsnet w/o CBAM based on VM	Ensemble CNN based on WMVM	Ensemble Capsnet with CBAM based on WMVM	Ensemble Capsnet w/o CBAM based on WMVM
A	0.642	0.998	0.986	0.658	1	1
B	0.720	0.998	0.992	0.724	1	1
C	0.633	0.994	0.978	0.657	1	1
D	0.976	1	1	0.999	1	1
E	0.954	1	1	0.996	1	1

4. 鲁棒性分析

为了验证 Ensemble CNN、Ensemble Capsnet w/o CBAM、Ensemble Capsnet with CBAM 等诊断模型的泛化能力，我们利用这三种诊断模型采用五折交叉法对数据集 E 进行了诊断分析，得到了这三个诊断模型的诊断精度的均值和方差，如图 4.32 所示。从图中可以看出，Ensemble Capsnet with CBAM 的诊断精度的均值最高、方差最小，Ensemble CNN 的诊断精度的均值最低，Ensemble Capsnet w/o

CBAM 的诊断精度的方差最大。这些结果均表明 Ensemble Capsnet w/o CBAM 具有较强的诊断鲁棒性和较高的诊断精度，CBAM 注意力机制可以通过优选敏感特征参数进一步提高多尺度信息决策融合的胶囊神经网络的诊断精度。

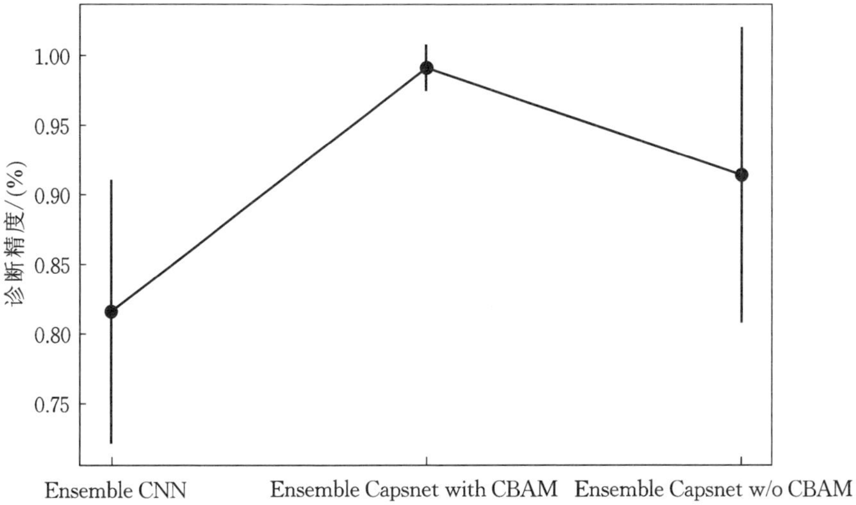

图 4.32　三种诊断模型的诊断精度的均值和方差

4.4　多尺度特征融合的 ViT 故障诊断方法

CNN 因其强大的特征参数提取能力而广泛应用于故障诊断领域。CNN 虽然能从时间序列中提取局部特征参数，但无法捕捉长时间序列特征信息的依赖关系，即全局特征信息。含有自注意力机制的 Transformer 模型不仅能有效地解决长时间序列远距离特征捕获问题，而且能有效地处理序列数据的依赖关系，但其不能获取特征的位置信息，从而导致其在计算机视觉和图像识别等方面的精度有待提高。因此，Vision Transformer（ViT）模型应运而生，不仅继承了 Transformer 的多头自注意力机制和捕获图像全局时空信息的能力，而且引入了相对位置嵌入信息，使其分类性能在视频处理、图像分类等方面表现优异。究其原因，ViT 网络可以自适应地从输入数据样本中学习特征参数，捕捉输入数据样本中各局部的重要特征并建立不同特征对应位置的关系。目前 ViT 模型已在故障诊断领域开始应用，但其同样需要大量数据样本进行训练，而实际工业生产中机械设备故障数据样本少，从而导致其故障诊断精度低、泛化能力差。因此，我们建立了多尺度特征融合的 ViT 故障诊断模型，以期解决少样本条件下故障诊断精度低的问题。

4.4.1 ViT 故障诊断模型

考虑到 ViT 模型目前只能对二维图像信号进行分析，同时为了能更好地刻画设备故障信息，连续小波变换(CWT)被用于将一维振动信号转变为二维时频图并输入 ViT 模型构建 ViT 故障诊断模型，从而实现设备故障诊断分析。

4.4.1.1 连续小波时频分析

连续小波变换(CWT)可通过伸缩平移运算对信号进行多尺度细化分析，实现信号时频分辨率的自适应分析，从而聚焦信号的任意细节。给定信号满足 $x(t)\in L^2(R)$，则其 CWT 计算过程如下：

$$\mathrm{CWT}_x(a,b)=\langle x(t),\psi_{a,b}(t)\rangle=|a|^{(-1/2)}\int_{-\infty}^{\infty}x(t)\psi^*\left(\frac{t-b}{a}\right)\mathrm{d}t \tag{4.54}$$

a 为伸缩因子；b 为平移因子；$\psi_{a,b}(t)$为小波基函数；$\psi^*(t)$为小波基的复共轭；$\mathrm{CWT}_x(a,b)$为小波函数的系数，表示小波函数与原始信号的相似度。考虑到设备损伤故障引起的振动信号具有冲击响应特性，与 Morlet 小波波形具有很大相似度，因此选择 Cmor(复 Morlet 小波)作为小波基函数对信号进行变换分析。

4.4.1.2 ViT 模型

Transformer 模型结构如图 4.33 所示。模型由层数可调的编码器和解码器组合而成。输入序列经拆分由嵌入表示并与位置编码信息进行组合，输入 L 个编码器后并接入 L 个解码器，解码器的输出经过一个全连接层和 Softmax 层后输出最终分类结果。每个编码器层由多头自注意力层和前馈网络层两个子层组成，每个解码器层由掩码多头自注意力层、多头自注意力层和前馈网络层三个子层组成。为了使 Transformer 网络的梯度随着模型加深仍保持一定的稳定性，在每个子层之后都使用残差连接和归一化处理；多头自注意力机制捕捉来自不同子空间的输入信息，计算输入序列中每个特征与所有特征的自注意力值，从而获取任意两个特征的关联关系。Transformer 使用序列作为输入，不适用于图像的识别分析。

ViT 模型是完全基于 Transformer 结构面向视频和图像识别而设计的网络模型，其主要特点就是把图像分割成块并展平，在图像块添加图像块的位置信息及类别标签信息，从而转化为 Transformer 能处理的序列数据。图 4.34 所示为 ViT 模型的结构示意图。ViT 模型主要由展平的图像块线性映射层(嵌入层)、Transformer 编码层和多层感知分类器层组成，首先将二维图像进行分割处理生成一系列图像块(patch)，然后展平成一维向量并进行线性投影变换，添加相应图像块的位置编码

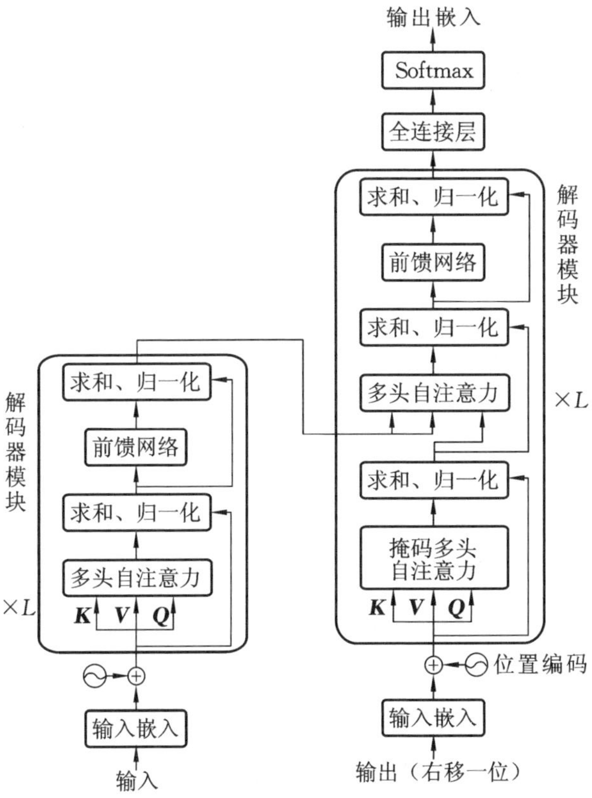

图 4.33　Transformer 模型结构

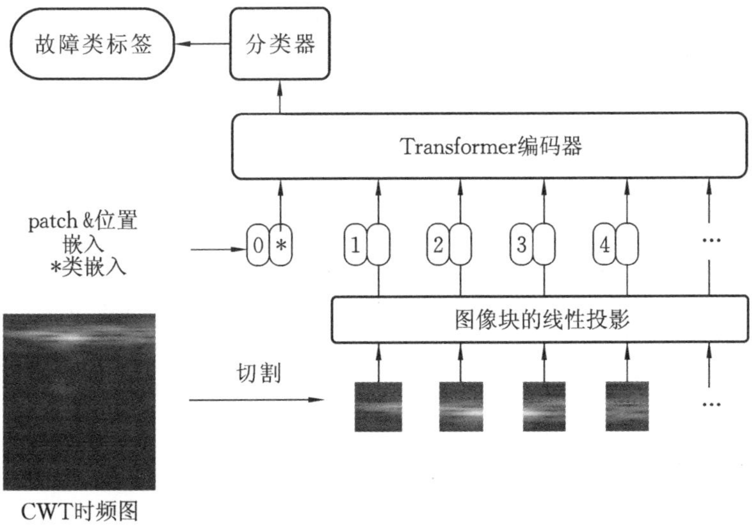

图 4.34　ViT 模型的结构示意图

信息和类标签信息，构建新的图像块嵌入向量，输入 Transformer 编码器，最后结合多层感知(MLP)前馈网络分类器模型，实现图像的分类识别。

1. 图像块和位置嵌入

为了能同时获取输入图像的局部特征和全局特征，ViT 将图像划分成系列的固定大小的图像块(patch)，然后分别提取图像块的局部特征和关联特征。给定一个图像 $\boldsymbol{x} \in \mathbf{R}^{L \times W \times C}$，其中 L、W 分别是图像的长和宽，C 表示图像的通道数。首先将图像切分为 N 个尺寸为 $P^2 \times C$ 的图像块，然后将每个图像块展平(flatten)成一维向量，得到向量序列 $[\boldsymbol{x}_p^1, \boldsymbol{x}_p^1, \cdots, \boldsymbol{x}_p^N]$，其中 $\boldsymbol{x}_p^i \in \mathbf{R}^{P2 \cdot C}(i=1,2,\cdots,N)$，最后通过对向量序列进行线性投影(linear projection，LP)变换便可得到图像块嵌入 $\boldsymbol{X}_n \in \mathbf{R}^{N \times d_{\text{model}}}$，$d_{\text{model}}$ 为维度。

ViT 模型的 Transformer 编码器对输入嵌入向量进行并行计算时需包含输入序列的相对和绝对位置信息。因此，ViT 模型对输入图像块嵌入向量引入了位置编码(positional encoding)序列 $\boldsymbol{E}_{\text{pos}}$，其与单个输入图像块嵌入序列 $\boldsymbol{X}_n^i$ 具有相同维度，利用位置嵌入向量对输入图像块嵌入序列的不同位置信息进行编码，即将输入图像块嵌入与位置嵌入对应的序列相加；为了在输入序列中引入分类信息，ViT 额外增加了一个包含分类信息的类别向量 $\boldsymbol{X}_{\text{class}}$，其与第 0 个位置信息相加且类别向量在模型测试阶段不添加当前输入的类别信息。这样，所有这些信息共同组成的新的嵌入向量就可以作为 Transformer 编码器的输入。这些新的嵌入向量如下所示：

$$\boldsymbol{Z} = [\boldsymbol{X}_{\text{class}} + \boldsymbol{E}_{\text{pos}}^0, \boldsymbol{X}_n^1 + \boldsymbol{E}_{\text{pos}}^1, \boldsymbol{X}_n^2 + \boldsymbol{E}_{\text{pos}}^2, \cdots, \boldsymbol{X}_n^N + \boldsymbol{E}_{\text{pos}}^N] \tag{4.55}$$

$\boldsymbol{E}_{\text{pos}}^i$ 为输入图像块序列中的每个向量的位置信息。

2. Transformer 编码器

在 ViT 神经网络中，Transformer 编码器被视为特征提取结构，它的主要作用是从输入嵌入序列中提取与类别相关的特征信息。Transformer 编码器模块由 L 个相同的编码器堆叠组成，每个编码器的输出作为下一个编码器的输入，如图 4.35 所示。每个编码器由多头自注意力层和前馈网络层组成，在每个子层输出均使用层归一化(LN)对数据样本进行归一化处理，并使用残差连接直接与该子层的输入融合防止梯度爆炸和梯度消失，从而提高模型的稳定性。第 l 层编码器的计算过程如下式所示：

$$\boldsymbol{Z}_l' = \text{MSA}\,[\text{LN}(\boldsymbol{Z}_{l-1})] + \boldsymbol{Z}_{l-1} \tag{4.56}$$

$$\boldsymbol{Z}_l = \text{MLP}\,[\text{LN}(\boldsymbol{Z}_l')] + \boldsymbol{Z}_l' \tag{4.57}$$

$l=1,2,\cdots,L$。MSA(·)为多头自注意力层。MLP(·)为前馈网络层。LN(·)为层归一化函数。

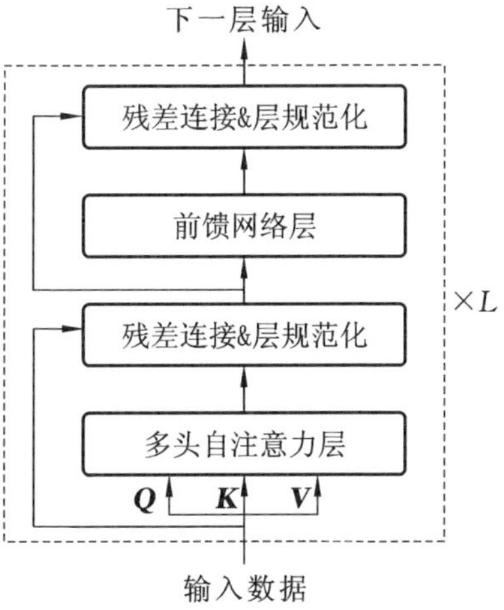

图 4.35　Transformer 编码器模块结构

1）多头自注意力层

注意力机制的目的是从大量输入信息中筛选出对目标任务相关的重要信息，忽略不重要的信息。注意力机制的本质就是对数据样本的特征参数进行加权，通过权重突出重要特征参数，如图 4.36 所示。将输入数据样本的特征参数 $\boldsymbol{X}$ 抽象成键向量（**Key**）、值向量（**Value**）和查询向量（**Query**），为了得到与输出关联度最高的输入信息，将查询值与输入数据样本的所有键值做相关性分析，得到各个键的权重系数，即注意力权重，然后与输入数据样本的值向量相乘并进行加权求和，得到的就是不同输入数据样本的特征参数对该目标输出的注意力输出信息，其计算公式如下：

$$\text{Attention}(\mathbf{Query},\mathbf{Source})=\sum_{i=1}^{L_x}\text{Similarity}(\mathbf{Query},\mathbf{Key}_i)\times\mathbf{Value}_i \tag{4.58}$$

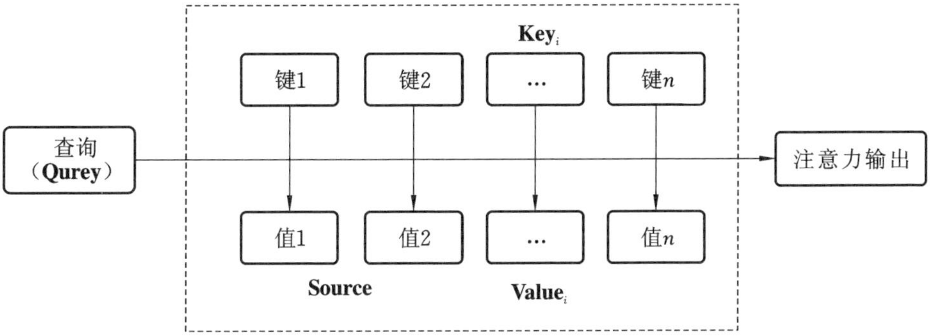

图 4.36　抽象化的注意力机制

自注意力机制是注意力机制的变体，减少对外部信息的依赖，捕捉数据样本特征参数的内部相关性，主要目的是建立全局信息的长距离依赖关系，并且在全局信息中选择对当前目标任务更重要的信息。因此，自注意力机制不仅将注意力集中于数据样本的特征参数自身并从中抽取更多重要信息，而且学习特征参数的关系并捕捉其相互关系，从而更好地处理图像中长距离、多层次的依赖关系。自注意力机制的运算过程如图 4.37 所示。输入数据样本通常为上一层网络输出的特征信息 $\boldsymbol{X} \in \mathbf{R}^{d_n \times d_{\text{model}}}$，为了得到输入数据样本 $\boldsymbol{X}$ 不同位置对应的键-值对，引入三个权重矩阵 $\boldsymbol{W}^Q \in \mathbf{R}^{d_{\text{model}} \times d_k}$、$\boldsymbol{W}^K \in \mathbf{R}^{d_{\text{model}} \times d_k}$ 和 $\boldsymbol{W}^V \in \mathbf{R}^{d_{\text{model}} \times d_v}$，并分别与输入数据样本 $\boldsymbol{X}$ 相乘，得到 $\boldsymbol{Q}$、$\boldsymbol{K}$、$\boldsymbol{V}$ 三个参数矩阵，其计算公式如下所示：

$$\boldsymbol{Q} = \boldsymbol{X}\boldsymbol{W}^Q \tag{4.59}$$

$$\boldsymbol{K} = \boldsymbol{X}\boldsymbol{W}^K \tag{4.60}$$

$$\boldsymbol{V} = \boldsymbol{X}\boldsymbol{W}^V \tag{4.61}$$

d_n 为输入数据样本 $\boldsymbol{X}$ 的位置维度，表示输入数据样本的位置信息；d_{model} 为输入数据样本特征向量的维度；d_k、d_v 为权重矩阵的列数，即自注意力机制输出的向量维度。

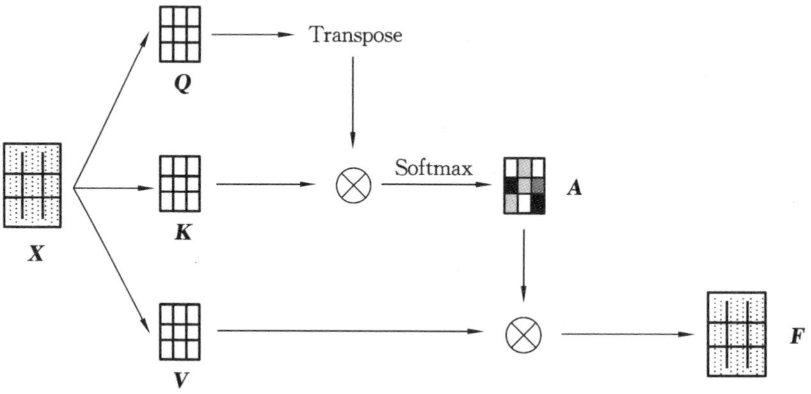

图 4.37　自注意力机制的运算过程

通过缩放点积注意力的计算方式计算参数矩阵 $\boldsymbol{Q}$、$\boldsymbol{K}$ 的相似性，通过 Softmax 函数将原始计算结果映射成为(0,1)的值，这些值的累加和为 1。Softmax 函数的表达式为

$$a_{ji} = \text{softmax}(\boldsymbol{Q} \cdot \boldsymbol{K}^{\mathrm{T}}) = \frac{\mathrm{e}^{(\boldsymbol{Q}_i \cdot \boldsymbol{K}_j^{\mathrm{T}})}}{\sum_{i=1}^{d_n} \mathrm{e}^{(\boldsymbol{Q}_i \cdot \boldsymbol{K}_j^{\mathrm{T}})}} \tag{4.62}$$

a_{ji} 表示特征序列中第 i 个位置的特征参数与第 j 个位置的特征参数的相关性。

此外，为了避免计算结果过大或过小，影响 Softmax 函数的结果，引入 $\sqrt{d_k}$ 作为缩放因子，对原始点积值进行缩放，然后将计算得到的自注意力权重值与参数矩阵 $\boldsymbol{V}$ 相乘，得到最终的自注意力输出结果 $\boldsymbol{F}$，其计算公式为

$$\boldsymbol{F}=\mathrm{Attention}(\boldsymbol{Q},\boldsymbol{K},\boldsymbol{V})=\mathrm{softmax}\left(\frac{\boldsymbol{Q}\cdot\boldsymbol{K}^{\mathrm{T}}}{\sqrt{d_k}}\right)\cdot\boldsymbol{V} \tag{4.63}$$

多头自注意力机制结合多次并行的自注意力计算结果来捕获同一输入数据样本在不同子空间上的特征信息，进而从多角度、多层次获取更全面的重要特征。Transformer 编码器将单一的自注意力层按式(4.64)和式(4.65)切分为 h 个并行的自注意力子层，每个自注意力都从相应地子空间中学习不同的重要特征参数，然后将 h 个自注意力的输出结果拼接在一起，通过线性变换实现与输入维度相同的输出，从而形成多头自注意力机制，如图 4.38 所示。

$$\mathrm{head}_i=\mathrm{SA}(\boldsymbol{Q}\boldsymbol{W}_i^{\boldsymbol{Q}},\boldsymbol{K}\boldsymbol{W}_i^{\boldsymbol{K}},\boldsymbol{V}\boldsymbol{W}_i^{\boldsymbol{V}}) \tag{4.64}$$

$$\mathrm{MSA}(\boldsymbol{Q},\boldsymbol{K},\boldsymbol{V})=\mathrm{Concat}(\mathrm{head}_1,\cdots,\mathrm{head}_h)\cdot\boldsymbol{W}^O \tag{4.65}$$

SA(·)为自注意力机制；$\boldsymbol{W}_i^{\boldsymbol{Q}}\in\mathbf{R}^{d_{\mathrm{model}}\times d_k}$；$\boldsymbol{W}_i^{\boldsymbol{K}}\in\mathbf{R}^{d_{\mathrm{model}}\times d_k}$；$\boldsymbol{W}_i^{\boldsymbol{V}}\in\mathbf{R}^{d_{\mathrm{model}}\times d_v}$；$\boldsymbol{W}^O\in\mathbf{R}^{hd_v\times d_{\mathrm{model}}}$；$d_k=d_v=d_{\mathrm{model}}/h$。

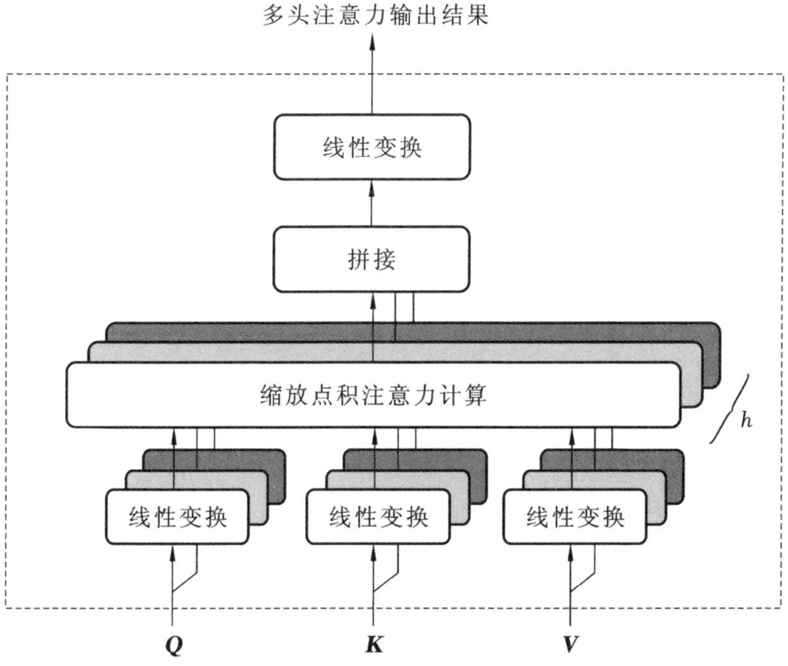

图 4.38　多头自注意力机制结构

2）MLP 前馈网络层

多层感知机(MLP)的作用是为模型引入非线性建模能力，增强模型的表示能力，其计算过程如下式所示：

$$\mathrm{MLP}(x)=\max(0,xW_1+b_1)W_2+b_2 \tag{4.66}$$

为了提高网络模型的泛化能力，ViT 在 MLP 层的全连接层后面增加非线性激活函数 GELU 和 Dropout 层，如图 4.39 所示。GELU 激活函数的计算公式为

$$\mathrm{GELU}(x)=x\times\frac{1}{2}\left[1+\mathrm{erf}\left(\frac{x}{\sqrt{2}}\right)\right] \tag{4.67}$$

x 为输入数据样本，erf(·)为高斯误差函数。

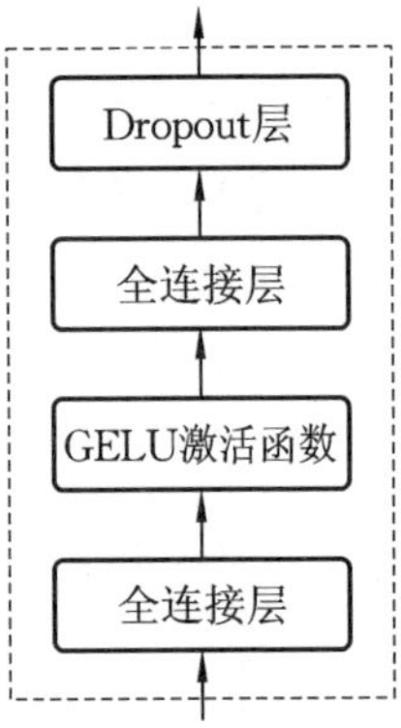

图 4.39 MLP **前馈网络层结构**

3. 分类器

分类器的作用是对 Transformer 编码器的输出进行非线性映射，得到最终的故障分类结果。为了减少计算量，这里使用一个全连接层构建分类器模型。数据样本在经过最后一个 Transformer 编码器层处理后，分类器提取其中的类别向量 $\boldsymbol{Z}_l^0$，通过全连接层将该向量映射为包含不同类别概率的一维向量，取其中最大概率的类别作为最终分类结果 $\boldsymbol{y}$。

$$\boldsymbol{y}=\max[\mathrm{Linear}(\boldsymbol{Z}_l^0)] \tag{4.68}$$

4.4.2 ViT 故障诊断算法

机械设备振动信号是一维时间序列信号，包含大量非平稳信号且故障出现时常伴随突变信号。为了实现 ViT 模型的故障诊断分析，我们给出了其诊断流程，如图 4.40 所示。

（1）在获取机械设备振动信号之后，利用滑动时间窗对一维振动信号进行切片处理获取数据样本。

（2）数据预处理。考虑到设备故障信号具有冲击特点，利用 Morlet 连续小波变换方法将一维振动信号转换为二维时频图。

（3）构建 ViT 网络模型并进行参数初始化。在模型开始训练时随机初始化权重，对编码器层数 L、学习率 τ 和多头自注意力头数 h 等模型参数进行设置。

（4）ViT 网络训练。利用训练样本对 ViT 模型进行有监督训练，以交叉熵作为损失函数，运用随机梯度下降法对其进行优化，获取 ViT 模型参数。交叉熵的计算公式为

$$\text{Loss}=-\frac{1}{N}\sum_{i}L_i=-\frac{1}{N}\sum_{i=0}^{N-1}\sum_{k=0}^{K-1}y_{i,k}\cdot\lg(p_{i,k}) \tag{4.69}$$

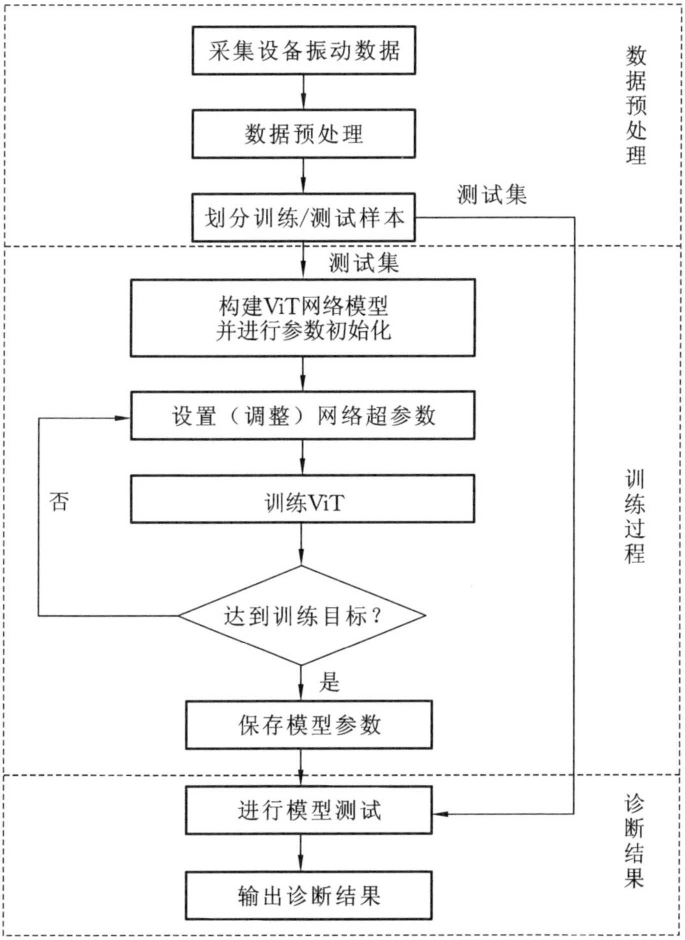

图 4.40　ViT 故障诊断流程图

K 是故障类型总数；N 是数据样本数；$y_{i,k}$ 是符号函数 0 或 1，如果数据样本 i 的故障类别为 k，取值为 1，否则取值为 0；$p_{i,k}$ 表示数据样本 i 被归为故障类 k 的概率。

(5) 利用已训练的 ViT 模型对测试数据样本进行诊断分析，获取最终的诊断结果。

4.4.3 基于多尺度特征融合的 ViT 故障诊断模型

利用 CWT 将一维信号转换成二维时频图并输入 ViT 模型(CWT-ViT)进行诊断时，虽能有效地对设备故障进行诊断分析，但 ViT 模型仍需大量故障数据样本进行训练。实际的机械设备故障数据样本少，导致 ViT 模型的故障诊断精度不足。多尺度特征融合方法从原始信号分解的多个尺度子信号中提取特征参数，从而获得更多故障状态信息，进而为少样本条件下神经网络故障诊断模型精度低的问题提供了新的解决思路，被广泛用于小数据样本下机械设备故障诊断领域。鉴于此，我们建立了基于多尺度特征融合的 ViT 故障诊断模型，以期实现少样本条件下设备故障的高精度诊断分析。

4.4.3.1 小波包分解方法

机械设备故障信号不仅具有非平稳性、非线性特性，而且往往含有强噪声以及其他频率成分信息的干扰。因此，为了能更充分、更全面地从这些信号中获取更多故障信息，运用多分辨率分析方法将原始振动信号分解成不同尺度信号，不仅可有效地获取不同频段下的故障信息，而且可以消除其他干扰信息(噪声和其他频段信号)的影响。

小波包分析(WPT)是小波分析的改进，它将频带进行多层次划分，对小波分析没有细分的高频部分进行进一步分解，从而对大量中、高频信号进行更好的时频局部化分析，实现信号的等带宽精细分解和干扰信号的滤除。图 4.41 所示为信号进行两层小波包分解的结构示意图。图中的 $\boldsymbol{S}$ 为原始信号，$\boldsymbol{S}(i,j)$ 表示第 i 层(尺度数)第 j 个节点对应的分解信号。

$$\boldsymbol{S}=\boldsymbol{S}_{1,0}+\boldsymbol{S}_{1,1}=\boldsymbol{S}_{2,0}+\boldsymbol{S}_{2,1}+\boldsymbol{S}_{2,2}+\boldsymbol{S}_{2,3} \tag{4.70}$$

节点数 j 为偶数时，经过低通滤波系数 $g(k)$ 分解得到的是低频成分信号。j 为奇数时，经过高通滤波系数 $h(k)$ 分解得到的是高频成分信号。高通和低通滤波系数满足下面的正交关系，即

$$g(k)=(-1)^k h(1-k) \tag{4.71}$$

在不同分解层分解的信号可按下式经逐层计算得到：

$$\boldsymbol{S}_{i+1,2j}(n)=\sum_k g(k-2n)\boldsymbol{S}_{i,j}(k) \tag{4.72}$$

$$\boldsymbol{S}_{i+1,2j+1}(n)=\sum_{k}g(k-2n)\boldsymbol{S}_{i,j}(k) \tag{4.73}$$

信号在经第 i 层小波包分解后便可得到 2^i 个频率的子信号。

考虑到 Daubechies(db)小波基函数不仅具有正交性、紧支撑性、对称性等特性，而且具有良好的平滑性和信号定位能力，选择 db5 小波基函数对原始信号进行小波包分析。

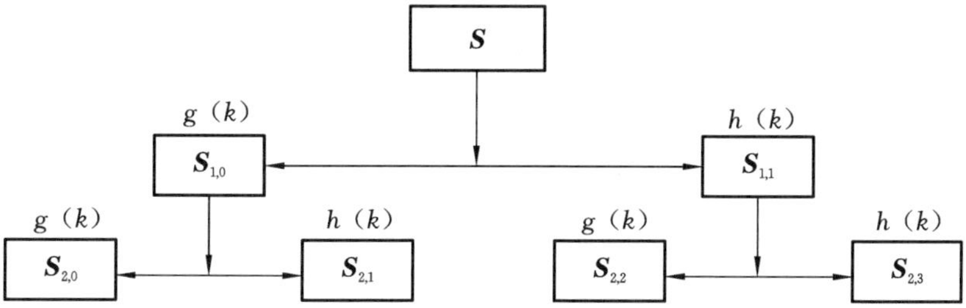

图 4.41　信号进行两层小波包分解的结构示意图

4.4.3.2　多尺度特征信息融合的 ViT 诊断模型

考虑实际机械设备故障数据样本少且含噪等导致故障诊断精度低的问题，为了获取更多故障信息，提升故障诊断精度，我们建立了多尺度特征信息融合的 ViT 诊断模型，如图 4.42 所示。首先利用小波包分析方法将原始振动信号分解成不同尺度的子信号，即高频子信号(D_1、D_2)和低频子信号(A_1、A_2)，然后运用连续小波变换方法(CWT)将这些不同尺度的子信号变换为时频信息图并运用堆叠方法将这些不同尺度的时频信息图进行融合，构建多尺度时频信息融合样本，最后输入 ViT 模型进行诊断分析，具体算法如下。

(1) 利用滑动时间窗对原始信号进行分段切分获取数据样本并将其划分为训练样本集和测试样本集。

(2) 利用 WPT 对原始数据样本进行分解获取不同尺度的子信号，然后运用 CWT 对不同尺度的子信号进行分析获取相应时频图并通过堆叠方式融合各子信号时频图构建多尺度时频信息融合样本。

(3) 利用训练数据样本对应的多尺度时频信息融合样本对 ViT 模型进行训练，获取已训练的 ViT 模型。

(4) 运用已训练的 ViT 模型对测试样本进行诊断分析，获得最后的诊断结果。

4.4.4　诊断案例分析

仍以美国凯斯西储大学提供的轴承故障数据为分析对象，利用多尺度信息融

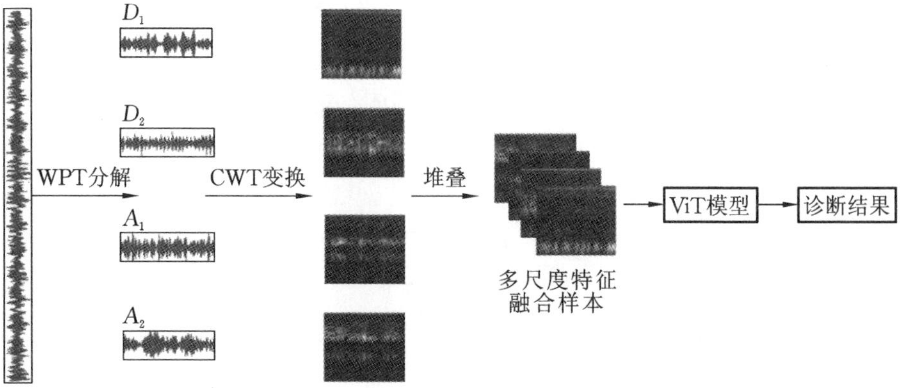

图 4.42　多尺度特征信息融合的 ViT 故障诊断流程

合的 ViT 故障诊断模型对其进行诊断分析。选荷载为 0 HP、转速为 1797 rpm 等工况下的轴承数据构建 A、B、C、D、E 五个数据集，每个数据集包含 10 种不同的故障类别（轴承正常、轻度内圈故障、中度内圈故障、重度内圈故障、轻度外圈故障、中度外圈故障、重度外圈故障、轻度滚动体、中度滚动体、重度滚动体等），每个故障类别的样本数相同，每个数据样本含 1024 个数据样本点，如表 4.10 所示。

表 4.10　轴承不同数据集的数据样本统计

数据集	训练样本总数	测试样本总数
A	1800	600
B	1200	400
C	600	200
D	300	100
E	150	100

基于多尺度特征信息融合的 ViT 故障诊断算法利用 WPT 将数据样本分解成不同尺度子信号，通过 CWT 分析获取不同子信号的时频图，如图 4.43 所示。从图中可看出，不同频段子信号的振动波形及其对应的时频图差异显著，从而说明不同尺度子信号可以从不同角度刻画轴承的故障信息。

利用堆叠方式将这些子信号时频图进行融合并输入 ViT 模型进行诊断分析。与此同时，为了评估多尺度特征信息融合的 ViT 故障诊断方法的优越性，将 CWT-ViT 故障诊断方法和基于多数投票法的集成 CWT-ViT（利用 WPT 将原始振动信

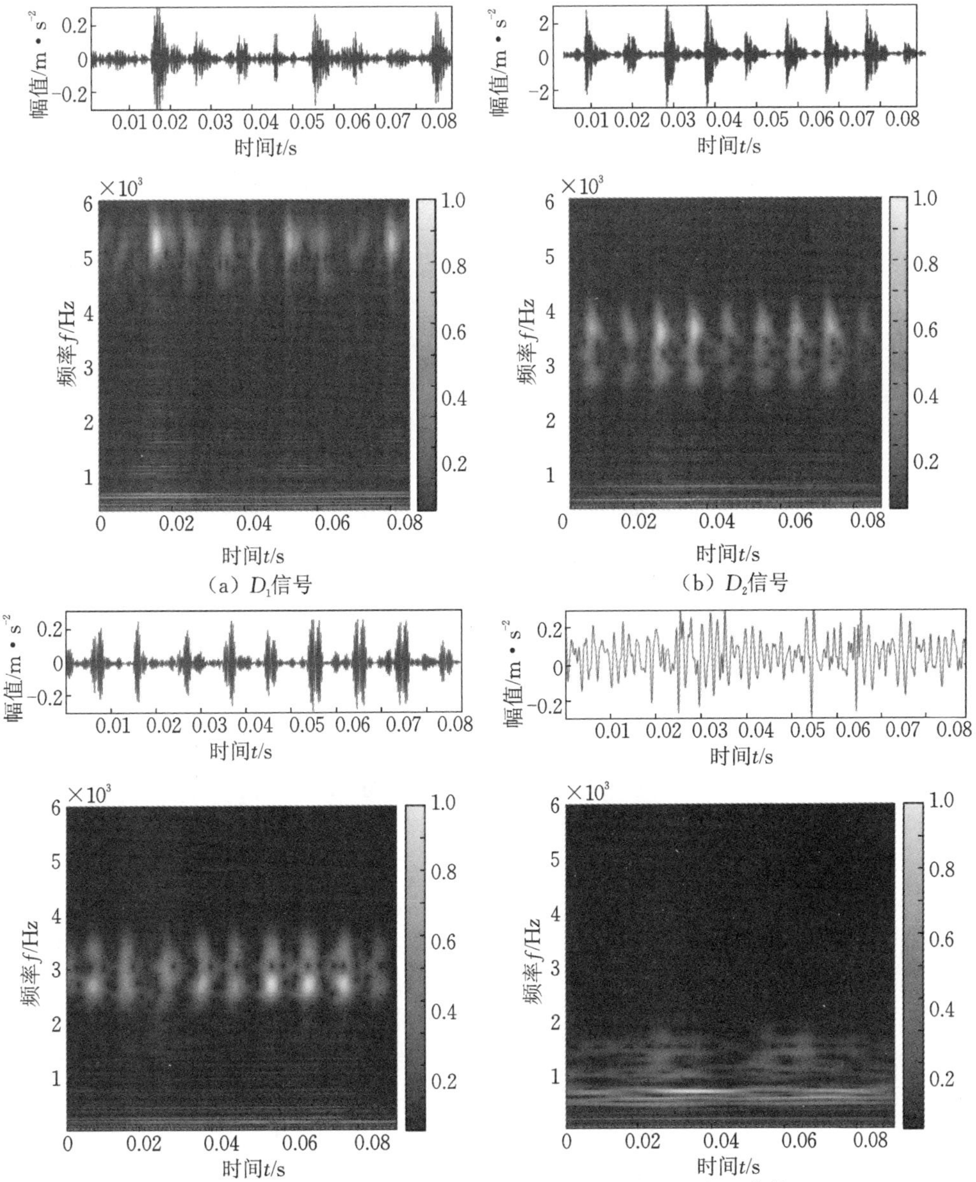

(a) D_1信号　(b) D_2信号　(c) A_1信号　(d) A_2信号

图 4.43　轻度外圈故障信号的 WPT 分解及 CWT 时频图

号分解成不同尺度子信号,分别输入不同 CWT-ViT 模型进行初步诊断,然后结合多数投票法获取最终诊断结果)对同样的数据样本进行诊断分析。为了分析诊断测试的通用性,采用 10 折交叉法对这些诊断模型进行验证分析,如图 4.44 所示。

从图中可以看出,一般情况下,多尺度特征融合 ViT 诊断模型在这 5 个数据集上的诊断准确率均是最高的,尤其在小数据样本集 E 上仍能取得较高诊断精度,基于多数投票法的集成 CWT-ViT 模型的诊断准确率次之,CWT-ViT 方法的诊断准确率最低。这主要是因为基于多数投票法的集成 CWT-ViT 模型是对决策层进行融合,而当每个子 ViT 模型对不同频段子信号进行诊断分析的结果差异较大时,最后的诊断决策结果可能会变差。多尺度特征信息融合的 ViT 模型从不同尺度子信号中提取大量故障特征参数,获取了大量反映设备故障状态的信息,从而提升了故障诊断的精度,尤其是小数据样本的诊断精度;单个 CWT-ViT 进行诊断分析时,不能从原始信号中获取隐藏的故障特征,导致诊断精度最低。这些均可说明多尺度特征信息融合的 ViT 模型能通过获取多尺度信号特征实现设备故障的高精度诊断分析且性能优于基于多数投票法的集成 CWT-ViT 模型和 CWT-ViT 模型。

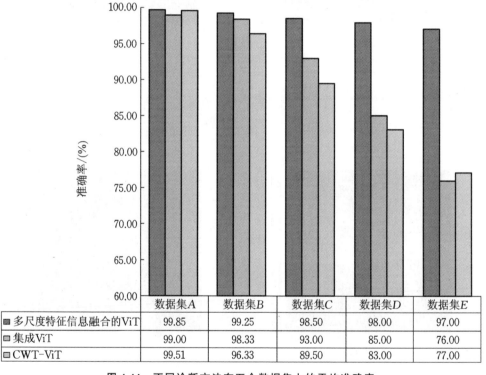

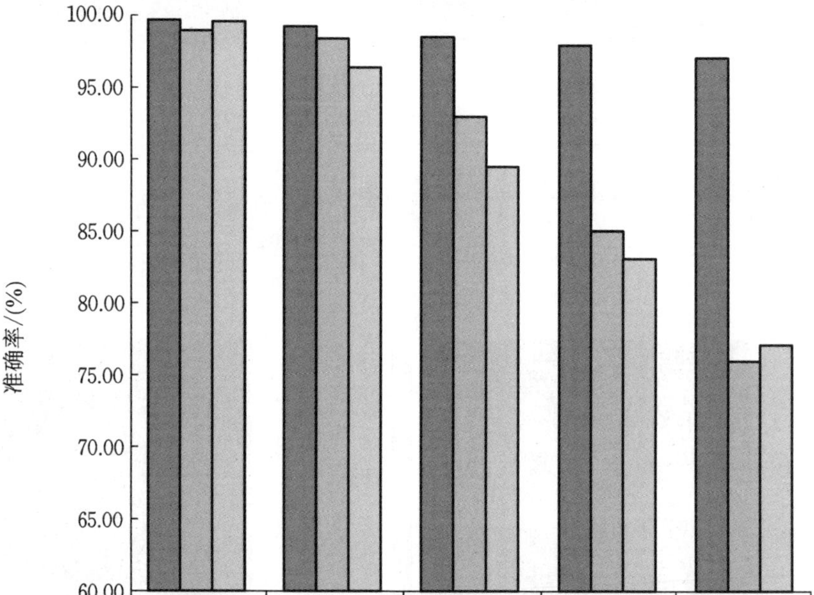

	数据集A	数据集B	数据集C	数据集D	数据集E
■多尺度特征信息融合的ViT	99.85	99.25	98.50	98.00	97.00
□集成ViT	99.00	98.33	93.00	85.00	76.00
□CWT-ViT	99.51	96.33	89.50	83.00	77.00

图 4.44 不同诊断方法在五个数据集上的平均准确率

另外,为了验证多尺度特征信息融合的 ViT 诊断模型的鲁棒性,我们对添加不同强度白噪声于数据集 A 的数据样本进行了诊断分析,得到了多尺度特征信息融合的 ViT、CWT-ViT 和基于多数投票法的集成 CWT-ViT 等三种方法对含有不同信噪比(SNR=5、3、1、−3、−5、−8)的数据集 A 进行诊断分析的结果,如图 4.45

所示。从图中可以看出,在不同信噪比条件下,这三种方法的诊断准确率都随信噪比的降低而降低。在信噪比分别为 5、3、1 时,多尺度特征信息融合的 ViT 方法的诊断准确率均为 95%以上,另外两个诊断方法的诊断准确率也为 90%以上;在信噪比为 −3 时,多尺度特征信息融合的 ViT 方法的诊断准确率也为 90%以上,而另外两种方法的准确率下降到 80%以下;在信噪比为 −5 和 −8 时,多尺度特征信息融合的 ViT 方法的诊断准确率仍为 85%以上,但另外两种方法的诊断准确率降到 70%以下。同时,从图中也可看到,多尺度特征信息融合的 ViT 方法的诊断准确率均高于基于多数投票法的集成 CWT-ViT 方法和 CWT-ViT 方法,主要是因为多尺度特征信息融合的 ViT 方法在噪声很强时通过 WPT 分解获取降噪后的不同尺度子信号,进而提取有效故障特征参数,从而使其能在强噪条件下保持高的诊断准确性;分解的不同尺度子信号含不同强度噪声,分别输入 CWT-ViT 进行诊断分析时的诊断精度均有所降低,而通过多数投票法对各 CWT-ViT 模型的决策层进行融合时的诊断准确率仍会下降,甚至可能低于 CWT-ViT 方法。这些均表明多尺度特征信息融合的 ViT 方法在强信噪比下仍能高精度诊断分析,具有很强的抗噪能力且抗噪能力优于基于多数投票法的集成 CWT-ViT 和 CWT-ViT 方法。

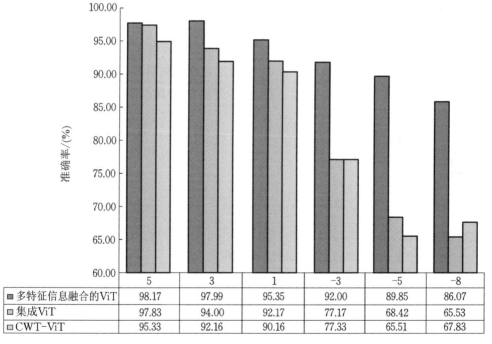

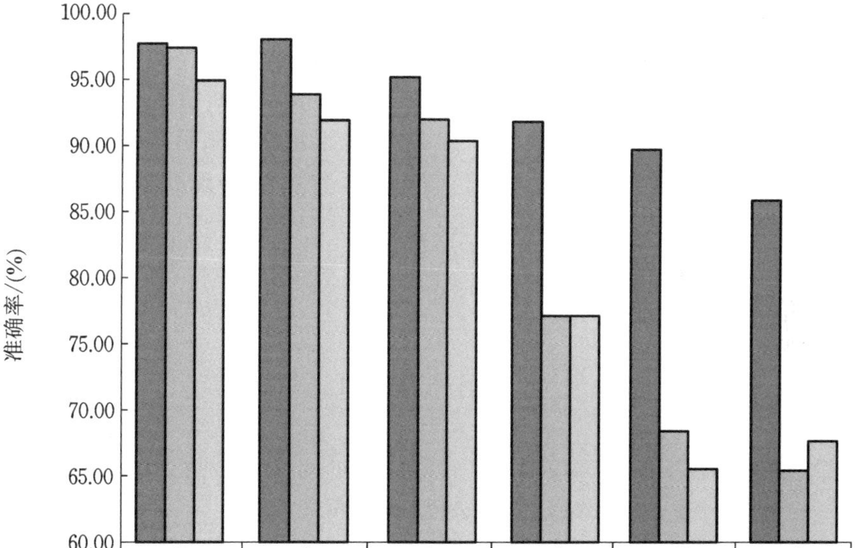

	5	3	1	−3	−5	−8
■ 多特征信息融合的ViT	98.17	97.99	95.35	92.00	89.85	86.07
□ 集成ViT	97.83	94.00	92.17	77.17	68.42	65.53
□ CWT-ViT	95.33	92.16	90.16	77.33	65.51	67.83

图 4.45　不同信噪比下不同诊断方法的诊断准确率

4.5 本章小结

本章针对机械设备故障数据样本少、含噪强以及故障特征参数易隐藏于原始振动信号中而导致深度学习模型故障诊断精度低的问题，结合集成学习、决策层融合和特征融合等方法，构建了多个混合深度学习智能诊断模型，实现了轴承等故障的有效诊断分析，形成的结论如下。

(1) 针对故障边界处数据样本易误诊以及数据样本少导致深度度量学习诊断精度低的问题，建立了基于模糊相似性深度度量学习模型(DMN-Yu)，结合集成学习，构建了基于贝叶斯置信法的集成 DMN-Yu 诊断模型，实现了电机轴承及减速机轴承不同故障类型及不同严重度故障的高精度高可靠诊断分析，诊断精度和稳定性明显优于基于投票表决法的集成 DMN-Yu 和单个 DMN-Yu 模型。

(2) 为了解决少样本和不平衡样本下设备故障诊断精度低的问题，构建了多尺度信息决策融合的具有卷积注意力机制的胶囊神经网络诊断模型，通过对五个不同平衡度的数据集及不同 SNR 的不平衡数据集的诊断分析，验证了该诊断模型的有效性，其诊断鲁棒性和精度均优于 CNN、胶囊神经网络和多尺度信息决策融合的无卷积注意力的胶囊神经网络等模型。

(3) 针对小数据样本及噪声强而导致设备故障诊断精度低的问题，构建了多尺度特征信息融合的 ViT 故障诊断方法，实现了小样本强噪声下轴承故障的高精度高可靠诊断分析，性能优于 CWT-ViT 方法和基于多数投票法的集成 CWT-ViT 方法。

参考文献

[1] HINTON G E, OSINDERO S, TEH Y W. A fast learning algorithm for deep belief nets[J]. MIT Press, 2006(7).

[2] WU B, CHEN Z, WANG J, et al. Exponential discriminative metric embedding in deep learning [J]. Neurocomputing, 2018, 290(may17): 108-120.

[3] YAN S, XU D, ZHANG B, et al. Graph embedding and extensions: a general framework for dimensionality reduction[J]. IEEE Transactions on Pattern Analysis & Machine Intelligence, 2007, 29(1): 40.

[4] MUKHOMETZIANOV R, CARRILLO J. CapsNet comparative performance evaluation for image classification[J]. 2018.

[5] TORRES M E, COLOMINAS M A, SCHLOTTHAUER G, et al. A complete ensemble empirical mode decomposition with adaptive noise[C]//International Conference on Acoustics, Speech, and

Signal Processing.IEEE,2011.

[6] WOO S,PARK J,LEE J Y,et al.CBAM:Convolutional Block Attention Module[J].Springer,Cham,2018.

[7] DAGA A P,FASANA A,MARCHESIELLO S,et al.The Politecnico di Torino rolling bearing test rig:Description and analysis of open access data[J]. Mechanical Systems and Signal Processing,2019,120(APR.1):252-273.

第 5 章　基于迁移学习的故障诊断方法

传统浅层机器学习在进行故障诊断分析时，需依靠人工经验或专家知识利用先进信号处理方法从原始信号中抽取特征参数，输入浅层机器学习模型进行诊断分析。深度学习则利用深层网络模型从大量训练数据样本中自动学习隐含的表征参数，建立表征参数与故障类别之间复杂的映射关系，从而实现设备故障诊断。虽然这些浅层机器学习和深度学习模型均已在故障诊断领域得到广泛应用，但它们在实际应用过程中均需要足够的训练样本，且要求测试样本与训练样本满足独立同分布条件。但在实际的工业生产过程中，机械设备工况复杂多变，导致设备状态数据分布不一致且故障数据样本少，从而导致浅层机器学习和深度学习模型的诊断精度不高。

迁移学习能将源域已学习的诊断知识迁移至目标域分类任务，解决目标域因样本少、工况多变而导致分类精度低的问题，目前已融合于浅层机器学习和深度学习模型并在故障诊断领域得到广泛应用。本章在概述迁移学习诊断方法的基础上，介绍了基于样本迁移的浅层机器学习模型以及基于特征迁移的深度学习模型，构建了基于仿真数据样本和参数混合迁移的深度学习模型，并利用相关诊断案例进行了验证分析。

5.1　混合迁移学习诊断方法概述

传统浅层机器学习和深度学习均需对不同的学习任务分别进行学习，相互之间的学习经验不能相互借鉴，如图 5.1(a)所示；迁移学习可以将源域中已学习的知识迁移至目标域，为目标域中的学习任务提供借鉴，如图 5.1(b)所示。迁移学习问题的定义：给定源域D^s及其学习任务T^s、目标域D^t及其学习任务T^t，迁移问题是在$D^s \neq D^t$ [$\chi^s \neq \chi^t$或$P_s(X) \neq P_t(X)$]或$T^s \neq T^t$[$Y^s \neq Y^t$或$P(Y_s|X_s) \neq P(Y_t|X_t)$]的条件下，利用从源域及其学习任务中学到的知识来辅助目标域更好地完成学习任务，获得更好的 $P(Y|X)$。因此，迁移学习可以有效解决源域和目标域之间不同数据分布以及少样本而导致分类识别精度低的问题，将迁移学习引入机械故障诊断领域可以很好地解决变工况和少故障样本的故障诊断问题。

目前，迁移根据迁移学习问题所处的条件不同主要可分为样本迁移、特征迁移以及模型迁移等三类。针对不同的诊断任务需求(如变工况、少样本下设备的故障诊断问题),不同的迁移学习方法融入不同的机器学习或深度学习模型并结合其他智能方法,便可构建不同的混合迁移诊断模型,实现设备故障的高精度诊断分析。

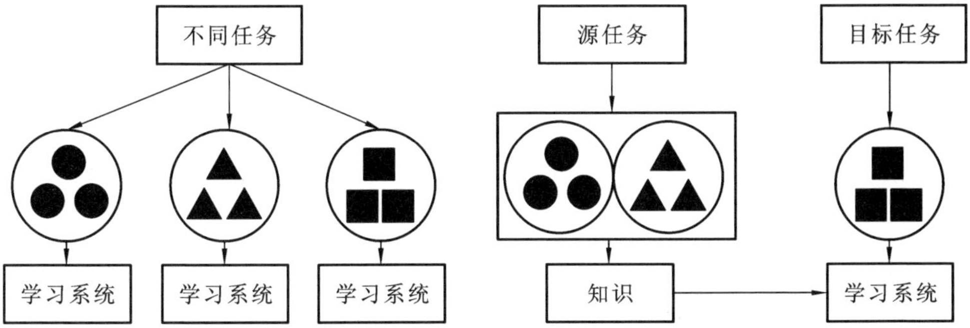

(a) 传统机器学习方法　　(b) 迁移学习方法

图 5.1　迁移学习和机器学习的基本原理

5.2　选择性集成迁移的支持向量机故障诊断方法

样本迁移法的主要特点是通过度量源域有标签的训练样本与目标域无标签的测试样本的相似度,选取源域有用的数据样本,重新分配源域中样本的采样权重,辅助目标域的任务学习,从而更好地完成目标域的任务。传统基于 TrAdaBoost 和 Bagging 的样本迁移学习方法将目标域和源域混合组成训练数据样本,易导致目标域训练数据样本淹没在海量的源域数据样本之中,从而导致不能从目标域数据样本中进行任务的有效学习。选择性集成迁移学习方法将目标域数据样本与所有源域中选择的数据样本视为具有同等权重,从而有效地解决了该问题。选择性集成迁移的支持向量机故障诊断方法的诊断流程是根据源域和目标域数据样本对应的特征参数,结合数据样本迁移方法选择与目标域相似的数据样本,输入 SVM 进行故障诊断识别,如图 5.2 所示。

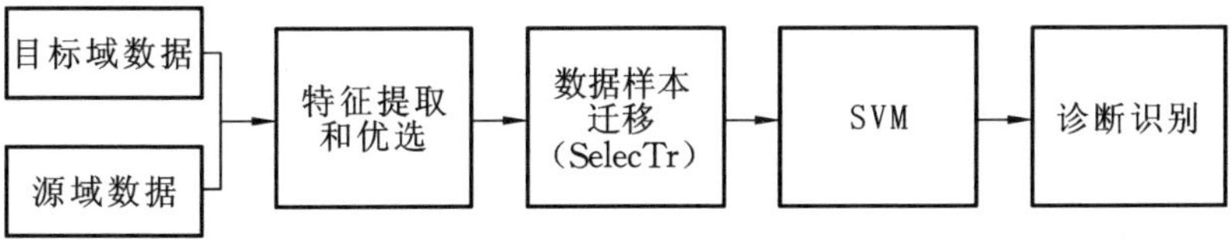

图 5.2　选择性集成迁移的支持向量机故障诊断方法的诊断流程

5.2.1 特征参数提取和优选

特征参数是浅层机器学习 SVM 模型进行故障诊断的基础。为了充分获取设备故障状态信息，提取标准差、峭度、均值、波形因子、峰值因子、裕度因子、均方根、脉冲因子、峭度因子和最大奇异值等 10 种特征参数作为浅层机器学习 SVM 模型的输入。

考虑到特征参数的冗余性或不相关性不仅会增加计算负担，而且会降低 SVM 模型的诊断精度，我们建立了基于类内、类间分散度的特征参数选择方法，其具体算法如下。

(1) 获取特征参数集。

S_{p_i,f_j,n_k} 表示在第 i 种故障类型下第 j 类特征中第 k 个样本的特征值。$i=1,2,\cdots C$，C 表示故障类别数；$j=1,2,\cdots M$，M 表示特征参数的总数；$N=\sum n_k$ 表示特征向量中第 k 个特征值的数量。

(2) 计算类内中心并按从小到大排序。

$$g_{p,f}=\frac{1}{N}\sum_{n=1}^{N}S_{p,f,n} \tag{5.1}$$

(3) 计算重复度 $C_{p,f}$。

$$C_{p,f}=\frac{1}{\alpha}\frac{N_{p_i,f}+N_{p_j,f}}{N} \tag{5.2}$$

当 $g_{p_k,f}>g_{p_t,f}$ 时，统计 $S_{p_k,f,n_i}-S_{p_t,f,n_j}>0$ 的特征值的数量 $N_{p_i,f}$；当 $g_{p_k,f}<g_{p_t,f}$ 时，统计 $S_{p_k,f,n_i}-S_{p_t,f,n_j}<0$ 的特征值的数量 $N_{p_j,f}$。其中，当 $g_{p,f}$ 处于最小值时，$\alpha=1$，否则，$\alpha=2$。

(4) 计算每个特征参数类内距离占总类内距离的比例。

① 计算类内距离 $d_{p,f}$。

$$d_{p,f}=\frac{1}{N}\sum_{n=1}^{N}(S_{p,f,n_i}-\overline{S_{p,f,n_j}})^2 \tag{5.3}$$

② 计算所占比例 η。

$$\eta=\frac{d_{p_i,f}}{\sum_{i=1}^{C}d_{p_i,f}} \tag{5.4}$$

(5) 计算最终的影响因子 γ。

$$\gamma=C_{p,f}(1-\eta) \tag{5.5}$$

(6) 评价系数 β。γ 越大，表明其对应的特征参数越敏感，这里将 β 设为评价阈值，大于 β 则其对应的特征参数视为敏感特征参数，小于 β 的特征参数则剔除。

5.2.2　支持向量机模型

支持向量机 SVM 是建立在统计学 VC 维理论基础上的有监督浅层机器学习模型，它通过寻求结构化风险函数最小来构造最优超平面，提高其泛化能力，实现经验风险和置信度的最小化，从而获得良好的诊断效果，其诊断过程如下。

假设训练样本集 $A=\{(\boldsymbol{x}_i, y_i), i=1,2,\cdots,n\}$，其中 $\boldsymbol{x}_i \in \mathbf{R}^d$，$y_i \in \{1,-1\}$ 为 $\boldsymbol{x}_i$ 所属类别；超平面方程为 $\boldsymbol{wx}+b$，$\boldsymbol{w}$ 为权值向量，b 为阈值；区分数据样本并使分类间隔最大的优化问题在约束条件 $y_i(\boldsymbol{w}^{\mathrm{T}}\boldsymbol{w}+b) \geqslant 1-\zeta_i$，$\zeta_i \geqslant 0$ 下可表示为如下最小化函数：

$$\min\left[\frac{1}{2}(\boldsymbol{w}^{\mathrm{T}}\boldsymbol{w})+C\sum_{i=1}^{n}\zeta_i\right] \tag{5.6}$$

C 为惩罚系数，ζ_i 为松弛变量。引入拉格朗日乘子法和 KKT 条件，通过在最优超平面中引用适当的内积核函数 $K(\boldsymbol{x}_i, \boldsymbol{x}_j)$，便可将线性不可分问题转化为高维空间的线性可分问题，避免陷入维数灾难，相应的最大化优化问题可变为如下函数：

$$Q(\lambda)=\sum_{i=1}^{n}\lambda_i-\frac{1}{2}\sum_{i,j=1}^{l}\lambda_i\lambda_j y_i y_j K(\boldsymbol{x}_i, \boldsymbol{x}_j) \tag{5.7}$$

相应的分类函数可表示为

$$f(x)=\operatorname{sgn}\left[\sum_{i=1}^{n}\lambda_i y_i K(\boldsymbol{x}_i, \boldsymbol{x}_j)+b\right] \tag{5.8}$$

λ 为拉格朗日乘子；选取径向基（RBF）核函数 $K(\boldsymbol{x}_i, \boldsymbol{x}_j)=\mathrm{e}^{\left(\frac{-\|\boldsymbol{x}_i-\boldsymbol{x}_j\|^2}{2\sigma^2}\right)}$ 作为 SVM 模型的核函数，σ 为核函数参数。

5.2.3　选择性集成迁移 SVM 诊断模型

为了有效地从源域中选取与目标域相似的数据样本，提升目标域数据样本的诊断精度，我们构建了基于样本迁移的选择性集成迁移（SelecTr）诊断方法。该方法是利用相似性度量方法计算源域样本的置信度，依据设定的阈值优选置信度高的数据样本，然后运用随机抽样法对优选的数据样本进行 N 次抽样，获取 N 个源域训练子集，分别训练 N 个 SVM 模型，计算已训练的 SVM 模型在目标域训练数据集上的诊断错误率，依据错误率低的原则选取对应的各个源域子集，最后将选取的 M 个源域子集分别与目标域少量训练数据样本组合，得到 M 个训练子集并分别训练 M 个 SVM 模型，构建集成 SVM 诊断模型，结合投票表决法进行融合获取最终的诊断结果。SelecTr 诊断算法的流程图如图 5.3 所示。SelecTr 诊断算法的具体算法如下。

给定目标域数据样本 $M=\{[\boldsymbol{a}_1,x(\boldsymbol{a}_1)],[\boldsymbol{a}_2,x(\boldsymbol{a}_2)],\cdots,[\boldsymbol{a}_n,x(\boldsymbol{a}_n)]\}$ 和源域数据样本 $Y=\{[\boldsymbol{c}_1,x(\boldsymbol{c}_1)],[\boldsymbol{c}_2,x(\boldsymbol{c}_2)],\cdots,[\boldsymbol{c}_m,x(\boldsymbol{c}_m)]\}$。$\boldsymbol{a}_i$ 和 $\boldsymbol{c}_i$ 是数据样本对应的特征矢量；$x(\boldsymbol{a})$ 和 $x(\boldsymbol{c})$ 是数据样本对应的标签；$x(\boldsymbol{a}),x(\boldsymbol{c})\in\{1,2,3,4,5,C\}$；$m>n$。

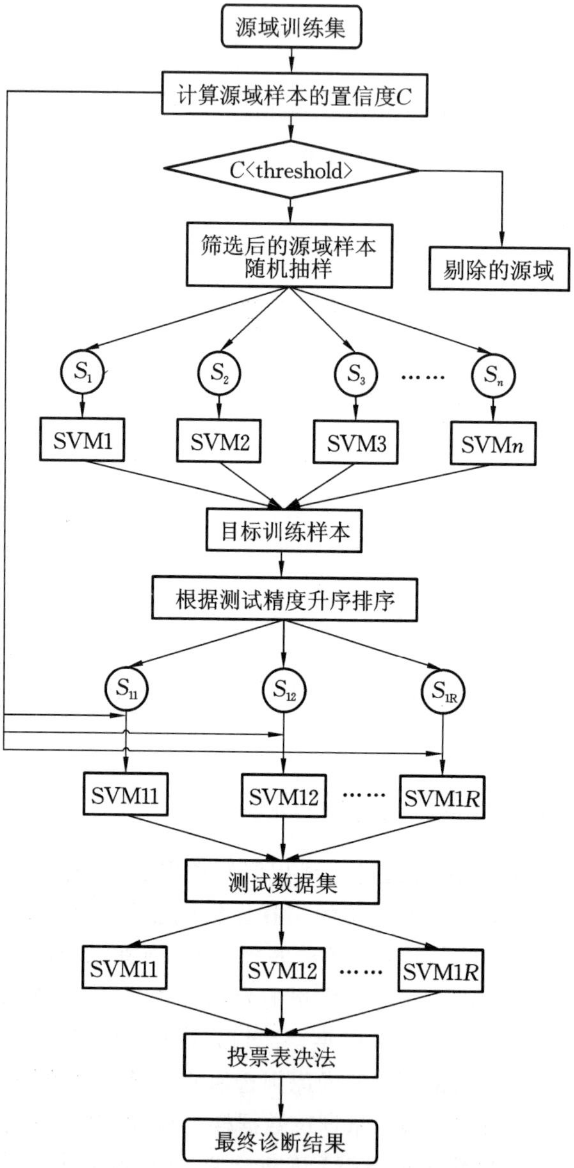

图 5.3　SelecTr 诊断算法的流程图

(1) 利用余弦夹角法计算源域数据样本的置信度，剔除置信度后 20% 的数据样本，即

$$S=\frac{\sum_{i=1}^{n}u_i^a\times u_i^b}{\sqrt{\sum_{i=1}^{n}(u_i^a)^2\times\sum_{i=1}^{n}(u_i^b)^2}}\tag{5.9}$$

$S\in[0,1]$，表示置信度；u_i^a 和 u_i^b 分别表示目标域数据样本和源域数据样本。S 越大，源域和目标域样本数据的相似度越高。

(2) 对筛选后的源域数据样本进行 N 次随机采样，得到 N 个源域样本子集。

(3) 用 N 个源域样本子集分别对 N 个 SVM 模型进行训练，用 N 个已训练的 SVM 模型对目标域训练样本进行诊断分析，将对应的源域样本子集根据诊断精度从大到小进行排序，选择精度高于 40% 的源域样本子集作为可迁移的源域样本子集。

(4) 将选择的源域样本子集分别与目标域训练数据样本混合，组成 R 个训练样本数据集，分别输入 $R(R<N)$ 个 SVM 模型进行训练。

(5) 利用已训练的 R 个 SVM 模型对目标域的测试样本进行诊断分析，获取初步诊断结果。

(6) 利用投票表决法对 R 个初步诊断结果进行融合，获取最终的诊断结果。

5.2.4　试验验证分析

为了保障诊断分析的可靠性以及重复性，我们对美国凯斯西储大学轴承数据中心的轴承故障数据进行了诊断分析。选取两种不同转速（分别为 1797 r/min 和 1730 r/min）下 5 种轴承故障[分别是滚动体故障（B）、内圈故障（I）、外圈 3 点钟方向故障（O_3）、外圈 6 点钟方向故障（O_6）和外圈 12 点钟方向故障（O_{12}）]和正常状态（N）的状态数据作为分析对象，并将转速 1797 r/min 对应的数据样本设为源域数据样本，将 1730 r/min 对应的数据样本设为目标域数据样本。源域中每个故障类型的数据样本数为 400，目标域中每个故障类型的数据样本数为 20，每个样本包含 1024 个数据点，如表 5.1 所示。

表 5.1　轴承状态数据样本统计表

状态类型	B	I	O_3	O_6	O_{12}	N
分类标签	1	2	3	4	5	6
源域样本数	400	400	400	400	400	400
目标域训练样本数	20	20	20	20	20	20

在获取前述的 10 个特征参数后，运用基于类内、类间分散度的特征参数选择方

法对其进行优选，并设定评价系数 β 为 0.75，可优选出 4 个敏感特征参数，如图 5.4 所示。

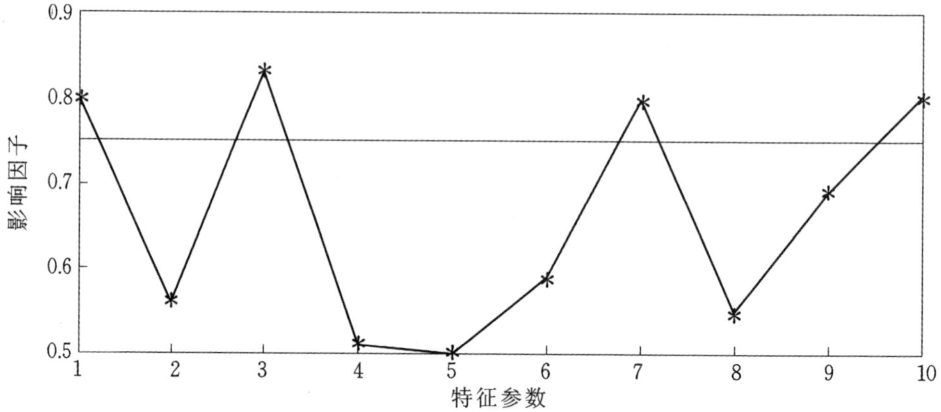

图 5.4　特征参数选择结果

利用余弦夹角法计算源域数据样本置信度，通过计算目标域训练数据样本与源域各种故障类型对应数据样本的置信度来判断两者的相似性。图 5.5 所示为各故障类型对应数据样本的置信度散点图。从图中可看出，各故障类型对应数据样本的置信度有很大差别。为获取与目标域相似度高的源域数据样本，取源域置信度前 20%对应样本点，视为与目标域数据样本高度相似。图 5.6 所示为门限值为 0.489 4 时滚动体源域故障散点图。

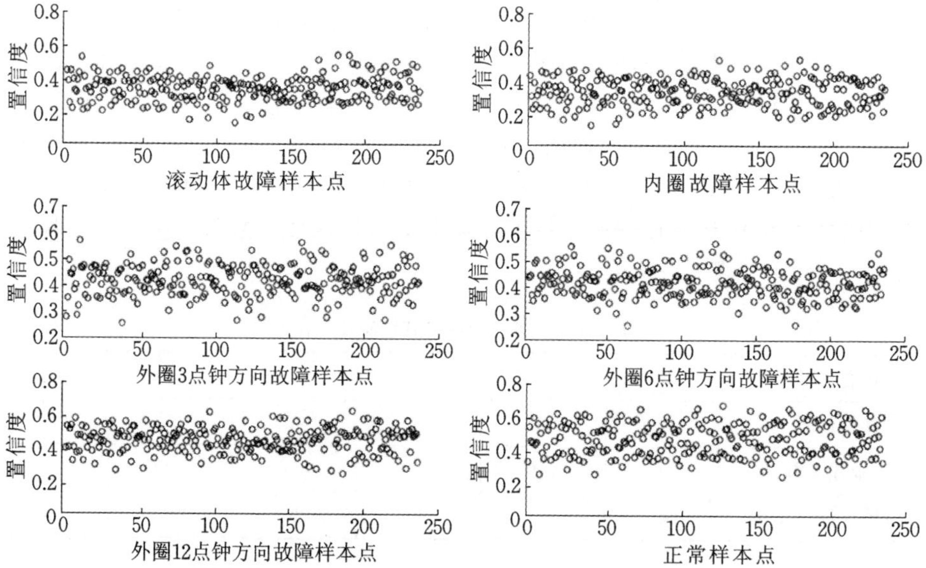

图 5.5　各故障类型对应数据样本的余弦夹角散点图

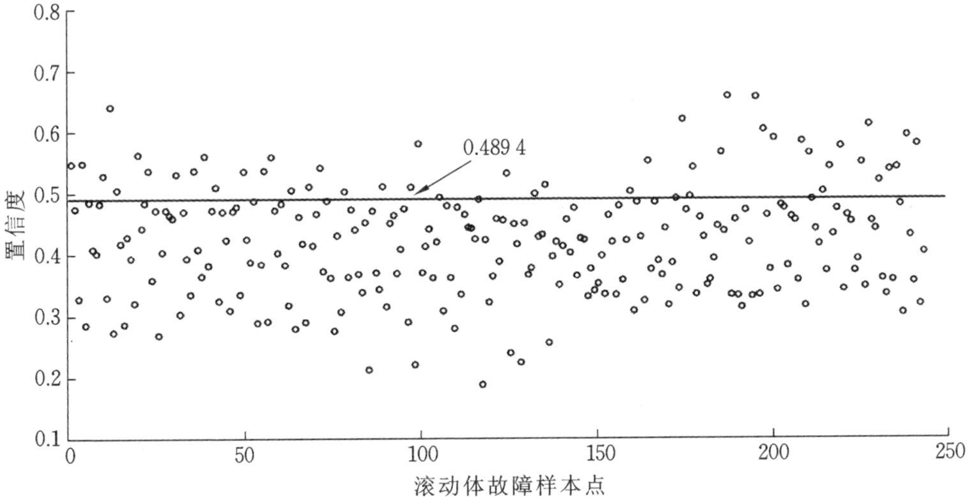

图 5.6　门限值为 0.489 4 时滚动体源域故障散点图

对经过置信度筛选后的源域样本进行 $N=90$ 次随机采样，得到 90 个源域样本子集，然后将 90 个源域样本子集分别作为训练样本，分别对 90 个 SVM 进行训练并对目标训练样本进行诊断识别，取分类正确率为 0.9 以上对应的源域样本子集作为选择性集成迁移学习的源域样本子集，如图 5.7 所示。利用优选的源域样本子集对目标域数据样本进行诊断分析具体如下。

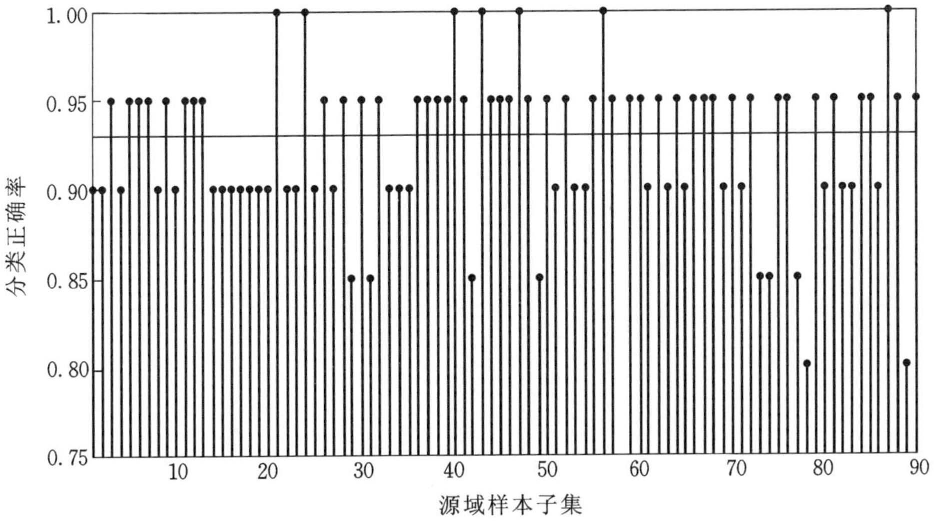

图 5.7　源域样本子集的筛选

1）源域数据样本不变，目标域数据样本增加

为了分析目标域数据样本量对迁移学习诊断精度的影响，我们在源域数据样本数不变的情况下，通过增加目标域数据样本量，对选择性集成迁移(SelecTr)的SVM诊断方法进行了验证分析，并与SVM和基于Adaboost的SVM (Adaboost)两种诊断模型进行了对比分析，其中源域数据样本数为40，目标域训练数据样本数分别为5、10、15、20、25、30、35、40、45和50，目标域测试样本数为200。图5.8所示为在有、无源域数据样本条件下三种诊断模型对目标测试数据样本的诊断结果。从图5.8(a)可看出，当目标域训练数据样本数增加到10个时，SelecTr的SVM的诊断精度有了大幅提升，且随着目标训练数据样本的不断加入，其诊断精度不断增

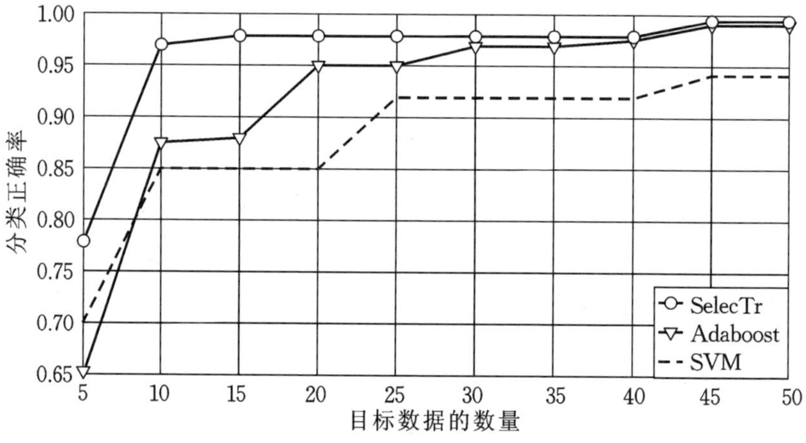

(a) 无源域数据样本

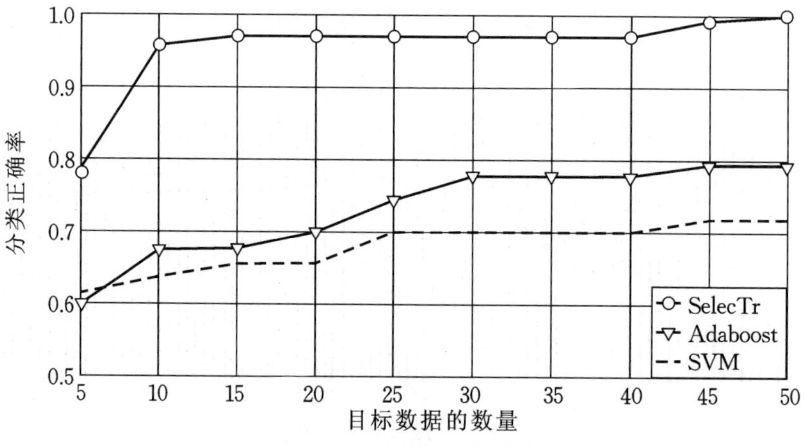

(b) 有源域数据样本

图5.8　在有、无源域数据样本条件下三种诊断模型对目标测试数据样本的诊断结果

大，当目标域训练样本数为 45 时，诊断精度高达 99%；在无源域数据样本时，基于 Adaboost 的 SVM 和 SVM 的诊断精度均随训练样本数的增加而增大，基于 Adaboost 的 SVM 的诊断精度均高于 SVM，但均比 SelecTr 的 SVM 的精度低，说明在少样本情况下选择性集成迁移学习可以提升 SVM 的诊断精度。

从图 5.8(b)可看出，随着目标域训练数据样本的增加，三种诊断模型的诊断精度均增加，但 SVM 和基于 Adaboost 的 SVM 的诊断精度均低于 SelecTr 的 SVM，且 SVM 的精度最低，说明迁移学习在变工况条件下可有助于 SVM 得到较好的诊断效果。从图 5.8 可以看出，有源域数据样本参与训练的 SelecTr 的 SVM 与基于 Adaboost 的 SVM 的诊断精度的差值达到 20%，明显高于无源域数据样本参与训练的两种模型的诊断精度的差值。这主要是因为有源域数据样本直接参与训练 SVM 和使用基于 Adaboost 的 SVM 时，工况变化导致数据样本分布不一致，直接将目标域中少量的训练数据样本淹没，致使其诊断精度变差。

2）目标域数据样本不变，源域数据样本递增

为了分析源域数据样本量对迁移学习诊断精度的影响，我们在目标域数据样本量不变的情况下，通过增加源域数据样本量，利用 SelecTr 的 SVM、基于 Adaboost 的 SVM 及 SVM 等三种模型对目标域测试样本进行了诊断对比分析，如图 5.9 所示。其中目标域训练数据样本为 10 个，源域训练数据样本数分别为 20、30、40、50、60、70、80、90、100 和 110，测试数据样本数为 200。从图 5.9(a)可看出，当目标域训练和测试数据样本数不变时，随着源域数据样本数不断增加，SelecTr 的 SVM 的诊断精度增加，且当源域数据样本数达到 70，诊断精度最大且稳定；因为没有源域数据样本加入，SVM 和基于 Adaboost 的 SVM 两种诊断模型的诊断精度均保持不变，且均低于 SelecTr 的 SVM，差值达 10%以上。从图 5.9(b)可看出，当源域数据样本直接与目标域训练样本混合且用于训练 SVM 和基于 Adaboost 的 SVM 诊断模型时，随着源域训练数据样本数的增加，SVM 和基于 Adaboost 的 SVM 两个模型的诊断精度先升后降，且当源域训练数据样本数为 30 时，这两种诊断模型的诊断精度均达到最大，但诊断精度均远低 SelecTr 的 SVM 的诊断精度。这说明源域数据样本增加会提升 SelecTr 的 SVM 模型的诊断精度，但会对 SVM 和基于 Adaboost 的 SVM 的诊断能力产生负面影响，主要是因为源域训练数据样本增加时，淹没了目标域训练数据样本所产生的知识，且目标域训练数据样本与源域数据样本分布不一致导致已训练的 SVM 和基于 Adaboost 的 SVM 模型对目标域测试样本的诊断精度不高。这也进一步说明选择性集成迁移学习 SelecTr 可以有效地解决变工况和少故障样本的诊断难题。

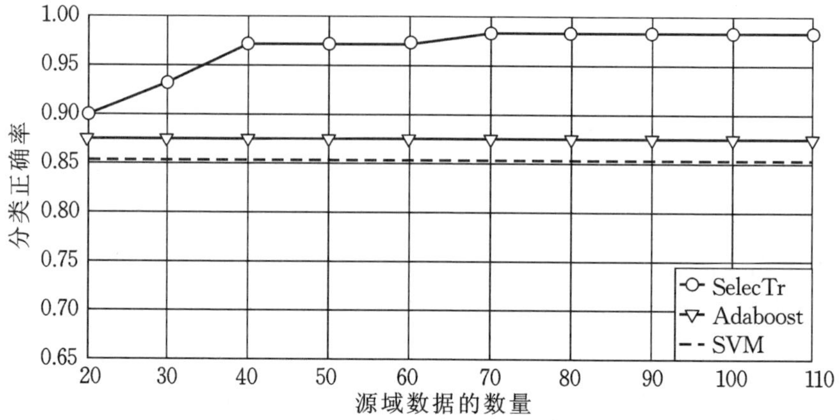

（a）源域数据样本不参与训练

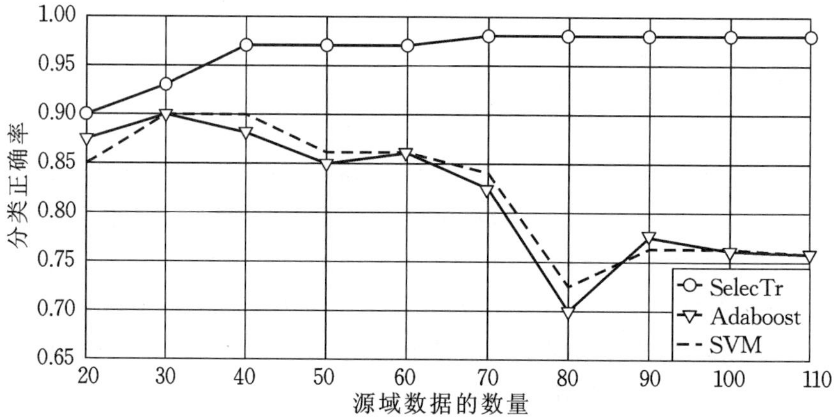

（b）源域数据样本参与训练

图 5.9　源域数据样本数量变化时有、无源域数据样本参与训练的三种诊断模型的诊断结果

3）特征参数未优选条件下迁移学习诊断分析

为了验证特征参数优选的优越性，我们利用未优选的特征参数并结合 SelecTr 的 SVM、SVM 和基于 Adaboost 的 SVM 三种模型分别对轴承故障数据进行了诊断分析，如图 5.10 所示。通过将图 5.10(a)与图 5.8(a)、图 5.10(b)与图 5.9(b)进行比较发现，未进行特征参数优选时，SVM、SelecTr 的 SVM、基于 Adaboost 的 SVM 的诊断精度均低于特征参数优选后的三种诊断模型的诊断精度，说明特征参数的优选有助于提升诊断模型的诊断精度，也进一步说明了基于类内、类间分散度的特征参数优选方法的有效性。

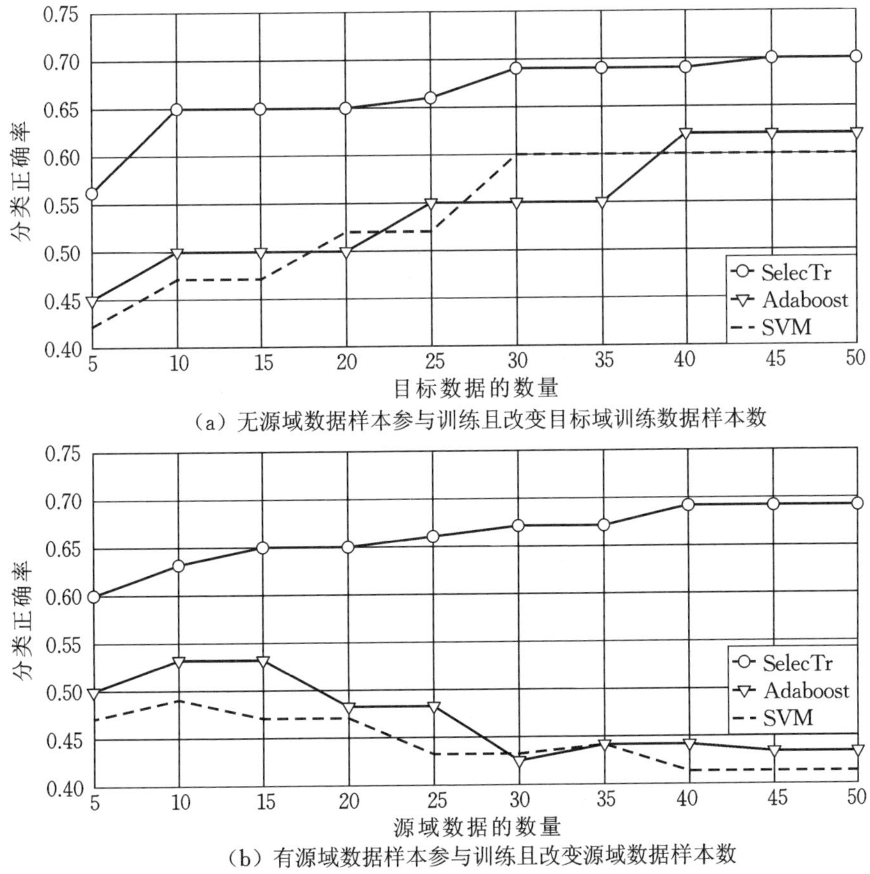

图 5.10　无特征优选的三种诊断模型的诊断结果

5.3　基于组合核函数半监督迁移成分的深度迁移诊断方法

深度学习可以利用深层网络模型从大量训练数据样本中学习隐含的表征参数并建立表征参数与故障类别的复杂映射关系，从而实现设备“端到端”的故障诊断分析，目前已在设备故障诊断领域得到广泛应用。深度置信网络(DBN)是最早被提出的深度学习模型，因可通过易于理解的逐层学习方式自动提取特征参数并进行分类识别而广泛应用于设备故障诊断，但其在诊断过程中需大量故障数据样本进行训练且要求测试数据样本和训练数据样本满足独立同分布条件，而实际机械设备工况多变且故障数据样本少，从而导致诊断精度不足。迁移学习能将源域学习的知识迁移到目标域学习任务。为减少源域与目标域数据样本分布差异性，我们将特征迁移学习方法融入深度学习模型，建立组合核函数半监督迁移成分的DBN模型，以期解决目标域故障数据样本少及工况变化而导致的诊断精度低的问题。

5.3.1 深度置信网络模型

DBN模型是由多个受限玻尔兹曼机(RBM)堆叠而成的深度学习网络模型，通过逐层学习可从未知分布的数据样本中学习固有内在表征参数。图5.11所示为由三个RBM模型堆叠而成的DBN网络模型结构。从图中可以看出，DBN的第一层(可视层1)是数据的输入层，它和第二层(隐藏层1)构成第一个RBM(RBM1)；RBM1的隐藏层1作为第二个可视层(可视层2)，它和第三层(隐藏层2)构成第二个RBM(RBM2)；RBM2的隐藏层2可以作为可视层(可视层3)，和隐藏层3构成第三个RBM。因此，输入数据样本按RBM学习规则通过激活函数便在可视层和隐藏层相互转换，当输入数据样本经低层的RBM学习后，其输出结果作为高一层RBM的输入，依此逐层传递，从而在高层形成比低层更抽象和更具有表征能力的特征参数。

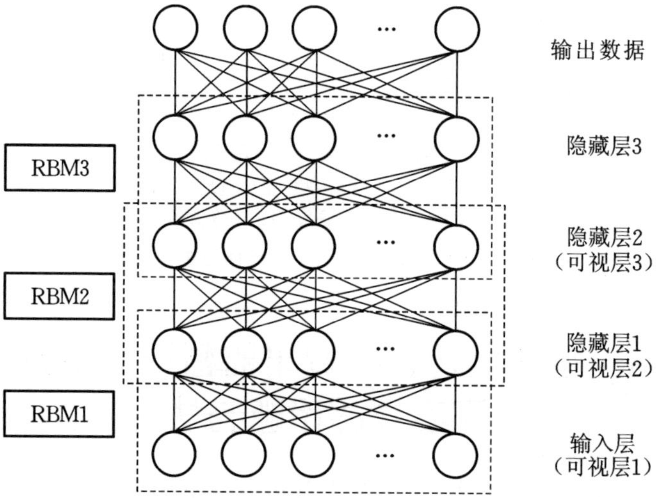

图5.11　由三个RBM模型堆叠而成的DBN网络模型结构

通常DBN的训练过程分为两部分，先基于RBM学习规则对每个RBM进行顺序训练完成DBN的前向无监督预训练，训练后的各层参数会作为DBN反向监督微调过程的初始化参数，同时对整个DBN网络各层参数进行微调以期最小化训练误差，从而完成DBN模型的训练。

5.3.1.1　受限玻尔兹曼机

RBM 是一种随机生成的浅层神经网络结构，如图 5.12 所示。图中的圆代表神经元，箭头表示两个神经元的连接方向。每个 RBM 由一个可视层(v)和一个隐藏层(h)组成，其中 v 层为接收训练数据，h 层为特征提取结果，每层包含多个神经元，可视层 v 与隐藏层 h 相互连接，二者内部神经元相互独立，隐藏层神经元以二进制取值，可视层神经元的输入可以取二进制数或者实数值，层与层之间通过权值 w 双向连接。

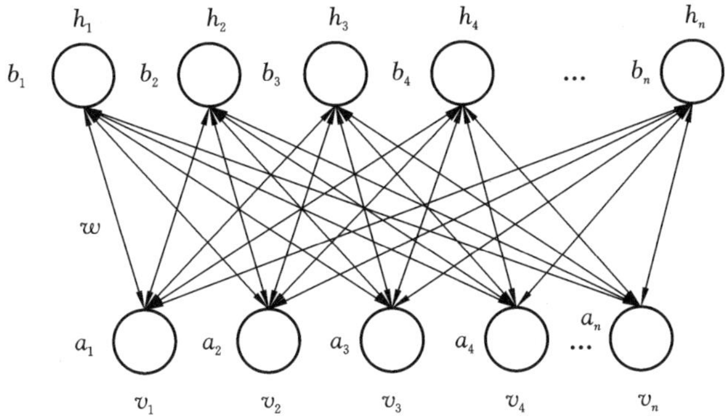

图 5.12　受限玻尔兹曼机

采用最小化预定义能量函数来训练 RBM 中的模型参数，学习从可视层到隐藏层的分布。假定可视层(v)神经单元 $v=(v_1,v_2,\cdots v_i,\cdots,v_n)\in\{0,1\}$ 与隐藏层(h)单元 $h=(h_1,h_2,\cdots h_i,\cdots,h_m)\in\{0,1\}$ 均通过权值 $w=w_{ij}$ 双向连接，且 $a=\{a_1,a_2,a_3,\cdots,a_n\}$ 表示可视层神经元的偏置，$b=\{b_1,b_2,b_3,\cdots,b_n\}$ 表示隐含层神经元的偏置，则 RBM 所有可视层神经元和隐藏层神经元联合状态(v,h)的能量函数为

$$E(v,h;\theta)=-\sum_{i=1}^{nv}a_iv_i-\sum_{j=1}^{nh}b_jh_j-\sum_{i=1}^{nv}\sum_{j=1}^{nh}h_jw_{ij}v_i \tag{5.10}$$

$\theta=\{w,b,a\}$ 是能量函数的参数；v_i 和 h_j 分别为可视层中第 i 个神经元的状态和隐藏层中第 j 个神经元的状态；a_i 和 b_j 分别表示可视层第 i 个神经元的偏置和隐藏层第 j 个神经元的偏置；w_{ij} 为可视层中第 i 个神经元与隐藏层第 j 个神经的双向连接权重。可视层节点与隐藏层节点的联合概率分布为

$$P(v,h;\theta)=\mathrm{e}^{-E(v,h;\theta)}/Z(\theta) \tag{5.11}$$

$Z(\theta)$的计算公式为

$$Z(\theta)=\sum_{v,h}\mathrm{e}^{-E(v,h;\theta)} \tag{5.12}$$

相应的隐藏层与可视层的条件概率为

$$P(h \mid v;\theta)=\frac{P(v,h;\theta)}{P(v;\theta)}=\prod_j P(h_j \mid v;\theta) \tag{5.13}$$

$$P(v \mid h;\theta)=\frac{P(v,h;\theta)}{P(h;\theta)}=\prod_i P(v_i \mid h;\theta) \tag{5.14}$$

在 RBM 模型中，由于同一层的各节点相互不连接，不同层各节点的概率相互独立。给定激活函数 $\mathrm{sigmoid}(x)=1/(1+\mathrm{e}^{-x})$，则可视层和隐藏层激活函数条件概率为

$$P(v_i=1 \mid h;\theta)=1/\left[1+\mathrm{e}^{\left(-a_i-\sum_{j=1}^{nh} w_{ij}h_j\right)}\right] \tag{5.15}$$

$$P(h_j=1 \mid v;\theta)=1/\left[1+\mathrm{e}^{\left(-b_j-\sum_{j=1}^{nv} w_{ij}v_i\right)}\right] \tag{5.16}$$

RBM 模型可学习数据样本的内在表征参数，使神经元以最大概率生成训练数据模型。这样在给定训练数据样本的条件下，通过随机梯度法不断对参数 θ 进行调节，使 RBM 生成的概率分布与训练数据的分布尽可能相似。为了得到模型的最优解，可构造如下的 RBM 似然函数：

$$\lg L(\theta)=\lg\prod_i^N P(v_i)=\sum_i^N \lg P(v_i) \tag{5.17}$$

N 为训练样本个数。为获得使 $P(v)$ 取最大值时的网络参数 θ，对 θ 求偏导，即

$$\frac{\partial \lg P(v)}{\partial\theta}=\frac{\partial}{\partial\theta}\left[\lg\sum_h \mathrm{e}^{-E(v,h)}-\lg\sum_{v,h}\mathrm{e}^{-E(v,h)}\right] \tag{5.18}$$

公式可进一步简化为

$$\frac{\partial \lg L(\theta)}{\partial\theta}=\sum_n\left[-\sum_h P(h \mid v)\frac{\partial E(v,h)}{\partial\theta}+\sum_{v,h}P(v \mid h)\frac{\partial E(v,h)}{\partial\theta}\right] \tag{5.19}$$

$\partial E(v,h)/\partial\theta$ 可直接计算；对于 $P(h|v)$ 和 $P(v,h)$，可利用交替 Gibbs 采样法在训练数据样本中抽取符合 $P(h|v)$ 和 $P(v,h)$ 概率分布的样本，对式(5.19)进行无偏对数似然估计。在 Gibbs 交替采样的每次迭代中，结合式(5.13)和式(5.14)不断进行交替采样，可以实现可视层和隐藏层神经元的更新，如图 5.13 所示。

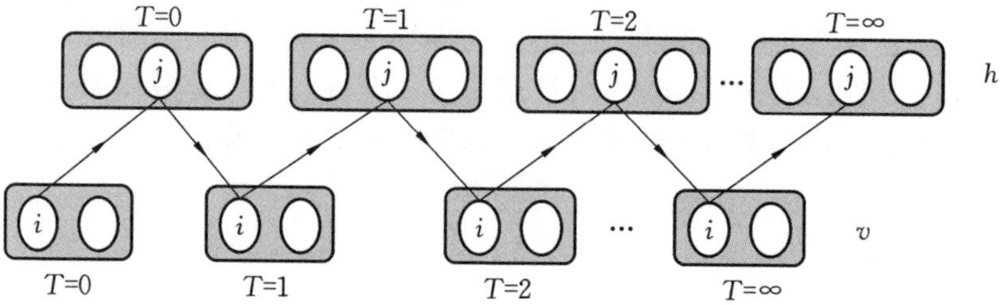

图 5.13 Gibbs 交替采样

经过 T 次更新迭代，式(5.19)可更新为

$$\begin{aligned}\frac{\partial \lg(\theta)}{\partial \theta}&=-\left\langle\frac{\partial E(v,h)}{\partial \theta}\right\rangle_{\text{rbm\_model}}+\left\langle\frac{\partial E(v,h)}{\partial \theta}\right\rangle_{\text{data}}\\&=\langle v_i h_j\rangle_{\text{rbm\_model}}+\langle v_i h_j\rangle_{\text{data}}\end{aligned}\tag{5.20}$$

$<\cdot>_{\text{data}}$表示数据分布 $P(h|v)$期望，$<\cdot>_{\text{rbm_model}}$表示模型 $P(v|h)$分布期望。采用对比散度算法，使$<\cdot>$的计算简化，获取较好的训练效果。同时，为加快 RBM 的对数似然函数梯度的计算，缩小时间复杂度，使用梯度下降法进行计算时，各参数集 θ^* 更新如下：

$$\theta^*=\begin{cases}\Delta w_{ij}=\zeta(<v_i h_j>_{\text{data}}-<v_i h_j>_k)\\\Delta a_i=\zeta(<v_i>_{\text{data}}-<v_i>_k)\\\Delta b_i=\zeta(<h_j>_{\text{data}}-<h_j>_k)\end{cases}\tag{5.21}$$

ζ 为学习率，取值为 0～1。

5.3.1.2 反向微调学习

DBN 模型的无监督前向堆叠 RBM 训练学习到的模型参数当作监督模型学习参数的初始化，相当于为有监督学习提供输入数据的先验知识，从而可使网络参数得到进一步优化。此优化过程从 DBN 网络最后一层出发，利用已知标签逐步向低层网络模型进行参数微调，使用反向传播神经网络(BP)结构的 Softmax 函数进行故障分类识别。

设 DBN 网络的深度由 τ 个 RBM 堆叠而成，初始样本为 $\boldsymbol{X}$，最后一层输出向量为 $\boldsymbol{u}^\ell(\boldsymbol{X})$，则

$$\boldsymbol{u}^\ell(\boldsymbol{X})=1/(1+\mathrm{e}^{[\boldsymbol{b}^\ell+\boldsymbol{w}^\ell\boldsymbol{u}^{\ell-1}(\boldsymbol{X})]})\tag{5.22}$$

相应的第 i 个数据样本经过前面 τ 个 RBM 的堆叠学习后，其属于故障类别 $Y_i\in\{1,2,3,\cdots,c\}$的概率为

$$p(Y_i=k\mid \boldsymbol{u}^\ell(\boldsymbol{X}_i),\boldsymbol{V}^\ell,\boldsymbol{c}^\ell)=\mathrm{e}^{\boldsymbol{V}_k^\ell\boldsymbol{u}^\ell(\boldsymbol{X}_i)+\boldsymbol{c}^\ell}/\sum_{k=1}^{c}\mathrm{e}^{\boldsymbol{V}_k^\ell\boldsymbol{u}^\ell(\boldsymbol{X}_i)+\boldsymbol{c}^\ell}\tag{5.23}$$

$\boldsymbol{V}$ 为参数系数，取最大概率对应的类别为 Softmax 函数输出的分类结果。在第 τ 层，误差函数可表示为

$$J(\boldsymbol{\lambda}^\ell)=-1/m\left(\sum_{i=1}^{m}\sum_{k=1}^{c}I\{Y_i=k\}\lg\frac{\mathrm{e}^{\boldsymbol{V}_k^\ell\boldsymbol{u}^\ell(\boldsymbol{X}_i)+\boldsymbol{c}^\ell}}{\sum_{k=1}^{c}\mathrm{e}^{\boldsymbol{V}_k^\ell\boldsymbol{u}^\ell(\boldsymbol{X}_i)+\boldsymbol{c}^\ell}}\right)\tag{5.24}$$

$\boldsymbol{\lambda}^\ell=\{\boldsymbol{w}^\ell,\boldsymbol{b}^\ell,\boldsymbol{c}^\ell,\boldsymbol{V}^\ell\}$；$I\{Y_i=k\}$表示逻辑指示函数，$Y_i=k$ 时值为 1，$Y_i\neq k$ 时值为 0。为使误差值最小化，利用梯度下降法对式(5.24)求偏导可得

$$\nabla_{\boldsymbol{\lambda}^\ell}J(\boldsymbol{\lambda}^\ell)=-1/m\sum_{i}^{m}\{\boldsymbol{u}^\ell(\hat{\boldsymbol{X}}_i)\ [I\{Y_i=k\}-\boldsymbol{h}^\ell(\hat{\boldsymbol{X}}_i)]\}\tag{5.25}$$

进行参数微调时可利用如下公式：

$$\widetilde{\boldsymbol{\lambda}}^{\ell}=\boldsymbol{\lambda}^{\ell}-\alpha\,\nabla_{\lambda^{\ell}}J\,(\boldsymbol{\lambda}^{\ell}) \tag{5.26}$$

α 为学习率。依此类推可实现第 1 层到 ℓ 层不同参数的微调。

5.3.1.3　DBN 训练方法

DBN 的学习过程如图 5.14 所示。训练过程主要分为两个部分，即无监督的预训练过程和有监督的反向微调过程。在无监督训练学习中，先初始化整个网络参数，即结合无标签数据样本利用贪婪算法对 RBM 逐层进行无监督训练，当上一个 RBM 训练完成后，将其隐含层的输出作为下一个 RBM 可视层的输入，依此类推，在训练过程中对数据样本进行批次处理，结合随机梯度下降法对各节点激活概率进行计算并调整节点权重值，从而通过逐层训练得到预训练后的 RBM 参数；在有监督反向微调过程中，通过 BP 网络采用反向误差传播法将误差从上到下分配到每一层 RBM 中，对 RBM 的预训练参数进行调整，以期提高 DBN 分类准确性，即在 DBN 最后一层连接有监督 BP 网络，将 RBM 抽取的特征向量作为 BP 网络的输入特征向量进行有监督训练，通过多次迭代对 DBN 中每层 RBM 网络参数进行微调，使误差函数最小，从而完成 DBN 训练。具体训练算法如下。

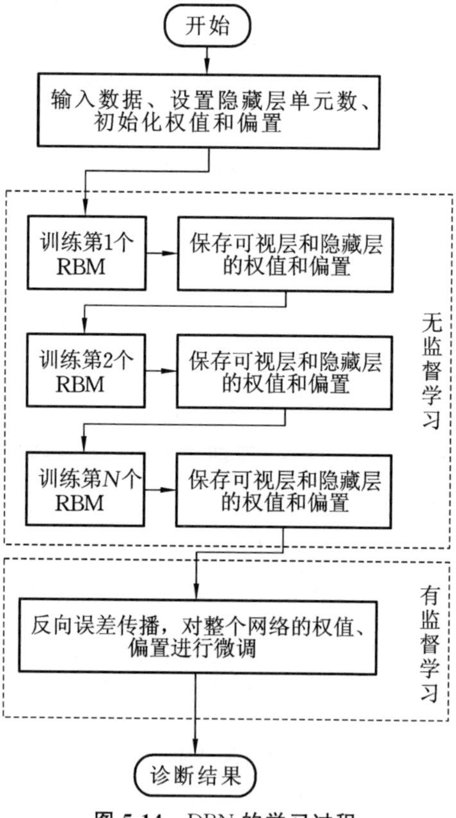

图 5.14　DBN 的学习过程

(1) 初始化参数：v_0 为输入数据样本，θ_0 为 w_0、a_0 和 b_0 参数集的随机初始化，T 为迭代次数。

(2) 利用输入数据样本 v_0，结合式(5.15)和式(5.16)，计算特征参数 h_0，v_1 和 h_1。

(3) 利用式(5.17)进行迭代训练得到 RBM 初始参数以及更新后可视层和隐藏层神经元的联合概率分布 $P(v,h)$；代入式(5.20)对参数 θ_l 进行修正，获得修正后的参数 θ_{l+1}。

(4) 输入下一个训练样本，重复步骤(2)和步骤(3)。

(5) 重复步骤(2)～步骤(4)，迭代 T 次。

(6) 在 DBN 模型顶层设置 BP 网络模型，通过微调各层参数，直到误差函数值最小。

(7) 利用已训练 DBN 网络模型，对数据样本进行故障分类。

5.3.2　迁移成分分析方法

迁移成分分析方法(TCA)是一种基于特征映射的迁移学习算法，可将从源域中有标签的数据样本中学习的知识迁移到目标域，从而解决目标域中训练数据样本不足或变工况导致诊断精度低的问题。

5.3.2.1　无监督迁移成分分析

无监督迁移成分分析(UTCA)是针对特征空间与类别空间相同、边缘分布不同提出的一种迁移学习方法，主要是将最大均值差异(MMD)作为度量准则来衡量源域和目标域的差异，并对其进行优化使其达到最小，即利用核主成分(KPCA)降维方法使数据样本从原始特征空间映射到高维特征子空间，在该空间以源域和目标域的距离为衡量准则，尽可能缩小两者的分布差异，同时尽可能保留有用的数据特征信息。假定源域 $D_S=\{\boldsymbol{X}_S,\boldsymbol{Y}_S\}$，$\boldsymbol{X}_S$ 是源域数据样本集，$\boldsymbol{Y}_S$ 是对应的标签样本；目标域为 $D_T=\{\boldsymbol{X}_T\}$，$\boldsymbol{X}_T$ 是目标域样本集，目标域中的标签无法获知。假设源域和目标域样本的边缘概率不同，即 $P(\boldsymbol{X}_S)\neq Q(\boldsymbol{X}_T)$，通过映射函数 Φ，使映射后的边缘概率分布尽可能相似，即 $P[\Phi(\boldsymbol{X}_S)]\approx Q[\Phi(\boldsymbol{X}_T)]$。假设 $\Phi(\boldsymbol{X}_S)$ 与 $\Phi(\boldsymbol{X}_T)$ 是通过 Hilbert 核空间映射后的源域特征数据与目标域特征数据，映射后两域的距离可以用下式表示：

$$\operatorname{dis}[\Phi(\boldsymbol{X}_S),\Phi(\boldsymbol{X}_T)]=\left\|\frac{\sum_{i=1}^{N_1}\Phi(\boldsymbol{X}_{S_i})}{N_1}-\frac{\sum_{j=1}^{N_2}\Phi(\boldsymbol{X}_{T_j})}{N_2}\right\|_{\mathcal{H}}^2 \tag{5.27}$$

$\|\cdot\|_{\mathcal{H}}$ 是 RKHS 范数，Φ 为特征映射函数，$\boldsymbol{X}$ 为源域和目标域样本集合，N_1 为源域样本数，N_2 为目标域样本数。

考虑到非线性变换映射函数 Φ 有许多种，直接计算特征样本间的距离相当困难，通过维数约减法，即最大平均差异嵌入法(MMDE)可将上述不容易求解的映射函数 Φ 转化为内核学习，并引入一个核矩阵 $\boldsymbol{K}$，则式(5.27)可表示为

$$\begin{aligned}\operatorname{dis}[\Phi(\boldsymbol{X}_S),\Phi(\boldsymbol{X}_T)]&=\operatorname{trace}\left([\Phi(\boldsymbol{X}_S)\quad \Phi(\boldsymbol{X}_T)]\begin{bmatrix}\dfrac{1}{N_1^2}\mathbf{1}\mathbf{1}^{\mathrm{T}} & \dfrac{-1}{N_1N_2}\mathbf{1}\mathbf{1}^{\mathrm{T}}\\ \dfrac{-1}{N_1N_2}\mathbf{1}\mathbf{1}^{\mathrm{T}} & \dfrac{1}{N_2^2}\mathbf{1}\mathbf{1}^{\mathrm{T}}\end{bmatrix}\begin{bmatrix}\Phi(\boldsymbol{X}_S)\\ \Phi(\boldsymbol{X}_T)\end{bmatrix}\right)\\ &=\operatorname{trace}\left(\begin{bmatrix}\Phi(\boldsymbol{X}_S)\\ \Phi(\boldsymbol{X}_T)\end{bmatrix}[\Phi(\boldsymbol{X}_S)\quad \Phi(\boldsymbol{X}_T)]\begin{bmatrix}\dfrac{1}{N_1^2}\mathbf{1}\mathbf{1}^{\mathrm{T}} & \dfrac{-1}{N_1N_2}\mathbf{1}\mathbf{1}^{\mathrm{T}}\\ \dfrac{-1}{N_1N_2}\mathbf{1}\mathbf{1}^{\mathrm{T}} & \dfrac{1}{N_2^2}\mathbf{1}\mathbf{1}^{\mathrm{T}}\end{bmatrix}\right)\\ &=\operatorname{trace}\left(\begin{bmatrix}\langle\Phi(\boldsymbol{X}_S),\Phi(\boldsymbol{X}_S)\rangle & \langle\Phi(\boldsymbol{X}_S),\Phi(\boldsymbol{X}_T)\rangle\\ \langle\Phi(\boldsymbol{X}_T),\Phi(\boldsymbol{X}_S)\rangle & \langle\Phi(\boldsymbol{X}_T),\Phi(\boldsymbol{X}_T)\rangle\end{bmatrix}\boldsymbol{L}\right)\\ &=\operatorname{trace}(\boldsymbol{KL})\end{aligned} \tag{5.28}$$

$\boldsymbol{KL}$ 表示距离，是 Kullback-Leibler 差异，也称为相对熵，是度量概率分布相似性的一个距离指标；trace 表示矩阵的迹。核矩阵 $\boldsymbol{K}$ 表示为

$$\boldsymbol{K}=\begin{bmatrix}\boldsymbol{K}_{S,S} & \boldsymbol{K}_{S,T}\\ \boldsymbol{K}_{T,S} & \boldsymbol{K}_{T,T}\end{bmatrix}\in\mathbf{R}^{(N_1+N_2)\times(N_1+N_2)} \tag{5.29}$$

$\boldsymbol{L}$ 表示为

$$L_{ij}=\begin{cases}\dfrac{1}{N_1^2}, & x_i,x_j\in\boldsymbol{X}_S\\ \dfrac{1}{N_2^2}, & x_i,x_j\in\boldsymbol{X}_T\\ -\dfrac{1}{N_1N_2}, & \text{其他}\end{cases} \tag{5.30}$$

$\boldsymbol{K}_{S,S}$、$\boldsymbol{K}_{S,T}$、$\boldsymbol{K}_{T,S}$、$\boldsymbol{K}_{T,T}$ 分别表示源域和源域、源域和目标域、目标域和源域、目标域和目标域的数据样本定义的核矩阵，核矩阵元素为 $K_{i,j}=[\Phi(x_i)^{\mathrm{T}}\Phi(x_j)]$，$K_{i,j}$ 表示核函数，上述核矩阵 $\boldsymbol{K}$ 可以表示为

$$\boldsymbol{K}=(\boldsymbol{K}\boldsymbol{K}^{-1/2})(\boldsymbol{K}^{-1/2}\boldsymbol{K}) \tag{5.31}$$

定义矩阵 $\widetilde{\boldsymbol{W}}\in\mathbf{R}^{(N_1+N_2)\times M}$，使核函数映射到 M 维空间上($M\leqslant N_1+N_2$)，核矩阵转化为

$$\widetilde{K}=(KK^{-1/2}\widetilde{W})(\widetilde{W}^{\mathrm{T}}K^{-1/2}K)=KWW^{\mathrm{T}}K \tag{5.32}$$

$W=K^{-1/2}\widetilde{W}$。

无监督迁移成分分析(UTCA)经过特征变换后衡量源域与目标域的最大均值差异(MMD)的计算公式为

$$\mathrm{dis}[\Phi(X_S),\Phi(X_T)]=\mathrm{trace}[(KWW^{\mathrm{T}}K)L]=\mathrm{trace}(W^{\mathrm{T}}KLKW) \tag{5.33}$$

由上式可得映射后潜在空间中的嵌入数据是 $W^{\mathrm{T}}K$,其中$[W^{\mathrm{T}}K]_i$提供了第 i 列嵌入坐标 X_i,映射后样本协方差矩阵可表示为 $W^{\mathrm{T}}KHKW$,$H=I_{N_1+N_2}-1/(N_1+N_2)\mathbf{1}\mathbf{1}^{\mathrm{T}}$ 是中心矩阵,$\mathbf{1}\in\mathbf{R}^{N_1+N_2}$ 是全为 1 的列向量,$I_{N_1+N_2}\in\mathbf{R}^{(N_1+N_2)\times(N_1+N_2)}$ 为单位矩阵。

为使无监督迁移成分分析(UTCA)源域和目标域的距离尽可能小,建立如下目标函数并进行优化,通过添加正则化参数 $\mu\,\mathrm{trace}(W^{\mathrm{T}}W)$ 便可控制矩阵 W 的复杂度。

$$\begin{gathered}\min_W=\mathrm{trace}(W^{\mathrm{T}}KLKW)+\mu\,\mathrm{trace}(W^{\mathrm{T}}W)\\ \mathrm{s.t.}\ W^{\mathrm{T}}KHKW=I_M\end{gathered} \tag{5.34}$$

$\mu>0$,是正则化平衡参数;$I_M\in\mathbf{R}^{M\times M}$ 是单位矩阵。利用拉格朗日乘子算法将限制条件 $W^{\mathrm{T}}KHKW=I_M$ 加入上式便可转换为如下目标函数:

$$\max_W\mathrm{trace}([W^{\mathrm{T}}KHKW)^{\mathrm{T}}W^{\mathrm{T}}(KLK+\mu I_M)W] \tag{5.35}$$

这样,通过优化求解 $(KLK+\mu I_M)^{-1}KHK$ 最大的 m 个特征值及其对应的特征核矩阵 W,便可得到样本矩阵 $X^*=KW$。

5.3.2.2　半监督迁移成分分析法

半监督学习是介于无监督学习和有监督学习之间的一种机器学习方法,其思想是在标记样本数量很少的情况下,在模型训练中通过引入无标签样本来避免因训练样本不足出现模型性能退化的问题,进一步增强模型的泛化能力。在实际工业生产过程中,训练样本中常常是一些有标签的数据样本,而测试数据样本则是一些无标签的数据样本,数据样本对应的工况不一致常导致训练样本与测试样本不能满足独立同分布的条件,从而导致训练模型的识别精度不高。因此,半监督迁移成分分析(SSTCA)被用来衡量样本特征与样本类别的依赖关系,该方法采用一种基于核独立性度量的希尔伯特施密特独立标准(HSIC),在再生核希尔伯特空间采用互协方差算子推导出统计量,以最大化衡量变量的关联性为目的,提高数据样本和样本标签类别的依赖性,其计算公式为

$$\mathrm{HSIC}(X,Y)=[1/(N_1+N_2-1)]\,\mathrm{trace}(HKHK_{yy}) \tag{5.36}$$

X 是核空间中源域和目标域特征样本集合,Y 是特征样本对应的类别标签信

息，HSIC($\boldsymbol{X}$,$\boldsymbol{Y}$)越大，$\boldsymbol{X}$ 和 $\boldsymbol{Y}$ 的依赖性越强。$\boldsymbol{K}$ 为 $\boldsymbol{X}$ 样本集合的核矩阵。$\boldsymbol{K}_{yy}$ 表示源域样本上的核矩阵，其计算公式为

$$\boldsymbol{K}_{yy}(i,j)=\begin{cases}k(y_i,y_j),i,j\leqslant N_1\\0, \quad 其他\end{cases} \tag{5.37}$$

为了使输入空间样本 $\boldsymbol{x}_i$ 与 $\boldsymbol{x}_j$ 在经映射后距离最小，定义特征样本约束函数如下：

$$\frac{\mathrm{trace}(\boldsymbol{W}^{\mathrm{T}}\boldsymbol{K}\mathcal{L}\boldsymbol{K}\boldsymbol{W})}{(N_1+N_2)^2}=\frac{\sum\limits_{i,j}M_{i,j}\ ||\ \boldsymbol{x}_i^*-\boldsymbol{x}_j^*\ ||^2}{(N_1+N_2)^2} \tag{5.38}$$

$\boldsymbol{x}_i^*$ 和 $\boldsymbol{x}_j^*$ 分别是 $\boldsymbol{x}_i$ 和 $\boldsymbol{x}_j$ 特征映射后的特征样本集。由拉普拉斯矩阵 $\mathcal{L}=\boldsymbol{D}-\boldsymbol{M}$ 可知，当输入数据样本 $\boldsymbol{x}_i$ 是 $\boldsymbol{x}_j$ 的近邻时，$\boldsymbol{M}=[m_{ij}]$，$m_{ij}=\mathrm{e}^{(-d_{ij}^2/2\sigma^2)}$，$d_{ij}$ 为输入样本的欧几里得距离，σ 是参数，$\boldsymbol{D}$ 为对角矩阵，则有

$$D_{ii}=\sum_{j=1}^{N_1+N_2}M_{ij} \tag{5.39}$$

由式(5.36)、式(5.37)、式(5.38)可知 SSTCA 算法的目标函数为

$$\begin{gathered}\min_{\boldsymbol{W}}=\mathrm{trace}(W^{\mathrm{T}}\boldsymbol{KLKW})+\mu\,\mathrm{trace}(\boldsymbol{W}^{\mathrm{T}}\boldsymbol{W})+\lambda/(N_1+N_2)^2\,\mathrm{trace}(\boldsymbol{W}^{\mathrm{T}}\boldsymbol{K}\mathcal{L}\boldsymbol{KW})\\ \mathrm{s.t.}\ \boldsymbol{W}^{\mathrm{T}}\boldsymbol{KHK}_{yy}^*\boldsymbol{HKW}=\boldsymbol{I}\end{gathered} \tag{5.40}$$

为了最大化源域与其类别的相关性，利用 $\widetilde{\boldsymbol{K}}$ 嵌入相关性最大化索引矩阵$\boldsymbol{K}_{yy}^*=\gamma\boldsymbol{K}_{yy}+(1-\gamma)\boldsymbol{I}$，$\gamma$ 为特征样本标签类别参数索引，λ 为数据局部特性权衡系数且 $\lambda\geqslant0$，$\boldsymbol{I}$ 为单位矩阵，trace($\boldsymbol{W}^{\mathrm{T}}\boldsymbol{W}$)是正则化项，$\mu$ 为正则化参数，则上式的最优化问题转换为迹最优化问题，即

$$\max_{\boldsymbol{W}}\mathrm{trace}\{[\boldsymbol{W}^{\mathrm{T}}\boldsymbol{K}(\boldsymbol{L}+\lambda\mathcal{L})\boldsymbol{KW}+\mu\boldsymbol{I}]^{-1}(\boldsymbol{W}^{\mathrm{T}}\boldsymbol{KHK}_{yy}^*\boldsymbol{HKW})\} \tag{5.41}$$

因此，我们可以求得$[\boldsymbol{K}(\boldsymbol{L}+\lambda\mathcal{L})\boldsymbol{K}+\mu\boldsymbol{I}]^{-1}\boldsymbol{KHK}_{yy}^*\boldsymbol{HK}$ 的最大 m 个特征值对应的映射核矩阵 $\boldsymbol{W}$，可得样本矩阵 $\boldsymbol{X}^*=\boldsymbol{KW}$。常选取的核函数如表 5.2 所示。

表 5.2　常选取的核函数

名称	表达式	参数
高斯核	$K(x_i,x_j)=\mathrm{e}^{\left(-\frac{\|x_i-x_j\|^2}{2\sigma^2}\right)}$	$\sigma>0$，为高斯核的宽
线性核	$K(x_i,x_j)=x_i^{\mathrm{T}}*x_j$	
多项式核	$K(x_i,x_j)=(x_i^{\mathrm{T}}*x_j+1)^d$	$d\geqslant1$，为多项式的次数

5.3.2.3　组合核函数半监督迁移成分分析法

不同的核函数对应的映射特征空间不同，其映射结果也有所不同，相应的 SSTCA 方法利用不同核函数对特征样本进行映射时产生的结果也不同。为了使 SSTCA 对不同分布的特征样本进行映射时产生的迁移效果最佳，我们建立了组合核函数半监督迁移成分分析算法(CFSSTCA)，对不同工况下的特征数据样本进行分析。通常 SSTCA 方法采用单一核函数作为映射函数对特征进行映射分析，需要设置合理的参数才能使特征迁移效果较佳，但设备的复杂性及工况变化使振动信号呈现非线性和非平稳性等多样性特点，导致单一核函数进行映射分析时效果不佳。因此，我们构建了多个核函数组合的核函数模型，通过综合各核函数的优势，利用不同核函数对样本特征进行映射，以期达到最佳的映射效果。考虑到高斯径向基核函数和多项式核函数不仅泛化能力强、收敛域较宽，而且具有全局性和局部性的非线性逼近等特性，选取高斯径向基核函数和多项式核函数作为基础核函数构建组合核函数模型，其公式为

$$\begin{cases} K(\boldsymbol{x}_i, \boldsymbol{x}_j) = \mathrm{e}^{\left(-\frac{\|\boldsymbol{x}_i - \boldsymbol{x}_j\|^2}{2\mu^2}\right)} \\ K(\boldsymbol{x}_i, \boldsymbol{x}_j) = (\boldsymbol{x}_i^{\mathrm{T}} * \boldsymbol{x}_j + 1)^r \end{cases} \tag{5.42}$$

相应的，构建 CFSSTCA 映射核函数的组合核函数为

$$\begin{aligned} K_{i,j} &= \beta K_{\text{polynomial}}(\boldsymbol{x}_i, \boldsymbol{x}_j) + (1-\beta) K_{\text{rbf}}(\boldsymbol{x}_i, \boldsymbol{x}_j) \\ &= \beta(\boldsymbol{x}_i^{\mathrm{T}} * \boldsymbol{x}_j + 1)^r + (1-\beta)\mathrm{e}^{\left(-\frac{\|\boldsymbol{x}_i - \boldsymbol{x}_j\|^2}{2\mu^2}\right)} \end{aligned} \tag{5.43}$$

$K_{\text{polynomial}}$为多项式核函数；K_{rbf}为高斯径向基核函数，其中多项式核函数性能参数 $r \in \mathbf{Z}^+$；β 为权重系数，取值范围为$[0,1]$。

这样，将组合核函数应用到上述的 SSTCA 方法中，便可使样本特征在希尔伯特空间中进行映射，完成源域到目标域的迁移，实现特征样本在高维特征空间中可分，结合 MMD 距离差异性分析使变工况状态下特征样本的差异最小。

5.3.3　基于组合核函数半监督迁移成分的深度迁移诊断算法

为了解决变工况条件下正常样本多、故障样本少导致设备故障诊断精度低的问题，我们提出了基于组合核函数半监督迁移成分分析(CFSSTCA)的深度迁移诊断模型，如图 5.15 所示。其主要由 CFSSTCA 算法和深度学习诊断模型两部分组成。CFSSTCA 方法可以解决不同工况下数据样本的差异性问题，使源域和目标域映射到一个新的数据空间，在映射空间中使源域和目标域更相似，从而为深度学习诊断模型提供大量训练样本；深度学习诊断模型 DBN 利用映射空间中的源域和目

标域数据样本进行训练，从而形成基于 CFSSTCA 的深度迁移诊断模型，实现目标域数据样本的诊断识别。图 5.16 所示为基于 CFSSTCA 的深度迁移诊断模型的诊断流程图。

（1）获取设备振动信号，将已知工况设备振动信号作为源域（训练）数据集，将未知工况设备振动信号作为目标域（测试）数据集。

（2）利用核函数映射机制，使源域和目标域的数据样本集映射到 Hilbert 空间，利用最大均值差异（MMD）衡量准则去度量源域样本集和目标域测试样本集的距离，使源域样本集和目标域样本集的距离尽可能小，并尽可能保留两个域的属性不变，从而使源域训练样本与目标域数据样本差异最小。

（3）利用希尔伯特施密特独立标准（HSIC）衡量特征样本与类别标签的依赖程度，使特征样本与其类别标签关联更紧密，进而使源域到目标域样本类别识别能力增强。

（4）将通过映射空间得到的已标记源域特征样本集和未标记目标域特征样本集作为深度学习的输入，利用深度信念网络（DBN）强大的特征提取能力，通过无监督学习方式逐层训练 RBM 得到相应的可视层与隐藏层的权重和偏置，形成预训练 DBN 网络模型。

（5）利用已标签源域样本对预训练 DBN 和 BP 反向传播的参数进行有监督微调寻优，形成 CFSSTCA 的深度迁移学习诊断模型，从而利用已训练好的 DBN 模型对未标记目标域特征样本进行诊断分析，以期提高故障诊断精度。

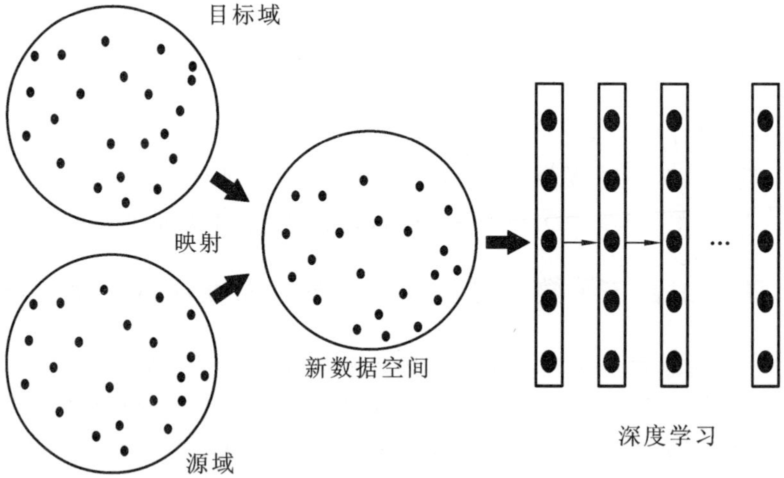

图 5.15　基于 CFSSTCA 的深度迁移诊断模型示意图

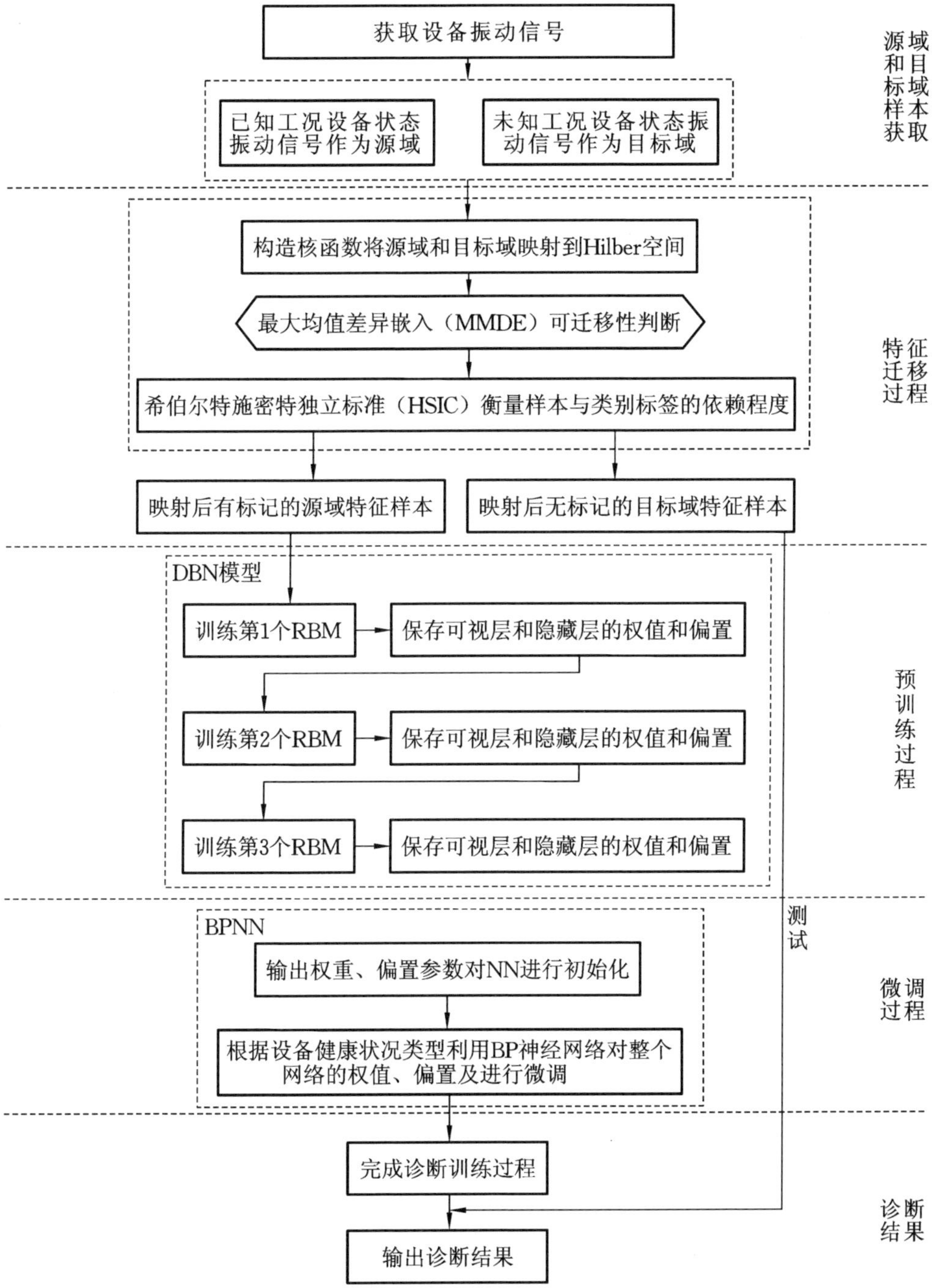

图 5.16　基于 CFSSTCA 的深度迁移诊断模型的诊断流程图

5.3.4 诊断案例分析

我们仍以美国凯斯西储大学的轴承故障数据作为分析对象。数据样本集对应的状态类型包括正常状态、内圈故障、外圈故障、滚动体故障等四种，分别用 N、IF、OF、BF 等表示设置四种不同负载和转速的工况：①工况 A 为 1 负载、1730 r/min 数据样本集；②工况 B 为 2 负载、1750 r/min 数据样本集；③工况 C 为 3 负载、1797 r/min 数据样本集；④工况 D 为 0 负载、1797 r/min 数据样本集。考虑到工业生产中轴承故障样本少的问题，以工况 D 为源域数据集，以工况 A、B、C 为目标域数据集。每个数据样本含有 600 个数据点，源域中的故障类型有 200 个数据样本，三个目标域中的每个故障类型均有 80 个数据样本。不同工况轴承数据样本集组成如表 5.3 所示。为验证基于 CFSSTCA 的深度迁移诊断方法的有效性，对 $D\rightarrow A$、$D\rightarrow B$、$D\rightarrow C$ 等三种迁移诊断任务进行分析。

表 5.3 不同工况轴承数据样本集组成

滚动轴承数据集	健康状态类别	样本数
目标域轴承数据集 A	正常状态(N)、 滚动体故障(BF)、 内圈故障(IF)、 外圈故障(OF)	320 (80×4)
目标域轴承数据集 B	正常状态(N)、 滚动体故障(BF)、 内圈故障(IF)、 外圈故障(OF)	320 (80×4)
目标域轴承数据集 C	正常状态(N)、 滚动体故障(BF)、 内圈故障(IF)、 外圈故障(OF)	320 (80×4)
源域轴承数据集 D	正常状态(N)、 滚动体故障(BF)、 内圈故障(IF)、 外圈故障(OF)	800 (200×4)

图 5.17 所示为不同工况下不同故障类型的轴承振动信号。每张图从上往下依次为 N、BF、IF、OF 状态对应的振动信号。从图中可以看出，故障类型不同，所表现

的时域波形也不同，不同工况下同类型故障对应的振动信号也有差异。如果用单一工况下的数据样本去训练诊断模型来诊断另一工况下数据样本的故障类型，显然会出现诊断精度不高的问题。

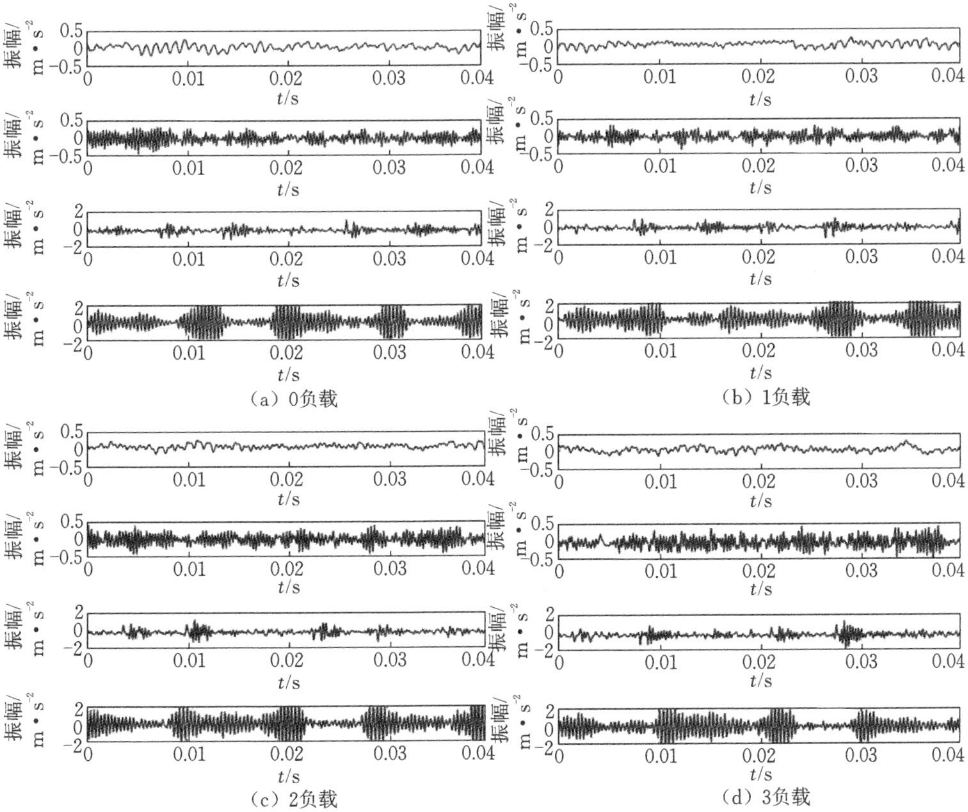

图 5.17　不同工况下不同故障类型的轴承振动信号

1. 不同工况下数据样本的可迁移性分析

如何有效地选取不同工况下训练和测试数据集，缩小训练数据集和测试数据集的差异，是对不同工况及少故障样本下的轴承故障进行诊断分析的关键。为了了解源域数据和目标域数据的分布情况，将不同工况下的源域数据和目标域数据通过希尔伯特变换处理，利用最大均值差异(MMD)对不同工况下的样本分布差异性进行衡量。我们分别对源域轴承特征数据集 A、B、C、D 与目标域数据集 A、B、C、D 的分布差异进行了分析，将源域和目标域特征数据集做最大均值差异性度量分析，如表 5.4 所示。

表 5.4 最大均值偏差统计值

最大均值偏差统计值		目标域特征数据			
		A	*B*	*C*	*D*
源域特征数据	*A*	0	0.935 7	0.536 2	0.432 2
	B	0.935 7	0	0.398 5	0.832 0
	C	0.536 2	0.398 5	0	0.881 5
	D	0.432 2	0.832 0	0.881 5	0

从表 5.4 的计算结果可以看出，不同工况特征样本集的最大均值偏差统计值存在一定差异：源域数据集 *C* 和目标域数据集 *B* 的最大均值偏差最小，为 0.398 5；源域数据集 *A* 和目标域数据集 *B* 的最大均值偏差最大，为 0.935 7。通常源域和目标域数据集的最大均值偏差越小，表示两数据集的相似性越大，表明源域到目标域的可迁移性效果越佳；源域和目标域数据集的最大均值偏差越大，表明源域到目标域的可迁移性越差。

2. 故障诊断分析

由前述分析可知不同核函数对数据样本进行映射时产生的效果不同，从而导致诊断精度有所差异。选择 RBF 和 Polynomial 作为基础核函数并设置 RBF 核宽度为$[10^{-3},10^{-2},10^{-1},1,10,10^{2}]$，组合核函数的系数 β 取值为 0.1，SSTCA 算法中设置正则化参数 μ 为[0.001，0.01，0.1，1，10，100，1000]，k 近邻取值为 10，标准化局部参数 λ 为[0.1，1，10，100，1000]，标签类别参数 γ 设置为[0.1，0.2，0.3，0.4，0.5，0.6，0.7，0.8，0.9，1]。为使源域数据样本和目标域数据样本的相似性更高，选择组合核函数半监督迁移成分分析模型的目标函数取最小值时为最优参数组合。对于 DBN 网络模型，选用 4 层结构，两个隐藏层神经元节点分别为 100、100，学习率 $\zeta=0.000\ 1$，迭代次数设置为 1500。为减小随机初始化参数对诊断结果的影响，我们采用 15 折交叉分析法对这些不同工况下的数据样本进行了诊断分析并与不同核函数的 SSTCA 的诊断方法进行了比较，如图 5.18 所示。

从图 5.18 可以看出，不同核函数的 SSTCA 方法对不同工况下轴承故障进行诊断分析时，诊断精度差异明显。通过对 $D\to A$、$D\to B$、$D\to C$ 建立的源域数据集到目标域数据集的迁移诊断分析，发现基于 CFSSTCA 的 DBN(CFSSTCADBN)，即基于组合核函数半监督迁移成分的 DBN 的诊断精度最高，基于 Liner 核函数迁移的 DBN 的诊断精度最差，基于 Polynomial 核函数迁移的 DBN 的诊断精度第二差。CFSSTCA 方法中的组合核函数相对于单个核函数的映射效果更好，能发挥各自核函数的优势从而使特征映射效果更佳，能结合 SSTCA 算法发挥其特征迁移能

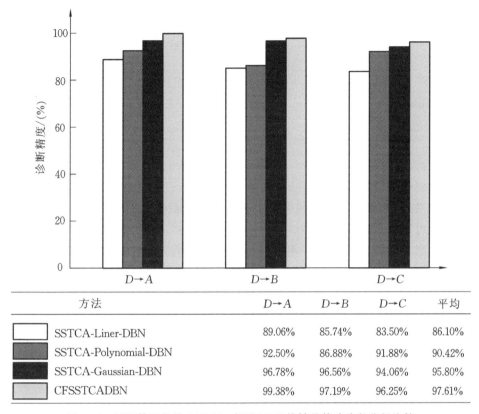

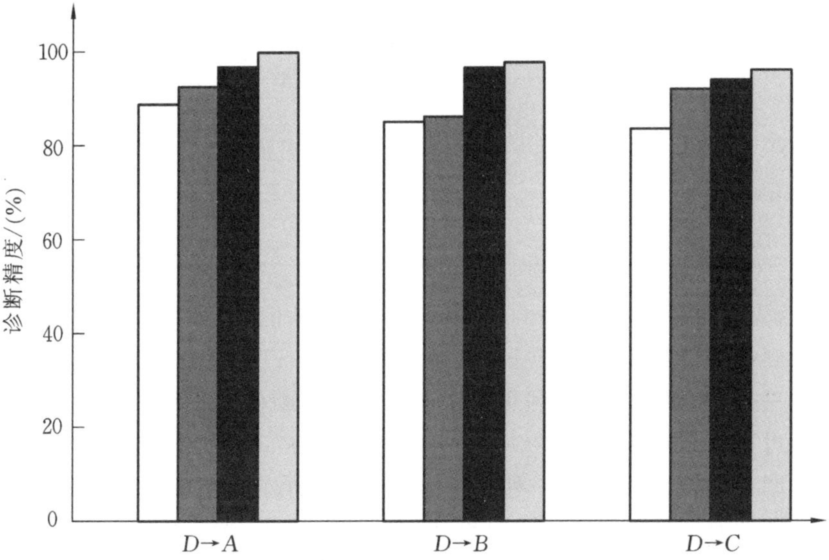

	方法	D→A	D→B	D→C	平均
□	SSTCA-Liner-DBN	89.06%	85.74%	83.50%	86.10%
▨	SSTCA-Polynomial-DBN	92.50%	86.88%	91.88%	90.42%
■	SSTCA-Gaussian-DBN	96.78%	96.56%	94.06%	95.80%
▢	CFSSTCADBN	99.38%	97.19%	96.25%	97.61%

图 5.18　不同核函数的 SSTCA 对不同工况的轴承故障诊断分析比较

力，使 DBN 模型能更有效地对不同工况下的轴承进行诊断分析。

为了进一步说明基于 CFSSTCA 的 DBN 的优越性，我们将其与基于 TCA 的 DBN（TCADBN）、非迁移的支持向量机（SVM）和 DBN 模型进行了对比分析，得出了 4 种诊断模型在 3 种迁移任务下的诊断精度，如表 5.5 所示。从表中可以看出，基于 CFSSTCA 的 DBN 的诊断精度的平均值最高（97.61％），基于 TCA 的 DBN 的诊断精度的平均值只有 92.43％，主要是因为基于 CFSSTCA 的 DBN 利用组合核函数半监督迁移成分法，利用域之间的公共特征信息来降低不同工况条件下数据样本的差异，效果要优于 TCA 迁移成分法，从而实现了源域数据样本到目标域的迁移，解决了不同工况下故障样本少导致诊断精度低的问题。没有进行迁移的 DBN 和 SVM 模型的诊断精度的平均值更低，分别为 62.06％和 50.54％，这主要是因为没有进行故障样本迁移时，将从源域特征样本中学习的诊断知识直接对目标域数据样本进行诊断分析时，不同域之间数据分布的差异性导致诊断效果较差。

表 5.5　不同工况下 CFSSTCADBN 与其他方法的诊断效果比较

方法	$D\rightarrow A$	$D\rightarrow B$	$D\rightarrow C$	平均精度
SVM	53.78%	47%	50.83%	50.54%
DBN	60.34%	57.46%	68.38%	62.06%
TCADBN	95.88%	91.18%	90.24%	92.43%
CFSSTCADBN	99.38%	97.19%	96.25%	97.61%

同时，为了说明基于 CFSSTCA 的 DBN 的诊断能力，我们以数据样本 $D\rightarrow A$ 构造源域到目标域的迁移诊断任务为例，利用 CFSSTCADBN、TCADBN 和 DBN 三种方法进行了诊断分析，并利用主成分分析将诊断模型输出的前三个主成分特征进行了可视化分析，如图 5.19 所示。图 5.19(a)为 CFSSTCADBN 提取特征的主成分散点图，可以看出轴承同一种故障状态的数据样本能够较好地聚集在一起，不同故障状态的数据样本能很好地分离；图 5.19(b)为 TCADBN 提取特征的主成分散点图，可以看出同类故障数据样本的聚类效果不够集中，不同类故障数据样本的分离效果不佳；图 5.19(c)为 DBN 提取特征的主成分散点图，可以看出同类故障类型的数据样本更分散，不同类故障类型的数据样本有交叉。这主要是因为单一核函数相比组合核函数的特征映射能力差，且 TCADBN 没有采用希尔伯特施密特判

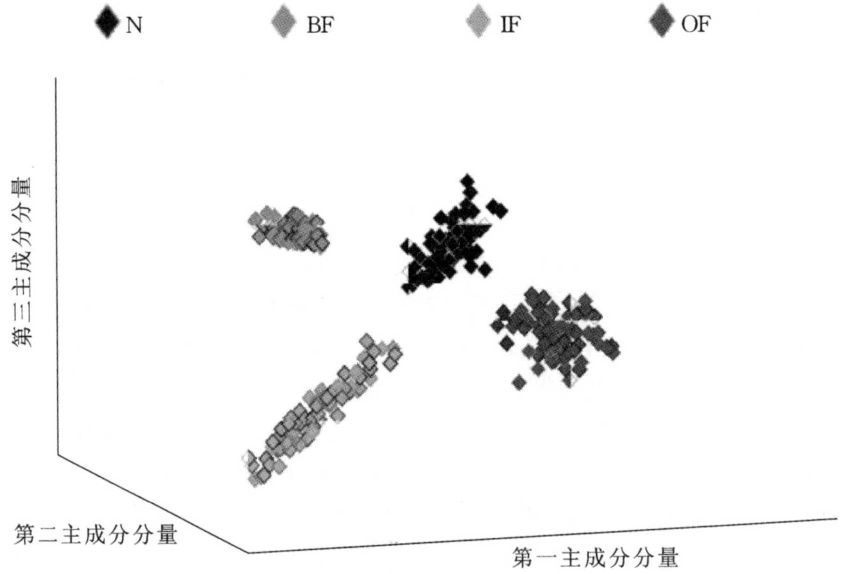

(a) CFSSTCADBN

图 5.19　各种诊断模型提取特征的主成分散点图

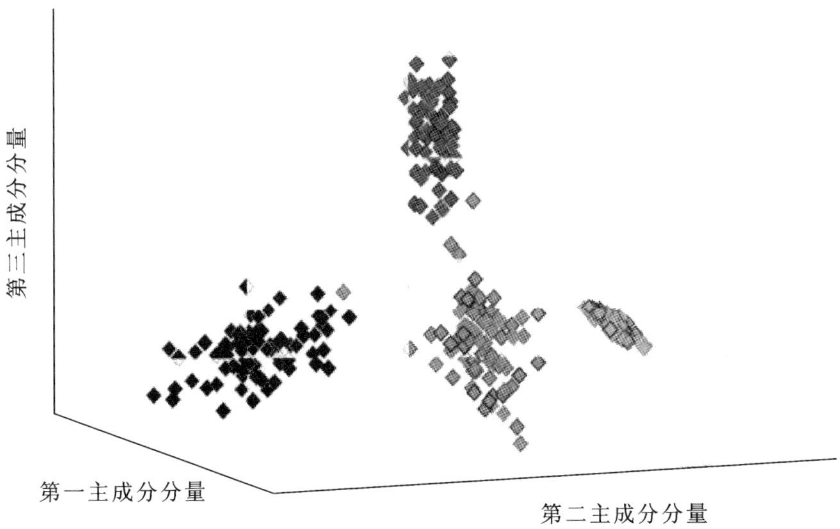

（b）TCADBN

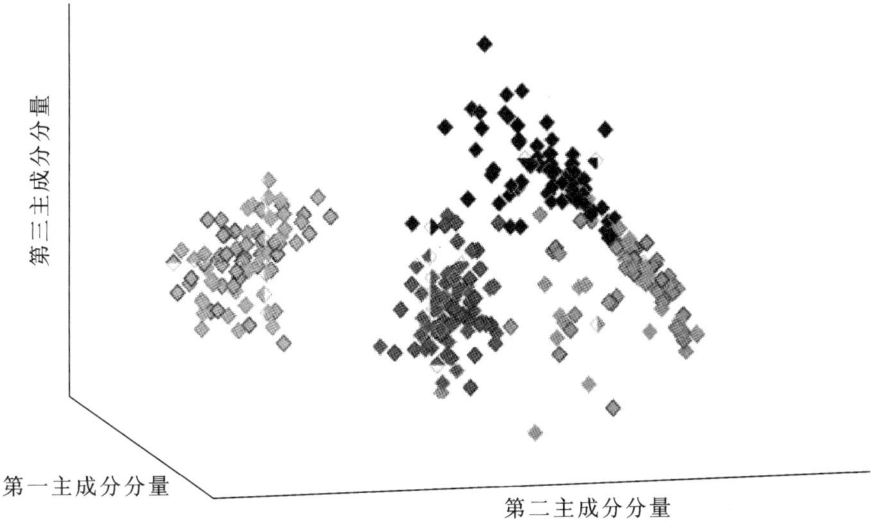

（c）DBN

续图 5.19

别标准来提高样本特征和样本标签类别的依赖程度，使类内聚集和类间分离不能达到好的效果；没有用迁移学习的 DBN 模型在故障分类中效果更差，主要是因为没有考虑不同工况下数据样本分布的不一致产生的不良影响。这也进一步说明基于 CFSSTCA 的 DBN 能降低不同工况下数据样本分布不一致带来的影响，提升同类故障数据样本的聚集性，降低不同类故障样本的分散性，从而提升不同工况下故障样本的诊断精度。

5.4 本章小结

本章针对变工况少样本下机械设备故障诊断精度低的问题，基于迁移学习方法，建立了基于样本迁移浅层机器学习和特征迁移的深度学习故障诊断方法，实现了变工况少样本下轴承损伤故障状态的有效诊断分析，产生的结论如下。

(1) 针对变工况和小数据样本下设备故障诊断难题，建立了基于样本迁移的选择性集成迁移 SVM 诊断模型，实现了变工况小数据样本下轴承故障的高精度诊断分析，诊断性能优于 SVM 和基于 Adaboost 的 SVM 模型。

(2) 建立了基于组合核函数半监督迁移成分的深度迁移学习(CFSSTCADBN)故障诊断方法，利用组合核函数半监督迁移成分分析方法的强大映射能力，使不同工况下数据样本映射到一个新的数据空间，根据最大均值差异嵌入方法衡量源域数据样本与目标域数据样本的差异性，选择有效的源域数据样本实现不同工况的迁移学习任务，结合 DBN 模型解决了变工况少故障样本下轴承故障诊断精度低的问题，诊断精度优于基于单核的半监督迁移成分 DBN、无迁移的 DBN 和 SVM 诊断模型。

参考文献

[1] PAN S J,YANG Q.A survey on transfer learning[J].IEEE Transactions on Knowledge and Data Engineering,2010,22(10):1345-1359.

[2] BENGIO Y,LAMBLIN P,POPOVICI D.Greedy layer-wise training of deep networks[J].Advances in Neural Information Processing Systems,2007,19:153-160.

[3] PAN S J,TSANG I W,KWOK J T,et al.Domain adaptation via transfer component analysis[J].IEEE Transactions on Neural Networks,2011,22(2):199-210.

第6章 设备故障混合智能预测方法

通常机械设备的状态监测与故障诊断除了对设备的故障状态进行诊断分析外，还包括对其退化趋势进行预测分析。机械设备的状态或性能指标参数超过设定的阈值时发生故障，便需停机维护，这种“事后维护”方式不仅延缓了生产进度，而且造成了严重的经济损失。故障诊断只是对设备当前的状态进行诊断分析，故障预测则可从历史状态信息中挖掘设备性能或状态的退化规律，依此对设备的退化趋势进行预测分析，进而进行维护，以免故障事故发生。因此这种“预测性维护”已成为保障机械设备实现“近零故障”和稳定运行的重要技术手段。

“预测性维护”的关键是机械设备状态退化趋势的预测分析。数据驱动的设备状态预测的主要方法之一就是基于时间序列的预测方法，即从设备历史的状态指标参数序列中通过一些数学模型找出变化规律，并依此对其退化趋势进行预测分析。常用的滑动自回归模型、灰色预测模型、神经网络模型等因涉及的状态变量少、建模简单而被广泛应用，考虑到各种预测模型均有自己的优势，为了能提升设备故障预测精度，本章在介绍混合预测模型概述的基础上，介绍了改进的灰色模型(GM)和混合浅层神经网络预测模型，阐述了深度迁移预测方法，并通过预测案例进行了验证分析。

6.1 设备故障混合智能预测方法概述

基于时间序列建立的设备故障预测方法提取反映设备状态指标参数(该指标参数会随设备运行时间的增长而发生变化)，利用基于时间序列的预测模型对这些指标参数序列进行预测分析。在机械设备实际运行过程中，这些指标参数不仅随工况及负载等的变化而变化，而且用于预测的指标参数数据序列样本(指的是非健康状态下的指标参数)数也较少。传统单一的时间序列预测模型常因自身局限性导致预测精度不高，而混合智能预测方法则在分析指标参数序列和预测模型的基础上，综合各智能方法的优势(如组合模型、迁移学习等)，构建新的混合智能预测模型，从而实现少数据样本下的高精度预测分析。

6.2 改进的灰色模型故障预测方法

数据驱动的设备故障预测方法主要有线性回归预测和非线性预测方法。线性回归预测方法模型简单，易实现，但预测精度低；非线性预测方法（如神经网络、SVM 等）的预测精度高，但数学模型复杂，且需大量数据样本进行训练。灰色模型（GM）具有数据样本少、预测精度高等特点，被广泛应用于金融、电力等领域。传统灰色模型主要适用于原始数据累加生成的呈指数变化数据且光滑的曲线，当数据的增幅变化大时，预测误差较大。因此，我们建立了改进的直接 GM，以期使预测精度提升。

6.2.1 改进的直接灰色模型

灰色系统理论是对外延明确而内涵不明确的对象进行系统分析的一种量化分析方法，其认为随机过程中的随机、杂乱无章的状态是有序有界的，因此记录的原始时间序列集合具有潜在的规律性。灰色预测是指利用动态 GM 模型，对系统的时间序列进行预测，即对系统的主行为特征量或某项指标发展到未来在一定范围内变化的、与时间有关的灰色过程进行预测。

6.2.1.1 传统 GM(1,1)模型建立

灰色建模运用已知数据序列累加弱化序列的随机性，寻找系统的变化规律，再建立微分方程模型，即 GM(1,1)模型。其建模及预测过程如下。

(1) 设原始数据序列 $\boldsymbol{X}^{(0)}=(x^{(0)}(1),x^{(0)}(2),\cdots,x^{(0)}(n))$ 为非负序列，对 $\boldsymbol{X}^{(0)}$ 进行一次累加操作生成新序列 $\boldsymbol{X}^{(1)}=(x^{(1)}(1),x^{(1)}(2),\cdots,x^{(1)}(n))$，其中

$$x^{(1)}(k)=\sum_{i=1}^{k}x^{(0)}(k) \tag{6.1}$$

$k=1,2,\cdots,n$。

(2) 对原始序列 $\boldsymbol{X}^{(0)}$ 进行紧邻均值生成操作，生成紧邻均值序列 $\boldsymbol{Z}^{(1)}=(z^{(1)}(2),z^{(1)}(3),\cdots,z^{(1)}(k))$，其中 $z^{(1)}(k)$ 可表示为

$$z^{(1)}(k)=\frac{1}{2}[x^{(1)}(k)+x^{(1)}(k-1)] \tag{6.2}$$

$k=2,3,\cdots,n$。

(3) 建立 GM(1,1)灰色模型，即

$$x^{(0)}(k)+az^{(1)}(k)=b \tag{6.3}$$

$k=2,3,\cdots,n$。a、b 为模型的辨识参数。a 为发展系数，反映序列的发展态势；b 为灰色作用量，它的大小及变化反映了数据和行为模式的变化关系，在系统中相当于作用量。a、b 可用最小二乘法求得，即

$$\begin{bmatrix}a\\b\end{bmatrix}=(\boldsymbol{B}^{\mathrm{T}}\boldsymbol{B})^{-1}\boldsymbol{B}^{\mathrm{T}}\boldsymbol{Y}_n \tag{6.4}$$

$$\boldsymbol{B}=\begin{bmatrix} -\frac{1}{2}[x^{(1)}(1)+x^{(1)}(2)] & 1 \\ -\frac{1}{2}[x^{(1)}(2)+x^{(1)}(3)] & 1 \\ \vdots & \vdots \\ -\frac{1}{2}[x^{(1)}(n-1)+x^{(1)}(n)] & 1 \end{bmatrix},\boldsymbol{Y}_n=\begin{bmatrix} x^{(0)}(2) \\ x^{(0)}(3) \\ \vdots \\ x^{(0)}(n) \end{bmatrix}。$$

(4) 获取 GM(1,1)的时间响应序列(预测模型值),即

$$\hat{x}^{(1)}(k+1)=\left[x^{(0)}(1)-\frac{b}{a}\right]\mathrm{e}^{-ak}+\frac{b}{a} \tag{6.5}$$

$k=1,2,\cdots,n$。

(5) 还原值,则

$$\hat{x}^{(0)}(k+1)=\hat{x}^{(1)}(k+1)-\hat{x}^{(1)}(k) \tag{6.6}$$

$\hat{x}^{(0)}(1)=x^{(0)}(1)$;$k=1,2,\cdots,n$。

(6) 误差分析。采用均方根误差对模型精度进行评判,即

$$\mathrm{RMSE}=\sqrt{\frac{1}{n}\sum_{i=1}^{n}[x_i^{(0)}-\hat{x}_i^{(0)}]^2} \tag{6.7}$$

6.2.1.2　直接 GM(1,1)模型的建立

GM(1,1)模型实质是对除第一点外的原始数据序列做指数曲线拟合,该模型适用于原始非负数据,数据序列符合或基本符合指数规律变化且变化速度不是很大的场合。当机械系统性能呈指数急剧退化时,GM(1,1)难以准确地对其退化趋势进行预测分析。直接灰色模型,即直接 GM(1,1)应运而生,其建模过程如下。

(1) 设原始数据序列 $\boldsymbol{X}^{(0)}=(x^{(0)}(1),x^{(0)}(2),\cdots,x^{(0)}(n))$ 为非负序列,对 $\boldsymbol{X}^{(0)}$ 进行一次累减操作生成的累减序列为 $\boldsymbol{X}^{(-1)}=(x^{(-1)}(1),x^{(-1)}(2),\cdots,x^{(-1)}(n))$,其中

$$x^{(-1)}(k+1)=x^{(0)}(k+1)-x^{(0)}(k) \tag{6.8}$$

$k=1,2,\cdots,n-1$。

(2) 对原始序列 $\boldsymbol{X}^{(0)}$ 进行紧邻均值生成操作,生成的紧邻均值序列 $\boldsymbol{Z}^{(0)}$ 可表示为

$$z^{(0)}(k)=\frac{1}{2}[x^{(0)}(k)+x^{(0)}(k-1)] \tag{6.9}$$

$k=2,3,\cdots,n$。

(3) 建立直接 GM(1,1)灰色微分方程,即

$$x^{(-1)}(k)+az^{(0)}(k)=b \tag{6.10}$$

$k=2,3,\cdots,n$。

a 为发展系数,b 为灰色作用量。

(4) 根据最小二乘法获取发展系数 a 和灰色作用量 b,即

$$\begin{bmatrix} a \\ b \end{bmatrix} = (\boldsymbol{B}^{\mathrm{T}}\boldsymbol{B})^{-1}\boldsymbol{B}^{\mathrm{T}}\boldsymbol{Y}_n \tag{6.11}$$

$$\boldsymbol{B}=\begin{bmatrix} -z^{(0)}(2) & 1 \\ -z^{(0)}(3) & 1 \\ \vdots & \vdots \\ -z^{(0)}(n) & 1 \end{bmatrix},\boldsymbol{Y}_n=\begin{bmatrix} x^{(-1)}(2) \\ x^{(-1)}(3) \\ \vdots \\ x^{(-1)}(n) \end{bmatrix}。$$

(5) 获取直接 GM(1,1)的时间响应序列,即

$$\hat{x}^{(0)}(k+1)=\left[x^{(0)}(1)-\frac{b}{a}\right]\mathrm{e}^{-ak}+\frac{b}{a} \tag{6.12}$$

$k=1,2,\cdots,n$。

$\hat{x}^{(0)}(1)=x^{(0)}(1)$,$\hat{x}^{(0)}(1)$、$\hat{x}^{(0)}(2)$、$\hat{x}^{(0)}(n)$等为原始数据序列 $x^{(0)}(k)$的拟合值,$\hat{x}^{(0)}(n+1)$、$\hat{x}^{(0)}(n+2)$等为预测序列。

6.2.1.3 改进的直接 GM(1,1)模型

直接 GM(1,1)与传统 GM(1,1)的主要区别在于它是根据已知数据序列本身的特点寻找系统变化的规律,进而进行预测分析,其预测精度仍取决于两点:①a 和 b 的值,其中 a 和 b 的值依赖于原始序列和背景值的构造形式;②灰色微分方程模型初始条件的选取。考虑到 GM(1,1)参数选取及时间响应序列模型两方面因素,对直接 GM(1,1)进行了改进,其建模和预测过程如下。

(1) 设原始数据序列 $\boldsymbol{X}^{(0)}=(x^{(0)}(1),x^{(0)}(2),\cdots,x^{(0)}(n))$为非负序列,对 $\boldsymbol{X}^{(0)}$ 进行一次累减操作生成的累减序列为 $\boldsymbol{X}^{(-1)}=(x^{(-1)}(1),x^{(-1)}(2),\cdots,x^{(-1)}(n))$,其中

$$x^{(-1)}(k+1)=x^{(0)}(k+1)-x^{(0)}(k) \tag{6.13}$$

$k=1,2,\cdots,n-1$。

(2) 对原始序列 $\boldsymbol{X}^{(0)}$ 进行紧邻序列操作,即

$$z^{(0)}(k)=\sqrt{x^{(0)}(k)x^{(0)}(k-1)} \tag{6.14}$$

$k=2,3,\cdots,n$。

(3) 建立直接 GM(1,1)的灰色微分方程,即

$$x^{(-1)}(k)+az^{(0)}(k)=b \tag{6.15}$$

$k=2,3,\cdots,n$。

a 为发展系数,b 为灰色作用量。

(4) 根据最小二乘法获取发展系数 a 和灰色作用量 b，即

$$\boldsymbol{u}=\begin{bmatrix} a \\ b \end{bmatrix}=(\boldsymbol{B}^{\mathrm{T}}\boldsymbol{B})^{-1}\boldsymbol{B}^{\mathrm{T}}\boldsymbol{Y} \tag{6.16}$$

$$\boldsymbol{B}=\begin{bmatrix} -z^{(1)}(2) & 1 \\ -z^{(1)}(3) & 1 \\ \vdots & \vdots \\ -z^{(1)}(n) & 1 \end{bmatrix},\boldsymbol{Y}=\begin{bmatrix} [\ln x^{(0)}(2)-\ln x^{(0)}(1)]\sqrt{x^{(0)}(1)x^{(0)}(2)} \\ [\ln x^{(0)}(3)-\ln x^{(0)}(2)]\sqrt{x^{(0)}(2)x^{(0)}(3)} \\ \vdots \\ [\ln x^{(0)}(n)-\ln x^{(0)}(n-1)]\sqrt{x^{(0)}(n-1)x^{(0)}(n)} \end{bmatrix}。$$

(5) 获取直接 GM(1,1)的时间响应序列，即

$$\hat{x}^{(0)}(k+1)=\left[x^{(0)}(1)-\frac{b}{a}\right]\mathrm{e}^{-a(k+\beta)}+\frac{b}{a} \tag{6.17}$$

其中 $\hat{x}^{(0)}(1)=x^{(0)}(1)$，$\hat{x}^{(0)}(1)$、$\hat{x}^{(0)}(2)$、$\hat{x}^{(0)}(n)$ 等为原始数据序列 $x^{(0)}(k)$ 的拟合值，$\hat{x}^{(0)}(n+1)$、$\hat{x}^{(0)}(n+2)$ 等为预测序列。定义目标函数，即

$$J=\min\sum_{k=1}^{n-1}[\hat{x}^{(0)}(k+1)-x^{(0)}(k+1)]^2 \tag{6.18}$$

根据梯度法可求得

$$\beta=-\frac{\ln R}{a} \tag{6.19}$$

式中，$R=\dfrac{\sum\limits_{k=1}^{n-1}\left[x^{(0)}(k+1)-\dfrac{b}{a}\right]\mathrm{e}^{-ak}}{\sum\limits_{k=1}^{n-1}\left[x^{(0)}(1)-\dfrac{b}{a}\right]\mathrm{e}^{-2ak}}$。

6.2.2　等维信息处理

随着时间的不断推移，原始时间序列中的数据会逐步被新数据补充。由于新数据带入了新的扰动和驱动因素，系统受这些最新信息的影响而产生新的变化趋势。相应的，旧数据信息的作用将随着时间推移不断降低。考虑到新信息优先原理，我们在利用改进的直接 GM 模型进行预测分析时，对 GM 模型进行了等维信息处理（每预测一个新数据，便去掉一个最旧的数据，依此循环预测）且始终保持原始数列的维数不变，不仅保证了最优的信息量、缩小了灰平面，而且提高了其预测精度，为长时间数据序列准确预测提供了保障。

6.2.3　故障预测案例分析

泵送液压系统（见图 6.1）是混凝土泵车连续泵送混凝土的关键。其摆缸的主要作用是驱动摇臂带动 S 阀左右摆动，使 S 阀与输送缸能协调动作，使混凝土能从两个

输送缸中交替地进入出料口。但当摆缸发生泄漏时,摆缸换向无力,严重影响输送缸与S阀动作的协调性,无法实现正常泵送。摆缸泄漏是一种渐发性故障,为了确保摆缸能正常工作,有必要对其泄漏趋势进行预测分析,实现故障的“预测性维护”。

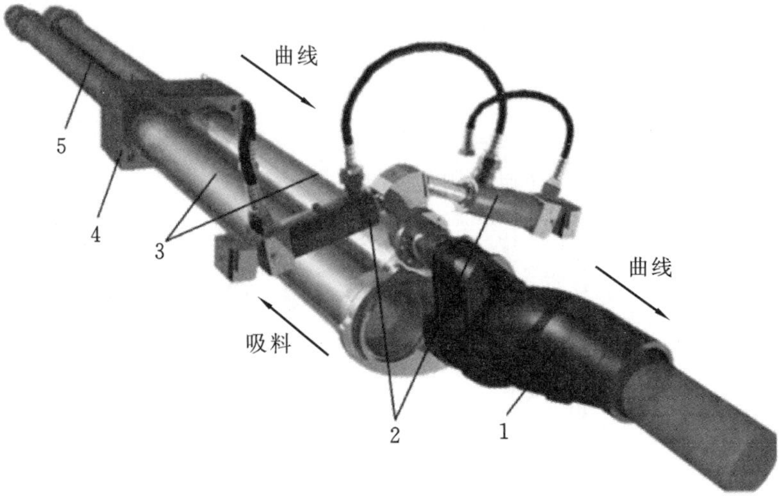

图 6.1　泵送系统摆缸工作原理示意图

1—S阀;2—左右摆缸;3—输送缸;4—水箱;5—主油缸

在摆缸泄漏的试验过程中,将油管和节流阀与右摆缸的有杆腔和无杆腔进行连通,模拟摆缸的内泄漏,通过逐渐调节节流阀开口的大小,模拟摆缸在实际工作过程中泄漏程度越来越严重的劣化过程,采用压力传感器采集摆缸系统主油路压力,如图6.2所示。

图 6.2　摆缸泄漏故障模拟试验

图 6.3 所示为右摆缸泄漏时的系统压力信号。从图中可以看出，当摆缸轻微泄漏时，系统压力信号会波动。摆缸换向时，摆缸系统主油路分别与左右摆缸的无杆腔相连，因此测试摆缸系统主油路压力实际上相当于测试的是左右摆缸的无杆腔压力。图 6.4 和图 6.5 所示为右摆缸处于正常状态以及轻微泄漏状态时左右摆缸的压力信号。从图 6.4 可以看出当摆缸处于正常状态时，左右摆缸无杆腔内的压力信号基本一致；当右摆缸发生轻微泄漏时，从图 6.5 可以看出，其压力信号的变化态势与左摆缸压力信号有轻微差别。

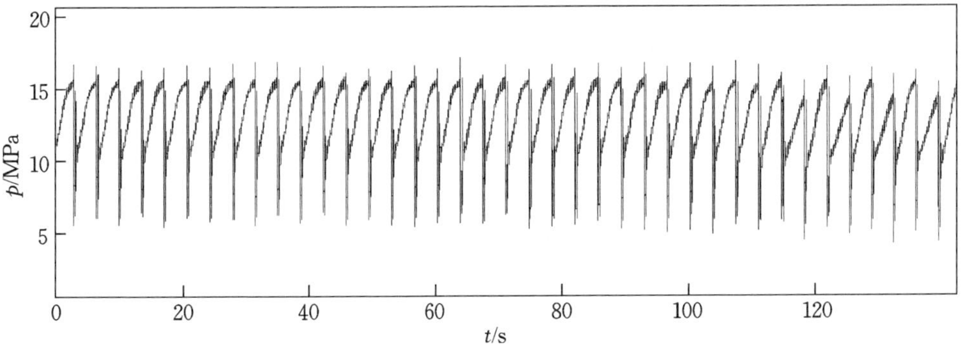

图 6.3　右摆缸泄漏时的系统压力信号

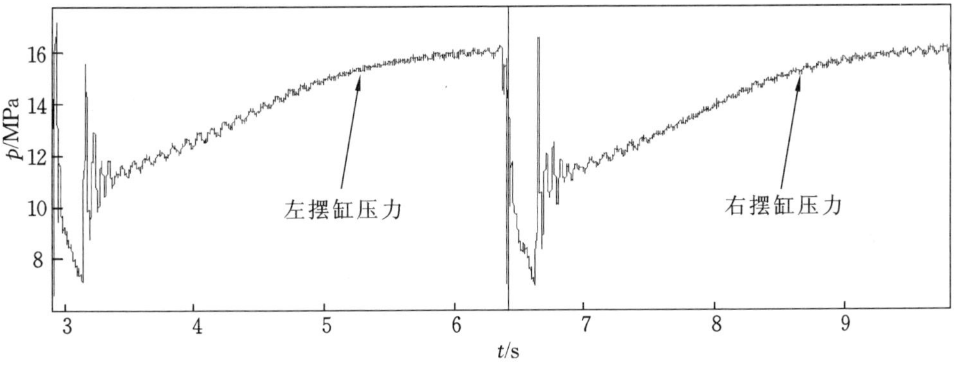

图 6.4　右摆缸处于正常状态时左右摆缸的压力信号

根据摆缸工作特性分析可知，左右摆缸的工作原理完全一致，两者的压力信号具有一定的相关性。因此，可运用相关系数描述右摆缸的泄漏程度，即

$$\rho=\frac{E\left[(p_1-\mu_{p_1})(p_2-\mu_{p_2})\right]}{\sigma_{p_1}\sigma_{p_2}} \tag{6.20}$$

p_1 和 p_2 分别为左右摆缸的压力信号，μ_{p_1} 和 μ_{p_2} 分别为左右摆缸的压力信号的均值，σ_{p_1} 和 σ_{p_2} 分别为左右摆缸的压力信号的方差。因此，当右摆缸正常时，

图 6.4所示的左右摆缸压力信号的相关系数为 0.995；当右摆缸轻微泄漏时，图 6.5 所示的左右摆缸压力信号的相关系数为 0.991。显然，将相关系数作为指标参数可以有效地描述摆缸的泄漏情况。

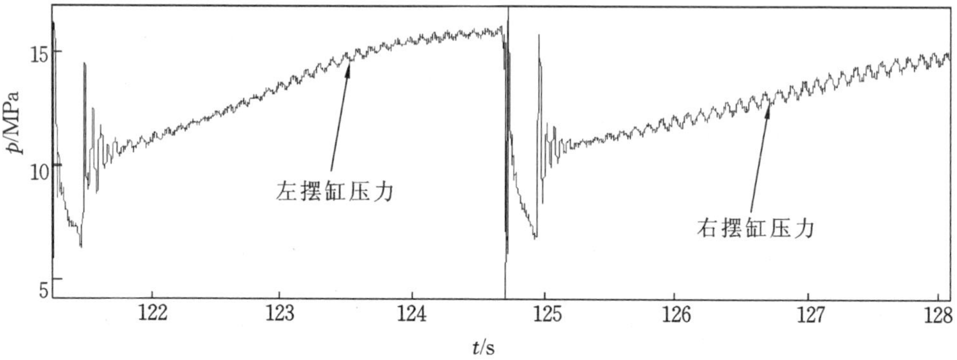

图 6.5　右摆缸处于轻微泄漏状态时左右摆缸的压力信号

为了验证改进直接 GM(1,1)预测方法的有效性，我们以左右摆缸压力信号的相关系数为摆缸泄漏状态的指标参数序列，分别运用传统 GM(1,1)、直接 GM(1,1)和改进的直接 GM(1,1)等方法对右摆缸的泄漏趋势进行了多步预测分析。图 6.6 所示为摆缸泄漏的趋势预测。表 6.1 所示为各种模型的预测误差比较。从图 6.6 和表 6.1 可以看出，传统 GM(1,1)的预测精度最差，难以准确地预测摆缸泄漏的劣化趋势；改进的直接 GM(1,1)的预测精度最高，能较准确地预测摆缸泄漏的劣化程度何时将超过警戒值，从而便于摆缸泄漏故障的主动维护，避免摆缸系统因泄漏故障而造成严重事故。

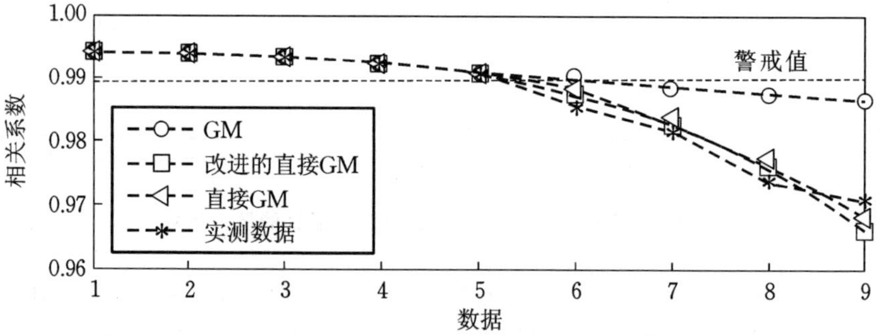

图 6.6　摆缸泄漏的趋势预测

表 6.1　各种模型的预测误差比较

模型	均方根误差
GM(1,1)	0.988 1
直接 GM(1,1)	0.979 6
改进的直接 GM(1,1)	0.978 5

6.3　基于 ART-RBF 混合智能故障预测方法

机械设备在运行过程中受工况变化、环境噪声、非线性等因素影响，利用单一的时间序列预测模型对设备性能指标参数进行预测分析时，常因预测模型自身的一些局限性及退化指标参数序列样本少且呈现非线性等，导致预测精度和泛化能力较差。集合多个预测模型的混合预测方法，通过对同一个预测对象采用不同的单个预测模型进行预测分析，然后以线性或非线性混合方式在某种准则下获取最优组合系数，充分利用各单个预测模型提供的有效信息，增强预测的稳定性，实现了设备退化状态指标参数的高精度预测分析。

6.3.1　基于 ART-RBF 混合预测模型

通常机械设备退化的指标参数样本少且呈非线性特性。LS-SVM 模型可利用少量数据样本建立非线性预测模型，时变自回归模型(TVAR)可结合非线性时间序列建立具有时变特性的自回归预测模型，显然这两种模型是根据不同映射机制建立的预测模型，相应的预测结果也会存在差异。为了提升设备性能退化趋势的预测精度，我们建立了基于改进径向基神经网络(ART-RBF)的混合预测模型(见图 6.7)，分别用 LS-SVM 预测模型和 TVAR 预测模型对设备性能指标参数退化数据序列进行预测分析，然后将这些预测结果输入 ART-RBF 神经网络模型，进而根据下式获取最终的预测结果。

$$y=f(x_1,x_2) \tag{6.21}$$

y 为 ART-RBF 网络的输出，即组合预测模型的预测值；x_1 和 x_2 分别为 LS-SVM 预测模型和 TVAR 预测模型的预测值；$f(\cdot)$为 ART-RBF 神经网络模型的非线性映射函数。

6.3.1.1　ART-RBF 神经网络模型

径向基神经网络模型(RBF)是采用局部接受域来执行函数映射的神经网络模

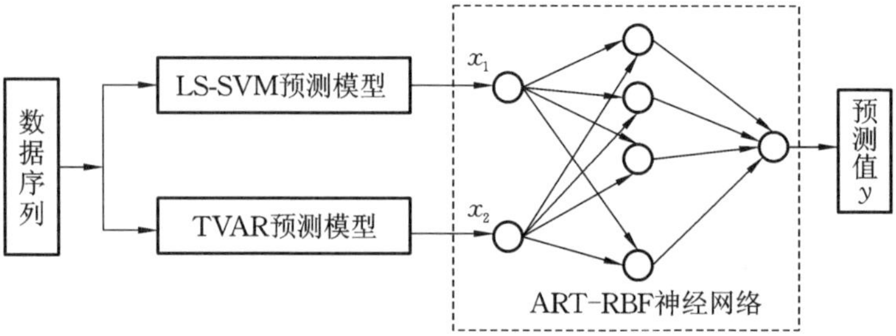

图 6.7 基于 ART-RBF 的混合预测模型示意图

型，可以用任意精度逼近任意非线性函数，具有最优泛函数逼近能力。传统 RBF 神经网络常采用离线的训练方法获取模型参数和权值，即在事先确定聚类个数的基础上从训练样本空间中获取隐含层节点中心及基函数宽度，进而确定网络结构参数。该网络模型进行训练时需事先确定隐含层节点个数，存在对初始值敏感和死节点的问题；当训练数据样本发生变化时，尤其是当有新的未学习的样本出现时，网络将失去识别能力，无法做相应改变，只能重新进行网络中心参数的选取或权值调整来尽可能弥补网络性能的劣化。显然，这种方法不仅使网络计算负担增加，而且使网络性能弱化，从而导致网络模型的自适应能力不强。针对 RBF 神经网络进行离线训练的缺点，在线学习的 RBF 神经网络模型应运而生，使根据数据样本对神经网络结构的调整及训练同时进行，如基于动态聚类的 RBF 网络设计方法、最近邻聚类学习算法等。结合第 2 章无监督自适应共振理论（ART）的特点，我们建立了基于 ART 的 RBF 神经网络模型（ART-RBF）。

1. RBF 网络原理

RBF 网络是一种三层结构的前馈网络，如图 6.8 所示。图中从左到右分别为输入层、隐含层和输出层。第一层是输入层，由一些感知单元组成，将网络与外界环境连接起来，传递输入信号到隐含层；第二层是网络中仅有的一层隐含层，隐含层节点由核函数描述，它的作用是将输入空间到隐含层空间进行非线性变换，在大多数情况下，隐含层的空间有较高的维数；第三层为线性输出层，为作用于输入层的激活模式提供响应。隐含层节点的核函数将在局部对输入信号产生响应，即当输入信号靠近核函数的中心范围时，隐含层节点将产生较大的输出。常用的基函数是高斯核函数，可表示为

$$\varphi_i(x)=\mathrm{e}^{\left(\frac{-\|\boldsymbol{X}-\boldsymbol{c}_i\|^2}{2\sigma_i^2}\right)} \tag{6.22}$$

$i=1,2,\cdots,p$；$\varphi_i(x)$表示隐含层第 i 个节点的输出；$\boldsymbol{X}$ 表示输入样本 $\boldsymbol{X}=(x_1,x_2,\cdots,x_m)^{\mathrm{T}}$；$\boldsymbol{c}_i$ 表示隐含层第 i 个节点的高斯核函数中心，与输入样本 $\boldsymbol{X}$ 具

有相同的维度；σ_i 表示隐含层第 i 个节点的变量，常称为基宽度；p 表示隐含层节点的数量。

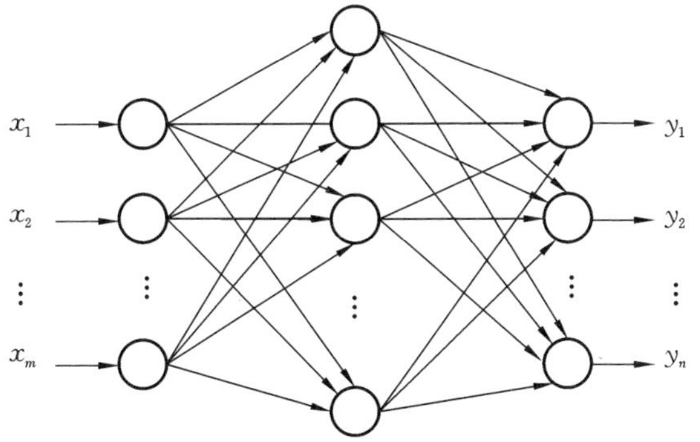

图 6.8　RBF **网络的拓扑结构**

在 RBF 神经网络模型中，隐含层节点的输入样本 $\boldsymbol{X}=(x_1,x_2,\cdots,x_m)^{\mathrm{T}}$ 距该隐含层节点径向基函数的中心向量 $\boldsymbol{c}_i$ 的欧几里得距离可表示为

$$\delta_i=\|\boldsymbol{X}-\boldsymbol{c}_i\|=\sqrt{\sum_{j=1}^{m}(x_j-c_{ji})^2} \tag{6.23}$$

$i=1,2,\cdots,p$。隐含层节点的输出是隐含层为完成非线性转换(高斯基函数)的输出，其代表着输入样本 $\boldsymbol{X}$ 远离该节点的高斯基函数中心 $\boldsymbol{c}_i$ 的程度。

RBF 神经网络的输出层是一组线性组合器。输入层实现输入样本 $\boldsymbol{X}$ 到隐含层基函数 $\varphi_i(x)$ 的非线性映射，输出层实现基函数 $\varphi_i(x)$ 到网络输出 $\boldsymbol{Y}$ 的线性映射，即 RBF 神经网络的输出为隐含层节点输出的线性组合，可表示为

$$y_k=\sum_{i=1}^{n}w_{ik}\varphi_i(x) \tag{6.24}$$

$k=1,2,\cdots,n$。n 为输出层的节点数；w_{ik} 表示第 k 个输出单元到隐含层第 i 个节点的连接权值。

RBF 网络模型并不存在连接各输入节点与各隐含层节点的隐含层权值矩阵，因此训练 RBF 神经网络实际上就是获取每个隐含层神经元基函数的中心 $\boldsymbol{c}_i$、宽度 σ_i 以及隐含层到输出层的权值 w_{ik}，进而确定网络输入与输出的映射关系。

2. RBF 网络训练准则

RBF 网络模型的输出层和隐含层完成的任务是不同的：输出层是对线性权值进行调整，采用的是线性优化策略；隐含层是对基函数的参数进行调整，采用的是非线性优化策略。由于这两个层次学习过程的任务是不同的，相应的网络参数的训练方法和策略也是不同的，这就导致其学习过程一般分为两个层次进行，即中心的确定和权值的调整。这两个层次可以同步进行，也可以分步进行。研究表明，一

且 RBF 的隐含层节点的数量、中心和宽度确定，RBF 的输出层权值可通过解线性方程组得到。因此，确定 RBF 隐含层节点的数量、中心和宽度是设计 RBF 网络的重要准则。

3. ART-RBF 网络模型构造

对于 RBF 隐含层学习，由于其中心的选取对网络性能的影响至关重要，中心参数选取不当可能使构造的 RBF 网络性能不能达到最优。因此，根据自适应共振理论（ART）的特点，利用无监督学习方法建立动态自适应的 RBF 隐含层节点的学习方法，即通过设置警戒参数 ρ 以及相似度调整隐含层节点数量，控制分类节点的精细程度。其具体算法如下。

（1）参数初始化。假设有 N 个训练数据样本，输入样本的维数为 m 维，在对样本进行训练时需对其进行归一化处理。选取一个适当的警戒参数 ρ，定义一个矢量 $\boldsymbol{C}(l)$用于存放各隐含层节点的中心，定义 $\boldsymbol{A}(l)$用于存放属于各类的输出矢量之和，定义 $\boldsymbol{D}(l)$用于存放属于各类的输入向量和，定义一个计数器 $B(l)$用于统计属于各类的样本数。

（2）第一个聚类中心的初始化。对于第一个数据样本对$(\boldsymbol{X}_1,\boldsymbol{Y}_1)$，设定样本 $\boldsymbol{X}_1$ 为第一个聚类中心，即 $\boldsymbol{C}_1=\boldsymbol{X}_1$，$\boldsymbol{D}(1)=\boldsymbol{X}_1$，$\boldsymbol{A}(1)=\boldsymbol{Y}_1$，$B(1)=1$。这样，刚建立的 RBF 神经网络的隐含层只含有一个节点，该节点的中心是 $\boldsymbol{C}_1$，该节点到输出层的权值就可表示为 $\boldsymbol{w}_1=\boldsymbol{A}(1)/B(1)$。

（3）匹配度计算。对于第二个数据样本对$(\boldsymbol{X}_2,\boldsymbol{Y}_2)$，计算样本 $\boldsymbol{X}_2$与类中心 $\boldsymbol{C}_1$ 之间的相似度 S，即

$$S=1-\frac{\|\boldsymbol{C}_1-\boldsymbol{X}_2\|}{\sqrt{m}} \tag{6.25}$$

m 为输入数据样本的维度。若 $S>\rho$，将数据样本 $\boldsymbol{X}_2$归于中心为 $\boldsymbol{C}_1$的聚类，令 $\boldsymbol{A}(1)=\boldsymbol{Y}_1+\boldsymbol{Y}_2$，$B(1)=2$，$\boldsymbol{D}(1)=\boldsymbol{X}_1+\boldsymbol{X}_2$，则有 $\boldsymbol{w}_1=\boldsymbol{A}(1)/B(1)$和 $\boldsymbol{C}_1=\boldsymbol{D}(1)/B(1)$；若 $S<\rho$，将 $\boldsymbol{X}_2$视作一个新的聚类中心，即有 $\boldsymbol{C}_2=\boldsymbol{X}_2$，$\boldsymbol{A}(2)=\boldsymbol{Y}_2$，$B(2)=1$，输出层与该节点相连的权值就可表示为 $\boldsymbol{w}_2=\boldsymbol{A}(2)/B(2)$。

（4）假设第 k 个数据样本对$(\boldsymbol{X}_k,\boldsymbol{Y}_k)(k=3,4,\cdots,N)$，若存在 M 个聚类中心，其中心点分别为 $\boldsymbol{C}_1,\boldsymbol{C}_2,\cdots,\boldsymbol{C}_M$，运用式(6.25)可以分别计算样本 $\boldsymbol{X}_k$与此 M 个聚类中心的相似度，则可得 M 个相似度 $S_i(i=1,2,\cdots,M)$。若最大的相似度 $S_{\max}$表示样本 $\boldsymbol{X}_k$与中心 $\boldsymbol{C}_j$ 的相似度，$S_{\max}>\rho$ 时，将 $\boldsymbol{X}_k$ 归于中心 $\boldsymbol{C}_j$ 所属的聚类，则有 $\boldsymbol{A}(j)=\boldsymbol{A}(j)+\boldsymbol{Y}_k$，$B(j)=B(j)+1$。对于其他聚类中心，当 $i\neq j$，保持 $\boldsymbol{A}(i)$、$B(i)$ 和 $\boldsymbol{w}_i$ 不变。聚类中心 $\boldsymbol{C}_j$ 与输出节点之间的权值可表示为

$$\boldsymbol{C}_j=\boldsymbol{D}(j)/B(j) \tag{6.26}$$

$$\boldsymbol{w}_j=\boldsymbol{A}(j)/B(j) \tag{6.27}$$

若 $S_{\max}<\rho$，将 $\boldsymbol{X}_k$ 作为一个新的聚类中心。令 $\boldsymbol{C}_{M+1}=\boldsymbol{X}_k$，$\boldsymbol{D}_{M+1}=\boldsymbol{X}_k$，

$\boldsymbol{A}(M+1)=\boldsymbol{Y}_k$，$B(M+1)=1$，其他 $\boldsymbol{A}(i)$、$B(i)$ 和 $\boldsymbol{w}_i$ 不变（$i=1,2,\cdots,M$），该新增加的隐含层节点到输出层之间的权向量表示为 $\boldsymbol{w}_{M+1}=\boldsymbol{A}(M+1)/B(M+1)$。

（5）当所有训练样本均学习后，训练结束，相应的 RBF 神经网络的结构也被初步建立了。

因此，利用这种学习算法通过警戒参数 ρ 就可决定 RBF 网络中隐含层节点的数量。ρ 越大，得到的聚类数目越多，计算量越大，精度越高；ρ 越小，得到的聚类数目越少，计算量越小，精度越低。与此同时，每个隐含层节点对应的高斯函数的宽度 σ 可表示为

$$\sigma=(1-\rho)\sqrt{m} \tag{6.28}$$

由于每个输入、输出数据样本对都可能产生一个新的聚类节点，利用该方法产生的 RBF 网络隐含层结构参数能自适应地进行调整，即同时进行网络中心参数与权值参数的调整。

基于 ART 建立的动态自适应隐含层节点学习方法虽然进行聚类分析时缩短了计算时间，也确定了 RBF 网络的中心参数和输出层的权值，还使网络结构具有一定精度的逼近能力，但整体的拟合效果并不好。网络模型的精度提高主要依靠减小高斯函数的宽度来完成，但高斯函数宽度减小了，其聚类中心的数量也就增加了，网络的复杂程度和计算量也就增加了。因此，采用梯度下降学习方法对网络模型进行精度调整，即在初始化 RBF 神经网络的中心、宽度以及权值的基础上，初步建立网络模型结构，然后选定某种评价函数，用梯度下降法校正网络参数，使该评价函数达到最优值。

梯度下降法可以使网络结构参数通过学习自适应地调节到最佳值，其迭代算法如下：

$$\boldsymbol{w}_{kj}(t)=\boldsymbol{w}_{kj}(t-1)-\eta\frac{\partial E}{\partial \boldsymbol{w}_{kj}(t-1)}+\alpha\left[\boldsymbol{w}_{kj}(t-1)-\boldsymbol{w}_{kj}(t-2)\right] \tag{6.29}$$

$$\boldsymbol{c}_{ji}(t)=\boldsymbol{c}_{ji}(t-1)-\eta\frac{\partial E}{\partial \boldsymbol{c}_{ji}(t-1)}+\alpha\left[\boldsymbol{c}_{ji}(t-1)-\boldsymbol{c}_{kj}(t-2)\right] \tag{6.30}$$

$$\sigma_j(t)=\sigma_j(t-1)-\eta\frac{\partial E}{\partial \sigma_j(t-1)}+\alpha\left[\sigma_j(t-1)-\sigma_j(t-2)\right] \tag{6.31}$$

$\boldsymbol{w}_{kj}(t)$为第 k 个输出神经元与隐含层第 j 个神经元第 t 次迭代计算时的连接权值；$\boldsymbol{c}_{ji}(t)$为隐含层第 j 个神经元对应第 i 个输入神经元第 t 次迭代计算时的中心；$\sigma_j(t)$为隐含层第 j 个神经元第 t 次迭代计算时的宽度；η 为学习率，α 为动态因子，均可根据经验取值。E 为 RBF 神经网络评价函数，计算公式为

$$E=\frac{1}{2}\sum_{j=1}^{N}(y_j-o_j)^2 \tag{6.32}$$

N 为 RBF 网络输出层的节点数。

6.3.1.2 ART-RBF 网络学习算法

基于 ART 的学习方法可初步自适应地获取 RBF 网络隐含层节点的数量、中心和宽度；学习网络结构参数的梯度下降法可对网络参数进行优调。因此，构建 ART-RBF 神经网络可分为两步。

(1) 利用 ART 方法初步对 RBF 网络隐含层节点数量、中心、宽度和权值进行初始化。选定一个警戒参数 ρ，它的取值不仅决定了网络的隐含层节点数量，而且初步确定了节点中心的宽度。RBF 网络中隐含层节点的数量可根据式(6.25)确定：若利用该式计算的输入样本 $\boldsymbol{X}$ 与 RBF 网络隐含层中已存在的节点的最大相似度 $S_{\max}<\rho$，则需重新生成一个新的节点，该节点的中心向量为该输入样本，隐含层与输出层之间的权值则为该样本 $\boldsymbol{X}$ 对应的输出向量；否则，将该样本归入与该输入样本有最大相似度的节点，此时该节点中心及其对应的权值按式(6.26)和式(6.27)进行调整。

(2) 利用梯度下降法对 RBF 网络输出层参数进行精细调整。当 RBF 神经网络的参数初步确定后，为使网络的性能达到最优，采用梯度下降法进行优化，并以式(6.32)作为评价函数。梯度下降法以负梯度方向为搜索方向，故先求取寻优的搜索方向，也就是求评价函数对各网络参数的偏导数，即

$$\frac{\partial E}{\partial w_{kj}}=\frac{\partial}{\partial w_{kj}}\left[\frac{1}{2}\sum_{k=1}^{n}\left(y_k-\sum_{j=1}^{m}z_j w_{kj}\right)^2\right]=-(y_k-o_k)z_j \tag{6.33}$$

$$\begin{aligned}\frac{\partial E}{\partial c_{ji}}&=\frac{\partial}{\partial c_{ji}}\left[\frac{1}{2}\sum_{k=1}^{n}\left(y_k-\sum_{j=1}^{m}z_j w_{kj}\right)^2\right]\\&=\frac{\partial}{\partial c_{ji}}\left\{\frac{1}{2}\sum_{k=1}^{n}\left[y_k-\sum_{j=1}^{m}\mathrm{e}^{\left(-\frac{\sum_{i=1}^{p}(x_i-c_{ji})^2}{\sigma_j^2}\right)}w_{kj}\right]^2\right\}\\&=-\frac{2(x_i-c_{ji})z_j}{\sigma_j^2}\sum_{k=1}^{n}(y_k-o_k)w_{kj}\end{aligned} \tag{6.34}$$

$$\begin{aligned}\frac{\partial E}{\partial \sigma_j}&=\frac{\partial}{\partial \sigma_i}\left[\frac{1}{2}\sum_{k=1}^{n}\left(y_k-\sum_{j=1}^{m}z_j w_{kj}\right)^2\right]\\&=\frac{\partial}{\partial \sigma_j}\left\{\frac{1}{2}\sum_{k=1}^{n}\left[y_k-\sum_{j=1}^{m}\mathrm{e}^{\left(-\frac{\sum_{i=1}^{p}(x_i-c_{ji})^2}{\sigma_j^2}\right)}w_{kj}\right]^2\right\}\\&=-\frac{2\sum_{j=1}^{p}(x_i-c_{ji})^2 z_j}{\sigma_j^2}\sum_{k=1}^{n}(y_k-o_k)w_{kj}\end{aligned} \tag{6.35}$$

m 和 n 表示 RBF 网络输入输出数据样本的维数。结合式(6.29)、式(6.30)和式(6.31)便可得到梯度下降法训练 RBF 神经网络参数的校正公式。ART-RBF 网

络模型的具体算法如下。

(1) 对训练数据样本进行归一化处理。

(2) 结合 ART 原理,在给定警戒参数 ρ 条件下利用式(6.25)对 RBF 网络参数进行初步确定。

(3) 以 RBF 网络参数作为梯度下降训练的初始参数,给定迭代终止精度 ε、学习率 η 和动态因子 α,以式(6.32)作为 RBF 网络模型的评价函数,利用所有训练样本按式(6.29)、式(6.30)和式(6.31)调整 RBF 网络模型参数。

(4) 计算网络输出的均方根误差,即

$$\mathrm{RMS}=\left[\frac{\sum_{q=1}^{Q}\sum_{k=1}^{n}(y_{qk}-o_{qk})^2}{Qn}\right]^{\frac{1}{2}} \tag{6.36}$$

Q 为训练样本的总数。如果 $\mathrm{RMS}\leqslant\varepsilon$,则训练结束,否则转到第(3)步。

6.3.1.3　设备退化指标序列预测模型

为了从多个角度对设备退化指标序列进行预测分析,我们分别利用最小二乘支持向量机和时变自回归模型构建了退化指标序列预测模型。

1. 最小二乘支持向量机

最小二乘支持向量机(LS-SVM)是一种新型支持向量机方法,可以建立输入数据和输出之间的非线性映射关系,如图 6.9 所示。最小二乘支持向量机的原理如下。

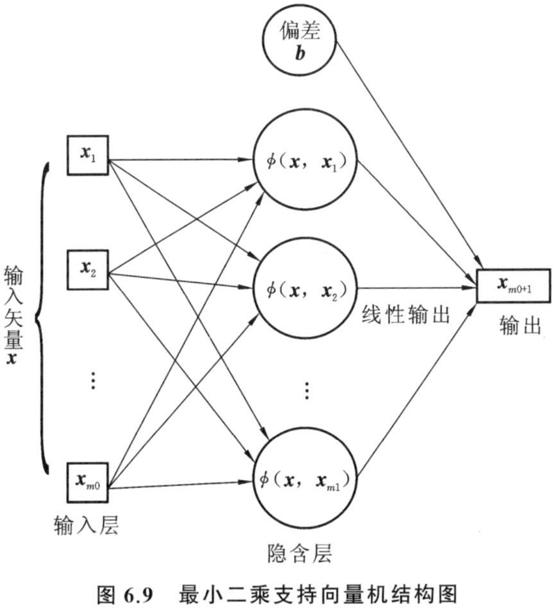

图 6.9　最小二乘支持向量机结构图

假定训练数据样本集 $D=\{(\boldsymbol{x}_i,\boldsymbol{y}_i)|i=1,2,\cdots n\}$,$\boldsymbol{x}_i\in\mathbf{R}^n$,$\boldsymbol{y}_i\in\mathbf{R}$,$\boldsymbol{x}_i$ 是输入数据样本,$\boldsymbol{y}_i$ 是输出数据,n 为学习的矢量维度。在权值向量 $\boldsymbol{w}$ 的空间中,LS-SVM 可表示为

$$\boldsymbol{y}(x)=\boldsymbol{w}^{\mathrm{T}}\varphi(x)+\boldsymbol{b} \tag{6.37}$$

其优化的目标函数可表示为

$$\min_{\boldsymbol{w},\boldsymbol{e}} J(\boldsymbol{w},\boldsymbol{e})=\frac{1}{2}\boldsymbol{w}^{\mathrm{T}}\boldsymbol{w}+\frac{1}{2}\gamma\sum_{i=1}^{N}\boldsymbol{e}_i^2 \tag{6.38}$$

相应的约束条件为

$$\boldsymbol{y}_i=\boldsymbol{w}^{\mathrm{T}}\phi(x_i)+\boldsymbol{b}+\boldsymbol{e}_i \tag{6.39}$$

$i=1,2,\cdots n$。$\varphi(\cdot):\mathbf{R}^n\to\mathbf{R}^{nh}$ 是核空间映射函数;权值向量 $\boldsymbol{w}\in\mathbf{R}^{nh}$,误差变量 $\boldsymbol{e}_i\in\mathbf{R}$,$\boldsymbol{b}$ 是偏置向量;损失函数 J 是 SSE 误差和规则量化误差之和;γ 是可调常数。而核空间映射函数的目的就是将输入数据样本映射到一个高维的特征空间,以解决原始空间中线性不可分的问题。

根据式(6.38),拉格朗日函数可表示为

$$L(\boldsymbol{w},\boldsymbol{b},\boldsymbol{e},\boldsymbol{a})=J(\boldsymbol{w},\boldsymbol{e})-\sum_{i=1}^{n}\boldsymbol{a}_i[\boldsymbol{w}^{\mathrm{T}}\varphi(\boldsymbol{x}_i)+\boldsymbol{b}+\boldsymbol{e}_i-\boldsymbol{y}_i] \tag{6.40}$$

拉格朗日乘子(支持向量)$\boldsymbol{a}_k\in\mathbf{R}$。这样,根据 Karush-Kuhn-Tucker(KKT)条件对上式求偏导可得

$$\begin{cases}\dfrac{\partial L}{\partial \boldsymbol{w}}=0\to\boldsymbol{w}=\displaystyle\sum_{i=1}^{n}\boldsymbol{a}_i\varphi(\boldsymbol{x}_i)\\[2ex]\dfrac{\partial L}{\partial B}=0\to\displaystyle\sum_{i=1}^{n}\boldsymbol{a}_i=0\\[2ex]\dfrac{\partial L}{\partial \boldsymbol{e}_i}=0\to\boldsymbol{a}_i=\gamma\boldsymbol{e}_i\\[2ex]\dfrac{\partial L}{\partial \boldsymbol{a}_i}=0\to\boldsymbol{w}^{\mathrm{T}}\varphi(\boldsymbol{x}_i)+\boldsymbol{b}+\boldsymbol{e}_i-\boldsymbol{y}_i=0\end{cases} \tag{6.41}$$

$i=1,2,\cdots,n$。消除上式中的变量 $\boldsymbol{w}$、$\boldsymbol{e}$,可得矩阵方程,即

$$\begin{pmatrix}0 & \boldsymbol{l}^{\mathrm{T}}\\ \boldsymbol{l} & \boldsymbol{\Omega}+\frac{1}{\gamma}\boldsymbol{I}\end{pmatrix}\begin{bmatrix}\boldsymbol{b}\\ \boldsymbol{a}\end{bmatrix}=\begin{bmatrix}0\\ \boldsymbol{y}\end{bmatrix} \tag{6.42}$$

计算可以得到 $\boldsymbol{a}$、$\boldsymbol{b}$。$\boldsymbol{y}=[y_1,y_2,\cdots,y_n]^{\mathrm{T}}$,$\boldsymbol{l}=[1,1,\cdots,1]^{\mathrm{T}}$,$\boldsymbol{a}=[a_1,a_2,\cdots,a_n]^{\mathrm{T}}$,$\boldsymbol{\Omega}_{ij}=\varphi(\boldsymbol{x}_i)^{\mathrm{T}}\varphi(\boldsymbol{x}_j)=K(\boldsymbol{x}_i,\boldsymbol{x}_j)(i,j=1,2,\cdots,n)$满足 Mercer 条件。计算可得 LS-SVM 回归模型

$$\boldsymbol{y}(x)=\sum_{i=1}^{n}\boldsymbol{a}_iK(\boldsymbol{x},\boldsymbol{x}_i)+\boldsymbol{b} \tag{6.43}$$

核函数 $K(\boldsymbol{x},\boldsymbol{x}_i)$ 为径向基核函数，即

$$K(\boldsymbol{x}_i,\boldsymbol{x}_j)=\mathrm{e}^{\left(-\frac{|x_i-x_j|^2}{2\sigma^2}\right)} \tag{6.44}$$

2. 时变自回归模型

传统自回归(AR)模型可通过参数估计对平稳的时间序列进行外延预测分析，但对于非平稳信号的预测分析则无能为力。时变 AR 模型可以表征非平稳信号的函数关系，可对非平稳信号进行预测分析。

设时变 AR 模型为

$$\boldsymbol{x}_n+\boldsymbol{a}_1(n)\boldsymbol{x}_{n-1}+\cdots+\boldsymbol{a}_p(n)\boldsymbol{x}_{n-p}=\boldsymbol{e}_n \tag{6.45}$$

$\boldsymbol{e}_n$ 是均值为零、方差为 σ^2 的平稳白噪声过程，p 是 AR 模型的阶数，$\{\boldsymbol{a}_i(n),i=1,\cdots,p\}$是 AR 模型的时变参数。假设时变参数$\{\boldsymbol{a}_i(n),i=1,\cdots,p\}$是一组基时间函数的线性组合，即

$$\boldsymbol{a}_i(n)=\sum_{j=0}^{m}\boldsymbol{a}_{ij}\boldsymbol{g}_j(n) \tag{6.46}$$

$\{g_j(n),j=0,1,\cdots,m\}$是一组基时间函数，令 $\boldsymbol{A}'=[a_{10}\cdots a_{1m}\cdots a_{p0}\cdots a_{pm}]$，$\boldsymbol{X}'_{n-1}=[x_{n-1}g_0(n)\cdots x_{n-1}g_m(n)\cdots x_{n-p}g_0(n)\cdots x_{n-p}g_m(n)]$，则式(6.45)可表示为

$$\boldsymbol{x}_n+\boldsymbol{X}'_{n-1}\boldsymbol{A}=\boldsymbol{e}_n \tag{6.47}$$

这样就将一个线性非平稳问题转化为具有时不变系数的 pm 阶 AR 模型问题。

选用勒让德基时间函数，按式(6.47)建立时变 AR 模型，通过一种递推最小二乘算法便可对 AR 模型的时变参数进行估计。根据式(6.48)便可对时间序列信号进行预测分析，即

$$\boldsymbol{x}_n=\boldsymbol{e}_n-[a_1(n)\boldsymbol{x}_{n-1}+\cdots+\boldsymbol{a}_p(n)\boldsymbol{x}_{n-p}] \tag{6.48}$$

6.3.2　预测结果的评价方法

预测精度是指预测结果与实际情况相符的程度。为了评价基于 ART-RBF 混合预测模型的精度，以均方误差进行描述，即

$$\mathrm{MSE}=\frac{1}{N}\sqrt{\sum_{i=1}^{N}(y_i-y'_i)^2} \tag{6.49}$$

N 表示预测的数据点数；y_i 表示实际第 i 点的值；y'_i 表示第 i 点的预测值。

6.3.3　预测案例分析

数控机床进给系统在从启动到热平衡这个时间段内，随运行时间增长，温度不断

升高，热胀冷缩导致其定位误差也越来越大。图 6.10 所示为进给系统轴向 500 mm 位置的热误差变化曲线。从图中可以看出，随着进给系统运行时间增长，热误差也越来越大，当到热平衡时，热误差也趋于稳定状态。因此，为了提升数控机床的加工效率，在机床未达到热平衡时仍能高精度加工，需对进给系统的定位误差变化趋势进行预测分析，以期为定位精度的补偿奠定基础。

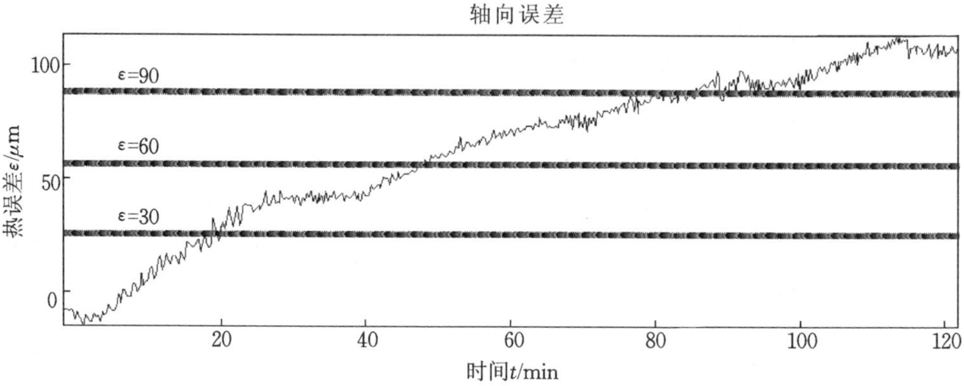

图 6.10　进给系统轴向 500 mm 位置的热误差变化曲线

我们用基于 ART-RBF 混合预测方法对进给系统的轴向热误差进行了预测分析。为了能准确地对轴向热误差进行预测分析，我们事先利用多点平均法对实测热误差数据进行了预处理。我们以进给系统热误差变化曲线 0～40 min 的数据作为基于 ART-RBF 混合预测方法的两个预测模型（TVAR 和 LS-SVM）的训练数据样本点，以 40～80 min 的时序数据作为 ART-RBF 模型的训练数据，以 80～120 min的数据作为基于 ART-RBF 混合预测模型的测试数据。另外，我们也用 LS-SVM 和 TVAR 对进给系统热误差进行了预测分析，以 0～80 min 的数据为训练数据，以 80～120 min 的数据为测试数据。表 6.2 所示为三种预测方法的预测结果比较。图 6.11 至图 6.13 所示为 LS-SVM、TVAR 和基于 ART-RBF 混合预测方法的预测及误差结果。从图和表中可看出，TVAR 的预测精度最低；基于 ART-RBF 混合预测方法的预测误差最小，预测精度最高，说明基于 ART-RBF 混合预测方法可以高精度地对进给系统定位误差进行预测分析。

表 6.2　三种预测方法的预测结果比较

预测方法	TVAR	LS-SVM	基于 ART-RBF 混合预测方法
测试误差	1.125	0.695	0.673

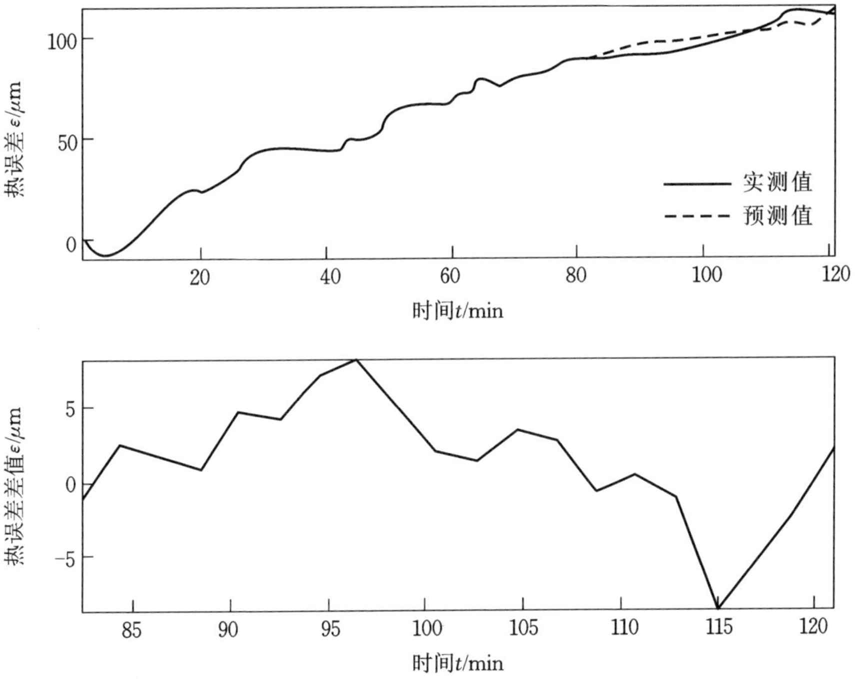

图 6.11　LS-SVM **的预测及误差结果**

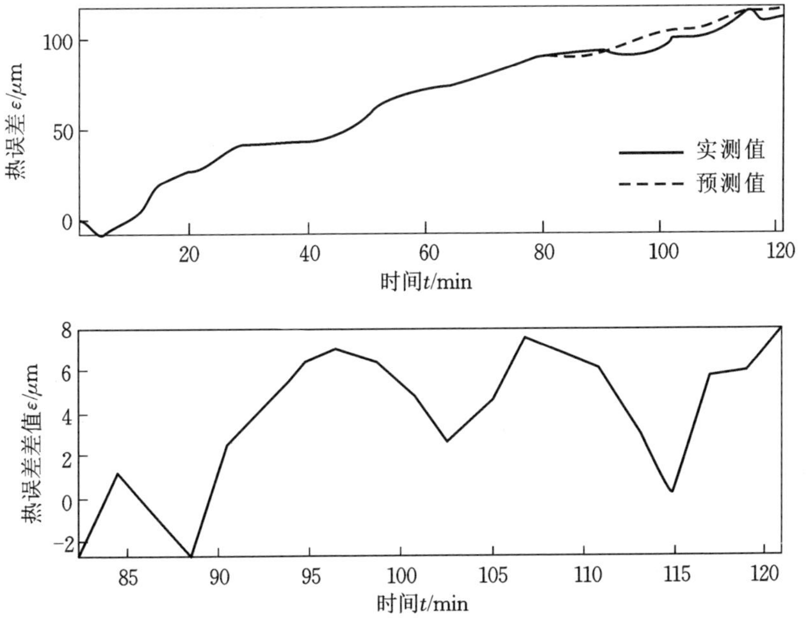

图 6.12　TVAR **的预测及误差结果**

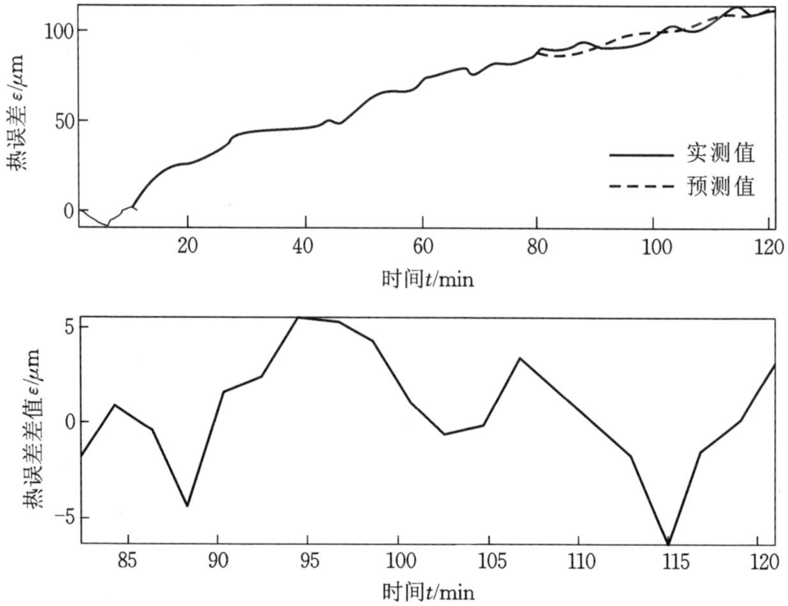

图 6.13　基于 ART-RBF 混合预测方法的预测及误差结果

6.4　设备剩余寿命的深度迁移预测方法

剩余寿命(RUL)预测是机械设备状态预测维护的关键,不仅可以为设备维修提供指导依据,而且可避免设备因故障导致安全事故发生和经济损失。机械设备剩余寿命预测主要由健康因子(HI)和预测模型构建两部分组成。健康因子是反映设备健康状态的综合指标参数,是设备剩余寿命预测的基础,其优劣直接影响设备状态评估和 RUL 的分析。传统方法常采用人工提取特征参数构建健康因子,但受人工经验影响,健康因子难以准确反映设备健康状态;深度学习可从原始信号中自动提取深层特征参数,从而为健康因子的准确构建奠定了基础。预测模型是设备 RUL 预测的关键,数据驱动的 RUL 预测方法常需大量数据样本进行训练,但实际工业设备工况多变、状态退化数据样本较少,导致传统的数据驱动预测方法的预测精度较低。如第 5 章所述,迁移学习可以把从源域学习的知识转移至目标域目标任务的预测分析,可解决目标域变工况少样本下设备 RUL 预测难题。鉴于此,我们将深度度量学习模型引入自组织映射网络,通过自动提取特征参数构建健康因子,将迁移学习引入深度预测模型,构建深度迁移预测模型,实现变工况少样本下设备 RUL 的高精度预测分析。

6.4.1　基于深度度量学习和自组织映射网络的健康因子构建

健康因子(HI)的主要作用是描述机械设备的健康状态,常用一个综合指标参数进行表征。通常优越敏感的健康因子在描述设备不同退化状态时应呈现单调性和唯一性,即设备性能劣化越严重,健康因子应越远离正常状态下的健康因子。为了获取敏感的健康因子,我们建立了基于深度度量学习和自组织映射(DMN-SOM)的HI模型(见图 6.14),即首先利用第 4 章所述的基于模糊相似性的深度度量学习(DMN-Yu)模型从原始信号中自动提取特征参数,然后输入自组织映射网络模型(SOM)获取 HI 值。

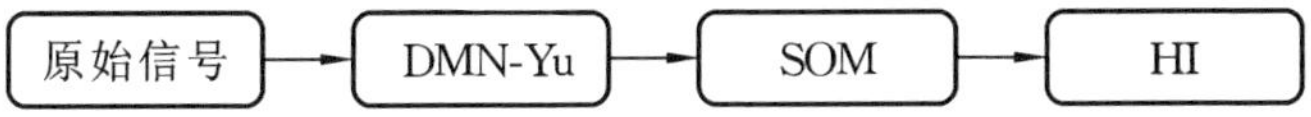

图 6.14　基于深度度量学习和自组织映射的 HI 模型

6.4.1.1　基于模糊相似性深度度量学习提取特征参数

基于模糊相似性深度度量学习模型(DMN-Yu)是深度度量学习模型的改进版本,其特点是用基于模糊相似性度量模型代替了基于欧几里得距离的相似性度量模型,不仅可有效地解决设备因不同劣化程度的边界模糊而导致边界处的数据样本被误分,而且可实现设备状态敏感特征参数的准确提取。DMN-Yu 模型的原理详见第 4 章,这里不再赘述。

6.4.1.2　基于自组织映射模型的健康因子

通常 DMN-Yu 模型提取的特征参数较多,但每个特征参数因自身特性可能不能很好地刻画设备状态的退化程度。因此,我们将 DMN-Yu 模型提取的所有特征参数输入 SOM 模型,获取反映设备退化状态的综合指标参数,即健康因子(HI)。

1. SOM 模型

SOM 模型的本质是对输入数据样本进行无监督训练,是应用广泛的自适应神经网络方法之一。SOM 是采用竞争学习机制、依靠神经元互相竞争的网络模型,不仅能学习数据样本的分布特性,而且能在学习过程中维持输入样本的拓扑结构。图 6.15 所示为 SOM 网络模型结构。SOM 模型由两层网络层组成,分别是输入层和竞争层。输入层表示特征样本的输入向量,其神经元数量由特征数量决定,一个输入层神经元对应一个特征;竞争层是由一系列神经元节点构成的二维拓扑结构,输入层到竞争层由权重连接,竞争层结构直接决定了神经网络模型的性能。SOM 竞争层神经元数量决定了模型最终的粒度和规模,每一个神经元代表一个聚簇中心，神经元设置过少会导致模型精度下降，神经元过多不仅会导致模型过拟合，而且会导致模型训练效率下降；SOM 竞争层的拓扑结构决定了神经元的邻域关系，描述了神经元在空间的分布位置。

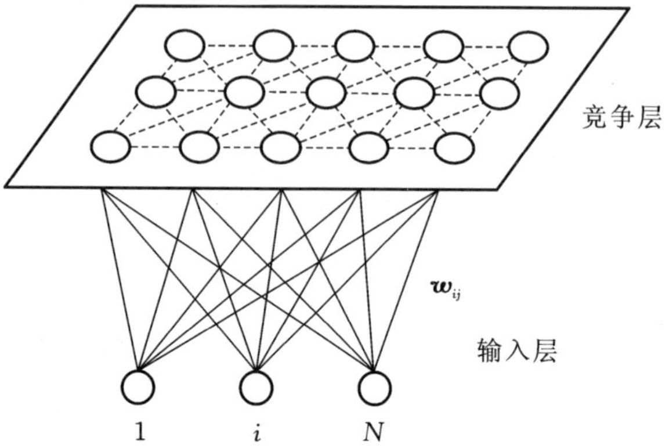

图 6.15 SOM **网络模型结构**

SOM 与其他竞争神经网络最大的区别在于训练过程中除了会更新获胜神经元权值外，还会根据邻域函数更新其他神经元。SOM 在训练过程中首先对神经元权值进行初始化并按顺序训练，然后对数据样本进行迭代训练。SOM 神经元表示为 $\boldsymbol{n}_i=[n_{i1},n_{i2},\cdots,n_{id}]$，$d$ 表示输入样本的特征向量维数。在每一次训练迭代中，找出与样本 $\boldsymbol{x}$ 相距最近的神经元作为获胜神经元 $\boldsymbol{n}_m$ 或最佳匹配单元，计算如下：

$$\|\boldsymbol{x}-\boldsymbol{n}_m\|=\min_i\{\|\boldsymbol{x}-\boldsymbol{n}_i\|\} \tag{6.50}$$

$\|\cdot\|$ 表示欧式距离计算。对其邻近神经元节点的权值进行更新，计算公式如下：

$$\boldsymbol{w}_{ij}(n+1)=\boldsymbol{w}_{ij}(n)+\eta(n)\Theta(n)[\boldsymbol{x}_i-\boldsymbol{w}_{ij}(n)] \tag{6.51}$$

n 为迭代次数；$\boldsymbol{x}_i$ 为第 i 个输入特征样本向量；$\eta(n)$ 为更新权重的学习率；$\boldsymbol{w}_{ij}$ 为第 i 个特征样本与第 j 个神经元节点的连接权重。$\Theta(n)$ 为邻域核函数，常为高斯核函数，其表达式为

$$\Theta(n)=\mathrm{e}^{\left(-\frac{\|\boldsymbol{r}_e-\boldsymbol{r}_j\|}{2\sigma^2(n)}\right)} \tag{6.52}$$

$\boldsymbol{r}_e$ 为获胜神经元拓扑坐标；$\boldsymbol{r}_j$ 为第 j 个最佳匹配单元的邻近神经元拓扑坐标；$\sigma(n)$ 为邻近半径函数。

依此类推，对所有训练样本进行学习，直至满足设定要求，便可完成 SOM 神经网络模型的训练。

2. 健康因子 HI 构建

为了更全面了解机械设备性能退化信息，通常采用多传感器特征参数融合的方法构建 HI（见图 6.16），即每个传感器信号分别输入 DMN-Yu 模型中提取不同的特征参数集，然后融合并通过主成分分析（PCA）进行降维分析，最后将其输入 SOM 中构建健康因子 HI。

（1）在确定 DMN-Yu 结构并训练 DMN-Yu 模型后，将 M 个不同传感器信号分别输入已训练 DMN-Yu 模型提取 M 个不同特征参数集，分别表示为

$$\begin{aligned} \boldsymbol{f}_1 &= \boldsymbol{h}_1^{(N)} \\ &\vdots \\ \boldsymbol{f}_M &= \boldsymbol{h}_M^{(N)} \end{aligned} \tag{6.53}$$

$\boldsymbol{h}_1^{(N)}$ 是第 1 个 DMN-Yu 模型的顶层网络层的输出（特征参数集 1），$\boldsymbol{h}_M^{(N)}$ 是第 M 个 DMN-Yu 模型的顶层网络层的输出，即特征参数集 M，维度均为 T。

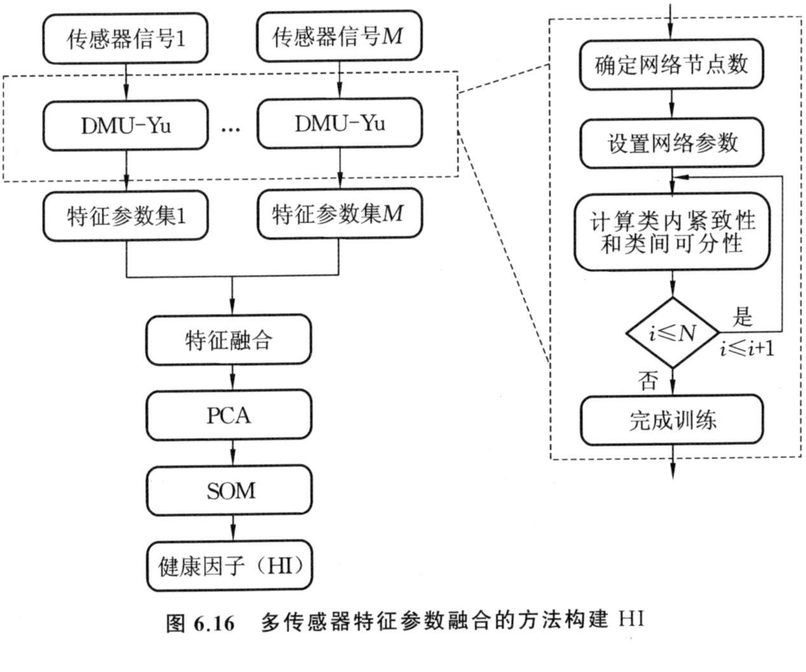

图 6.16　多传感器特征参数融合的方法构建 HI

（2）对 M 个特征参数集进行融合便可得到维度为 $T \times M$ 的特征参数，即

$$\boldsymbol{f} = [\boldsymbol{h}_1^{(N)}, \cdots, \boldsymbol{h}_M^{(N)}] \tag{6.54}$$

考虑到融合后特征参数的冗余性和相关性，利用主成分分析法（PCA）对其进行降维优化，选取前 k 个主元成分作为优化的特征参数。

（3）将前 k 个主元成分输入 SOM 模型进行无监督训练，训练完成后的 SOM

模型便可将特征样本映射至二维拓扑网络结构，通过竞争关系便可利用竞争获胜单元构建健康因子 HI，即在 SOM 模型训练完成后，利用欧式距离计算输入特征样本与各神经元的相似度，当某个神经元的权重向量与输入样本特征向量的欧氏距离最小时，便将最小量化误差（MQE），即输入特征样本向量与最佳匹配神经元（BMU）的距离设定为健康因子 HI。HI 可衡量设备的健康状态，计算公式如下：

$$\mathrm{HI}=\mathrm{MQE}=\min\|\boldsymbol{f}-\boldsymbol{m}_{\mathrm{BMU}}\| \tag{6.55}$$

$\boldsymbol{f}$ 为输入特征样本对应降维特征向量；$\boldsymbol{m}_{\mathrm{BMU}}$ 为获胜的最佳匹配神经元向量。HI 越大，设备状态劣化程度越严重。

6.4.2 深度迁移 LSTM 预测方法

机械设备 RUL 预测就是对设备的健康因子进行预测，当预测的健康因子第一次超过预先设定的失效阈值时，则认定达到了设备的剩余使用寿命，即 RUL 值。因此，预测模型是实现设备 RUL 精确预测的关键。设备的性能退化是随工作时长不断累积的过程，当前的健康状态取决于当前的 HI 与历史的 HI，因此具有记忆历史 HI 数据和当前 HI 数据的预测模型才能有效地对设备健康状态的退化趋势进行预测。长短时记忆网络（LSTM）能对长时间历史数据进行选择性记忆，目前已广泛应用于设备的 RUL 预测。LSTM 模型进行预测分析时需大量退化数据样本（HI 序列值）进行训练，然而实际的工业设备性能退化数据样本较少，导致设备的 RUL 预测精度不高。深度迁移 LSTM 预测方法能将从源域中学习到的预测知识应用于目标域的预测任务，可有效地解决目标域退化数据样本少导致诊断精度低的问题。

6.4.2.1 LSTM 预测模型

长短时记忆网络（LSTM）是循环神经网络（RNN）的改进版本，其结构中含有输入门（input gate）、遗忘门（forget gate）、输出门（output gate）和候选门（candidate gate），有效地缓解了 RNN 对长序列数据传递出现的梯度消失和梯度爆炸的问题，更适合处理和预测时间序列中间隔和延迟相对较长的数据。RNN 的典型结构如图 6.17 所示。从图中可以看出，输入信息不仅来自输入层 $\boldsymbol{x}_t$，还来自隐含层 $\boldsymbol{h}_{t-1}$，因此当前输出 $\boldsymbol{o}_t$ 不仅受当前信息 $\boldsymbol{x}_t$ 的影响，而且受上一个时间步长信息 $\boldsymbol{h}_{t-1}$ 的影响，其输入、输出的数学关系为

$$\boldsymbol{h}_t=f(\boldsymbol{u}_t\boldsymbol{x}_t+\boldsymbol{w}_{t-1}\boldsymbol{h}_{t-1}+\boldsymbol{b}_h) \tag{6.56}$$

$$\boldsymbol{o}_t=f(\boldsymbol{v}_t\boldsymbol{h}_t+\boldsymbol{b}_o) \tag{6.57}$$

$\boldsymbol{u}_t$ 是输入层和隐含层之间的权重矩阵，$\boldsymbol{v}_t$ 是 t 时刻隐含层和输出层之间的权重矩阵，$\boldsymbol{w}_{t-1}$ 是 t 时刻隐含层和 $t-1$ 时刻隐含层之间的权重矩阵，$\boldsymbol{b}_h$ 和 $\boldsymbol{b}_o$ 是隐含层和输出层偏置，$f(\cdot)$ 是激活函数。

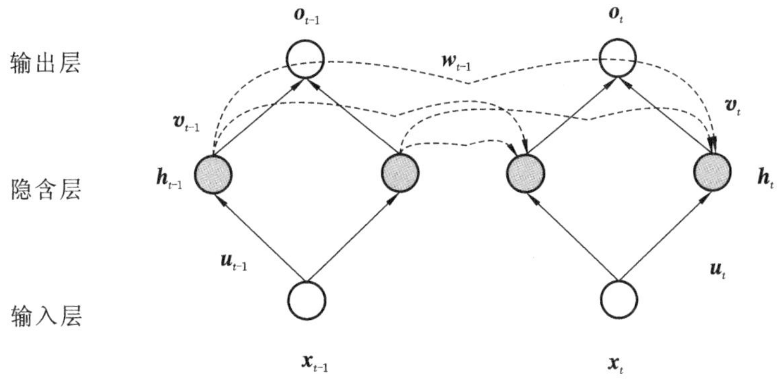

图 6.17　RNN **的典型结构**

随着时间序列长度的不断增加，RNN 结构会逐渐加深。因梯度消失问题，RNN 可能无法记住当前信息与之前较长时间信息的依赖关系，导致 RNN 难以对长时间序列数据进行预测分析。长短时记忆网络（LSTM）可通过门控制结构建立记忆细胞结构（见图 6.18），替代传统 RNN 的细胞结构，缓解梯度消失的问题，从而可以适用于长时间序列数据的预测分析。

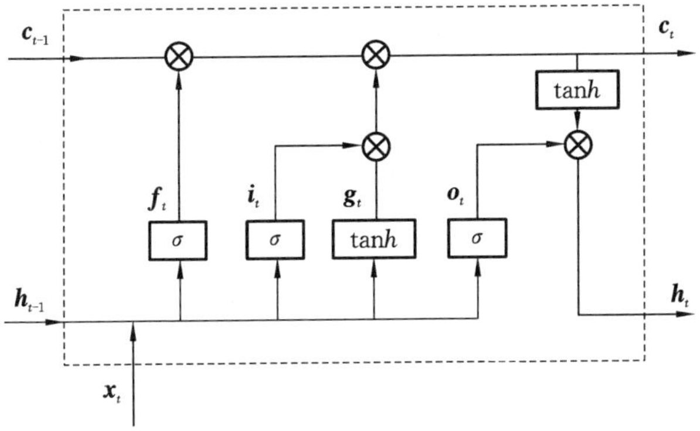

图 6.18　长短时记忆网络 LSTM **记忆细胞结构**

从图中可知 LSTM 模型当前记忆细胞 $\boldsymbol{c}_t$ 的遗忘门 $\boldsymbol{f}_t$ 根据上一时间输出层 $\boldsymbol{h}_{t-1}$ 和当前时间输入层 $\boldsymbol{x}_t$ 来决定上一时间记忆细胞 $\boldsymbol{c}_{t-1}$ 中哪些信息被遗忘丢弃，其表达式为

$$\boldsymbol{f}_t=\sigma(\boldsymbol{w}_{fx}\boldsymbol{x}_t+\boldsymbol{w}_{fh}\boldsymbol{h}_{t-1}+\boldsymbol{b}_f) \tag{6.58}$$

$\boldsymbol{w}_{fx}$ 和 $\boldsymbol{w}_{fh}$ 分别是遗忘门的输入层到当前隐含层和上一时间隐含层到当前隐含层的权重；$\boldsymbol{b}_f$ 是遗忘门的偏置；σ 是 sigmoid 激活函数。

输入门将决定当前记忆单元 $\boldsymbol{c}_t$ 需要记忆的信息 $\boldsymbol{i}_t$，并创建一个候选值向量 $\boldsymbol{g}_t$ 用于更新记忆单元，$\boldsymbol{i}_t$ 和 $\boldsymbol{g}_t$ 分别表示为

$$\boldsymbol{i}_t=\sigma(\boldsymbol{w}_{ix}\boldsymbol{x}_t+\boldsymbol{w}_{ih}\boldsymbol{h}_{t-1}+\boldsymbol{b}_i) \tag{6.59}$$

$$\boldsymbol{g}_t=\tanh(\boldsymbol{w}_{cx}\boldsymbol{x}_t+\boldsymbol{w}_{ch}\boldsymbol{h}_{t-1}+\boldsymbol{b}_c) \tag{6.60}$$

$\boldsymbol{w}_{ix}$和$\boldsymbol{w}_{ih}$分别是输入门的输入层到当前隐含层和上一时间隐含层到当前隐含层的权重；$\boldsymbol{w}_{cx}$和$\boldsymbol{w}_{ch}$分别是候选门的输入层到当前隐含层和上一时间隐含层到当前隐含层的权重；$\boldsymbol{b}_i$和$\boldsymbol{b}_c$分别是输入门和候选门的偏置。这样，当前的记忆单元$\boldsymbol{c}_t$便可通过$\boldsymbol{f}_t$和$\boldsymbol{c}_{t-1}$进行更新，可表示为

$$\boldsymbol{c}_t=\boldsymbol{f}_t\otimes\boldsymbol{c}_{t-1}+\boldsymbol{i}_t\otimes\boldsymbol{g}_t \tag{6.61}$$

$\otimes$为哈达玛乘积。

在输出层中，网络模型根据输出门$\boldsymbol{o}_t$和当前更新的细胞单元$\boldsymbol{c}_t$便可决定输出值$\boldsymbol{h}_t$，该输出值的计算过程如下：

$$\boldsymbol{o}_t=\sigma(\boldsymbol{w}_{ox}\boldsymbol{x}_t+\boldsymbol{w}_{oh}\boldsymbol{h}_{t-1}+\boldsymbol{b}_o) \tag{6.62}$$

$$\boldsymbol{h}_t=\boldsymbol{o}_t\otimes\tanh(\boldsymbol{c}_t) \tag{6.63}$$

$\boldsymbol{w}_{ox}$和$\boldsymbol{w}_{oh}$分别是输出门的输入层到当前隐含层和上一时间隐含层到当前隐含层的权重；$\boldsymbol{b}_o$是输出门的偏置。

LSTM 常利用基于时间的反向传播算法对网络模型参数进行训练，实现连续数据的时间序列记忆，从而使网络模型能学习时间序列数据的退化规律，进而对时序数据进行预测分析。图 6.19 所示为 LSTM 多步预测健康因子过程的示意图。将 HI 序列 $\boldsymbol{X}_1$ 输入 LSTM 模型预测下一时刻值 $\boldsymbol{y}_1$，然后将 $\boldsymbol{y}_1$ 输入 HI 序列 $\boldsymbol{X}_2$ 之中，预测下一时刻值 $\boldsymbol{y}_2$，依此循环便可实现 HI 序列的多步预测。

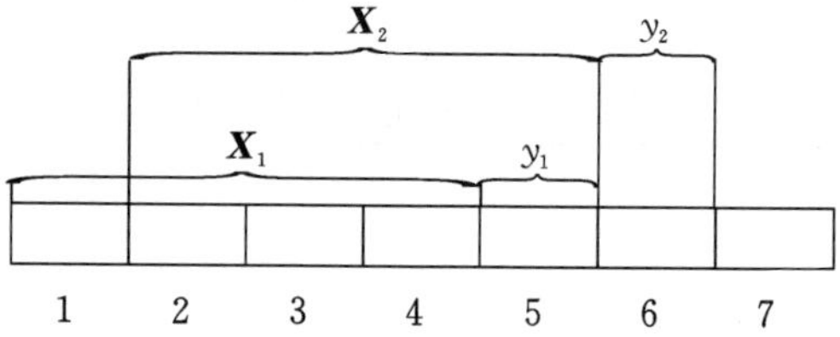

图 6.19　LSTM 多步预测健康因子过程的示意图

6.4.2.2　基于加权共享隐含层的深度迁移 LSTM 预测模型

迁移学习可将从源域学习的知识转移到目标域以适应目标预测任务，从而解决目标域工况多变、数据样本少导致预测精度低的问题。共享隐含层迁移学习（见图 6.20）是一种广泛使用的迁移方法。该迁移机制的特点就是源域和目标域的隐含层共享，即源域预测模型的输入层到隐含层的权重与目标域共享，保证目标域能够学习源域的共同特征；源域数据分布与目标域数据不同，源域和目标域的隐含层和输出层的参数是相互独立的，使源域预测模型和目标域预测模型有各自的输出层，也使目标域预测模型能适应目标域任务。

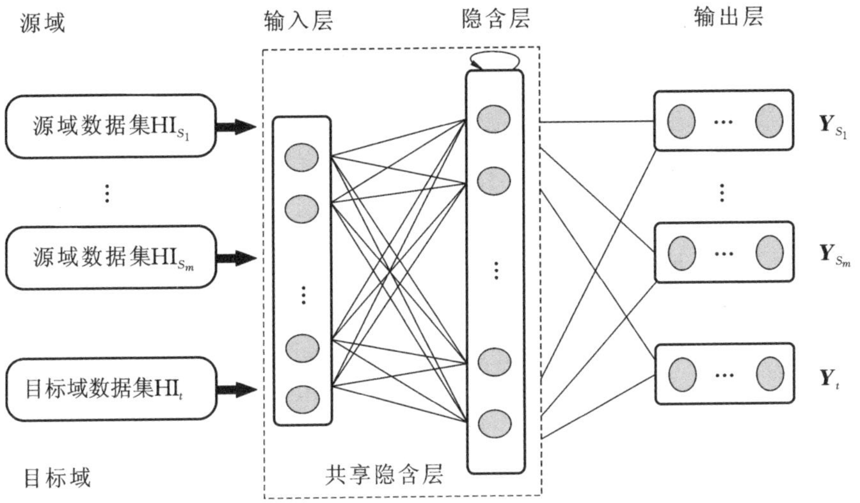

图 6.20 共享隐含层迁移学习结构

考虑到实际工业设备退化数据样本少且 LSTM 预测模型需大量数据样本进行训练，鉴于共享隐含层迁移学习的优点，建立基于共享隐含层的深度迁移 LSTM 模型(DT-LSTM)，即学习源域历史退化 HI 与目标域退化 HI 的相似或共同特性，采用并行训练方法更新 DT-LSTM 共享隐含层的权值参数并保留目标域退化 HI 的独特特性，解决目标域数据样本少导致预测精度低的问题。该预测算法具体如下。

Input：设备的 HI 集 $\boldsymbol{X}=\{x_1,\cdots x_i,\cdots,x_n\}$，其中 x_i 表示目标设备 i 时刻的 HI，n 表示目标设备已知的 HI 长度。

Output：模型的预测值 $\boldsymbol{Y}=\{y_1,\cdots y_j,\cdots,y_k\}$，其中 y_j 表示第 j 步的预测 HI，k 表示达到预设阈值的预测步数，即 RUL。

Step 1：设定 m 个源域训练数据集和 1 个目标域训练数据集，分别对 $m+1$ 个 LSTM 模型进行训练，给每个 LSTM 模型分别设定学习率 n、初始化权重和收敛条件。

Step 2：对 $m+1$ 个 LSTM 网络模型进行并行训练，优化每个 LSTM 模型的权重和偏置参数，直至达到收敛条件并获得共享隐含层参数权重 $\left(\overline{\boldsymbol{W}}=\frac{1}{m+1}\sum_{i=1}^{m+1}\boldsymbol{w}^i\right)$、偏置 $\left(\overline{\boldsymbol{b}}=\frac{1}{m+1}\sum_{i=1}^{m+1}\boldsymbol{b}^i\right)$。

Step 3：对目标域设备寿命进行预测分析，当 HI 达到预先设定的失效阈值时，即 $[y'_{(n+k)}\geqslant y_{\text{threshold}}]$，则获得设备的 RUL，$\text{RUL}_{\text{predict}}=k$。

然而源域和目标域 LSTM 模型在训练过程中，源域 LSTM 隐含层和目标域 LSTM 隐含层的权重及偏置均被认为对共享隐含层具有相同重要性，即共享隐含层参数由源域和目标域各自 LSTM 网络模型的隐含层参数经平均得到，然而实际上目标域的 LSTM 隐含层权重和偏置与源域的 LSTM 隐含层权重和偏置对共享隐含层参数的重要性不同。因此为了提高设备 RUL 的预测精度，我们建立了加权 DT-LSTM 预测模型，即在计算共享隐含层权重和偏置时，对源域和目标域 LSTM 模型的隐含层权重和偏置分配不同的重要度，构建加权共享隐含层，也就是将前述 DT-LSTM 算法 step2 中的共享隐含层参数权重$\overline{\boldsymbol{W}}$和偏置$\overline{\boldsymbol{b}}$用如下公式进行代替：

$$\boldsymbol{W}=a_1\boldsymbol{W}_{S_1}+a_2\boldsymbol{W}_{S_2}+\cdots+a_m\boldsymbol{W}_{S_m}+a\boldsymbol{W}_T \tag{6.64}$$

$$\boldsymbol{b}=a_1\boldsymbol{b}_{S_1}+a_2\boldsymbol{b}_{S_2}+\cdots+a_i\boldsymbol{b}_{S_i}+a_m\boldsymbol{b}_{S_m}+a\boldsymbol{b}_T \tag{6.65}$$

a_1 为源域 S_1 的 LSTM 模型隐含层权重 $\boldsymbol{W}_{S_1}$ 的重要度，a_i 为源域 $S_i(i=1,2,\cdots,m)$的 LSTM 模型隐含层权重 $\boldsymbol{W}_{S_i}$ 的重要度，a 为目标域的 LSTM 模型隐含层 $\boldsymbol{W}_T$ 的权重，且 $\sum_{i=1}^{m}a_i+a=1$。

6.4.2.3 深度迁移 LSTM 的 RUL 预测算法

为解决设备退化数据样本少导致设备 RUL 预测精度低的问题，我们利用加权 DT-LSTM 模型对设备 RUL 进行预测分析，如图 6.21 所示。

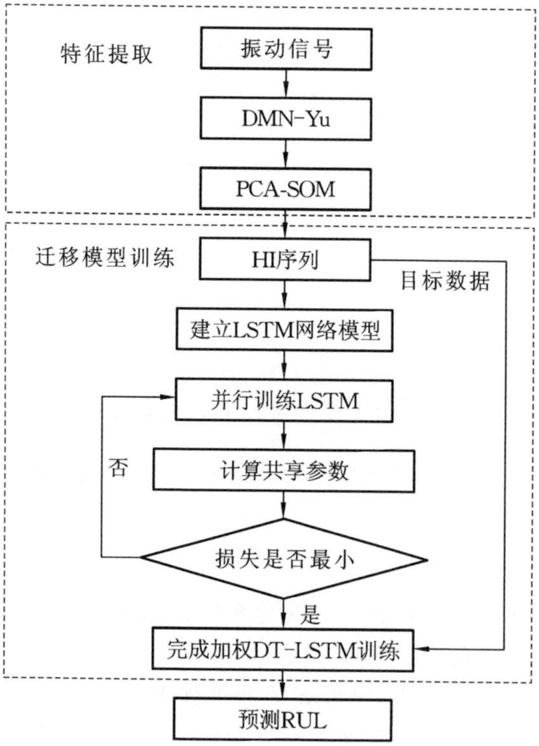

图 6.21 设备 RUL 预测流程

(1) 构建 HI。在采集 M 个传感器信号后，利用 DMN-Yu 模型分别从 M 个传感器信号对应的数据样本中提取 M 个特征集并进行融合，利用 PCA 对这些融合特征参数进行降维优化并选取前 K 个主成分输入 SOM 模型构建设备健康因子 HI。

(2) 多个源域和目标域 HI 数据集准备。假设 m 个源域 HI 数据集和目标域 HI 数据集为

$$\boldsymbol{Y}^{s1}=\{\mathrm{HI}_1^{s1},\mathrm{HI}_2^{s1},\cdots,\mathrm{HI}_i^{s1},\cdots\mathrm{HI}_p^{s1}\} \tag{6.66}$$

$$\boldsymbol{Y}^{s2}=\{\mathrm{HI}_1^{s2},\mathrm{HI}_2^{s2},\cdots,\mathrm{HI}_i^{s2},\cdots\mathrm{HI}_p^{s2}\} \tag{6.67}$$

$$\boldsymbol{Y}^{sj}=\{\mathrm{HI}_1^{sj},\mathrm{HI}_2^{sj},\cdots,\mathrm{HI}_i^{sj},\cdots\mathrm{HI}_p^{sj}\} \tag{6.68}$$

$$\boldsymbol{Y}^{sm}=\{\mathrm{HI}_1^{sm},\mathrm{HI}_2^{sm},\cdots,\mathrm{HI}_i^{sm},\cdots\mathrm{HI}_p^{sm}\} \tag{6.69}$$

$$\boldsymbol{Y}^{t}=\{\mathrm{HI}_1^{t},\mathrm{HI}_2^{t},\cdots,\mathrm{HI}_i^{t},\cdots\mathrm{HI}_p^{t}\} \tag{6.70}$$

$\boldsymbol{Y}^{s1}$、$\boldsymbol{Y}^{s2}$、$\boldsymbol{Y}^{sj}$、$\boldsymbol{Y}^{sm}$ 分别表示源域 S_1、S_2、S_j、S_m ($j=1,2,\cdots,m$) 的健康因子 HI 数据集；HI_i^{s1}、HI_i^{s2}、HI_i^{sj}、HI_i^{sm} ($i=1,2,\cdots,p$) 分别表示源域 S_1、S_2、S_j、S_m 的 HI 数据集在时间 i 的 HI；p 为源域 HI 数据集的长度；$\boldsymbol{Y}^t$ 为目标域 HI 数据集；HI_i^t 为目标域数据集在时间 i 的 HI。

(3) 构建 LSTM 模型。构建 $m+1$ 个 LSTM 网络模型，利用 m 个源域和 1 个目标域 HI 数据集分别构建以 k ($k=10$) 个时间点的 $\boldsymbol{x}_t^s=[\mathrm{HI}_{t-k+9}^s,\mathrm{HI}_{t-k+8}^s,\cdots,\mathrm{HI}_t^s]$ 为输入，以 $\boldsymbol{y}_t^s=\mathrm{HI}_{t+1}^s$ 为输出的训练样本对 ($\boldsymbol{x}_t^s,\boldsymbol{y}_t^s$)，设置相应的收敛条件、初始学习率和权重。

(4) 训练加权 DT-LSTM 模型。利用 1 个目标域数据样本对 ($\boldsymbol{x}_t^t,\boldsymbol{y}_t^t$) 和 m 个源域数据样本对 ($\boldsymbol{x}_t^s,\boldsymbol{y}_t^s$) 并行训练各自目标域和源域的 LSTM 模型，基于加权共享隐含层机制和随机梯度下降优化方法，优化共享隐含层参数，直到满足收敛条件要求，即可得到训练后的加权 DT-LSTM 模型。

(5) 预测目标域设备的 RUL。利用已训练的加权 DT-LSTM 模型对目标域设备的 HI 进行多步预测分析，预测的 HI 第一次超过预定的失效阈值便终止预测。设备最终的 RUL 预测结果如下：

$$\mathrm{RUL}_{\mathrm{pred}}=\{k\mid y_k^t\geqslant y_{\mathrm{threshold}}\} \tag{6.71}$$

y_k^t 为目标域中 k 步的预测 HI，k 为设备的 RUL；$y_{\mathrm{threshold}}$ 为预先设定的故障阈值。

6.4.3　设备剩余寿命预测案例分析

在长期运行过程中，夹送辊表面易磨损，磨损达到某个临界值(通常是 3 mm)时需进行表面修磨才能再次上机运行。夹送辊通常运行 1 个周期后需下线进行表

面修磨才能在下一个周期继续运行，否则夹送辊表面损伤就会影响带钢表面质量和卷形质量。通常夹送辊 1 个运行周期内的允许磨损量最多为 3 mm。在运行过程中，我们不能实时测量辊的磨损量，常根据经验判断辊下线的修磨时间，易造成夹送辊在“不需修磨仍可工作”状态下下线，从而降低了夹送辊的过钢量。因此，根据夹送辊的健康因子对夹送辊一个周期内的 RUL 进行预测分析，可使夹送辊在最大允许磨损量下最大限度地过钢，提高其过钢量。

为了获取夹送辊的退化状态数据，我们在上夹送辊的两侧安装了加速度传感器，测量其振动信号，如图 6.22 所示。夹送辊在变转速和变负载下工作，采样频率为 4 KHz，采集 3 个周期内的振动信号。其中第 1 和第 2 个周期的振动信号设为源域信号，第 3 个周期的振动信号设为目标域信号。

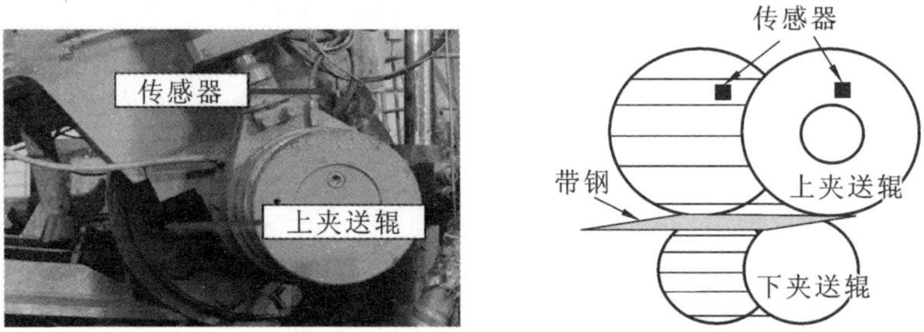

（a）上夹送辊的照片　（b）夹送辊工作示意图

图 6.22　夹送辊测试系统

夹送辊具有间歇性的工作特性，即夹送辊有时空转，有时夹送带钢。图 6.23 和图 6.24 所示为上夹送辊空转和过钢时夹送辊两侧的振动信号。从图中可看出，夹送辊空转时的振幅明显小于过钢时的振幅，这是因为夹送辊过钢时，夹紧力增大，振动加剧，磨损加剧，从而导致夹送辊性能退化。因此，取夹送辊过钢时的振动信号用于构建 HI，将 1 个带钢过钢时夹送辊的振动信号作为 1 个数据样本，由 10 000 个数据点组成，一个数据样本对应一个 HI 数据点。

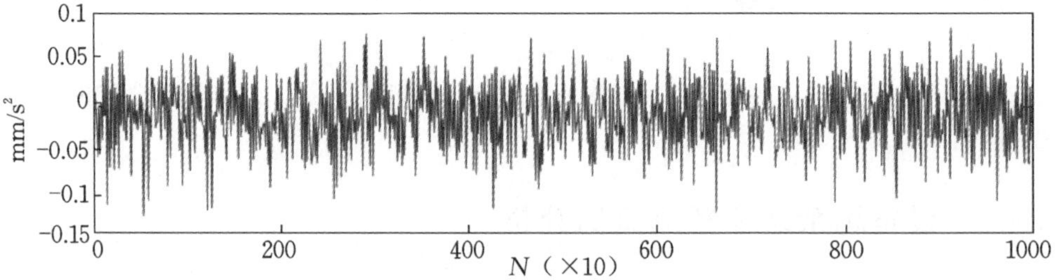

（a）空载信号

图 6.23　上夹送辊的前侧振动信号

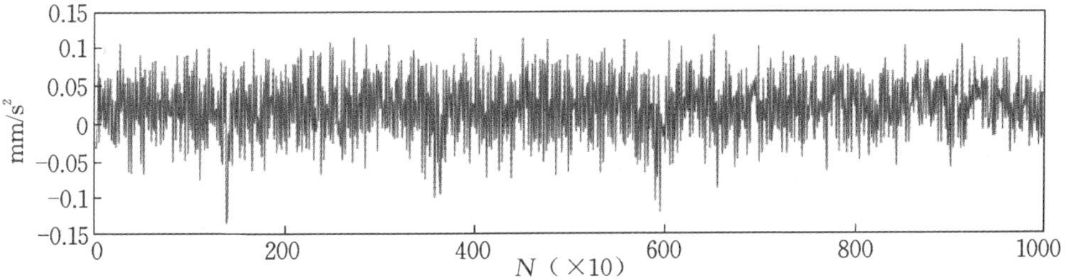

（b）过钢信号

续图 6.23

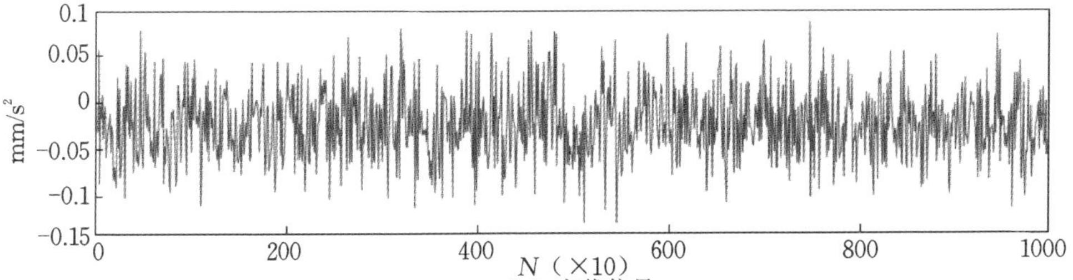

（a）空载信号

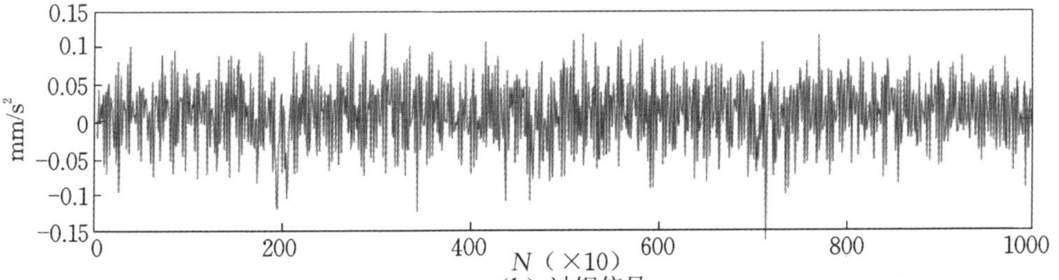

（b）过钢信号

图 6.24　上夹送辊的后侧振动信号

1. 夹送辊 HI 构建

将每个周期内夹送辊过钢时的左右两个传感器的振动数据样本进行归一化处理并分别训练两个 DMN-Yu 模型，从而获得两个特征参数集，将其进行融合和 PCA 分析，选取前 K 个主成分输入 SOM 模型构建 HI。其中 DMN-Yu 模型具有 3 层，每层节点数为 10 000、1000、100，初始学习率 τ 设置为 0.1，学习衰减率设为 0.95，参数 α 和 λ 分别设为 4 和 0.2。k_1 和 k_2 直接影响 DMN-Yu 模型的特征提取能力，即相邻点少会使模型很难提取数据样本中的深层特征，相邻点太多会使数据之间的非线性信息被遗漏，因此根据经验设置 $k_1=5$，设置 $k_2=10$。另外，两个振动信号融合的特征参数进行 PCA 分析时取前 7 个主成分作为 SOM 模型的输入。

图 6.25 和图 6.26 所示为夹送辊在三个周期内两个源域和一个目标域的 HI 曲线。从图中可以看出，HI 基本上呈现单调性且随着夹送辊过带钢数量的增加而增大，说明基于 DMN-Yu 和 SOM（DMN-SOM）构建的健康因子 HI 非常适合描述夹送辊的退化状态。同时，根据 HI 和夹送辊实际修磨时间，将夹送辊健康警戒阈值设定为 0.32，将失效阈值设定为 0.8。也就是说，当 HI 小于 0.32 时，夹送辊是正常的；随着夹送辊运行时间增长，当 HI 大于 0.32 但小于 0.8 时，夹送辊性能退化，通常在此阶段利用 HI 对夹送辊 RUL 进行预测分析；当 HI 大于 0.8 时，夹送辊处于失效状态，需要修复。

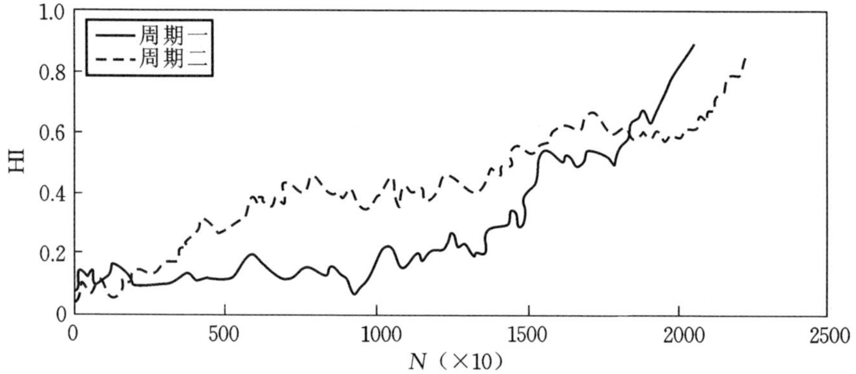

图 6.25　源域夹送辊健康因子曲线

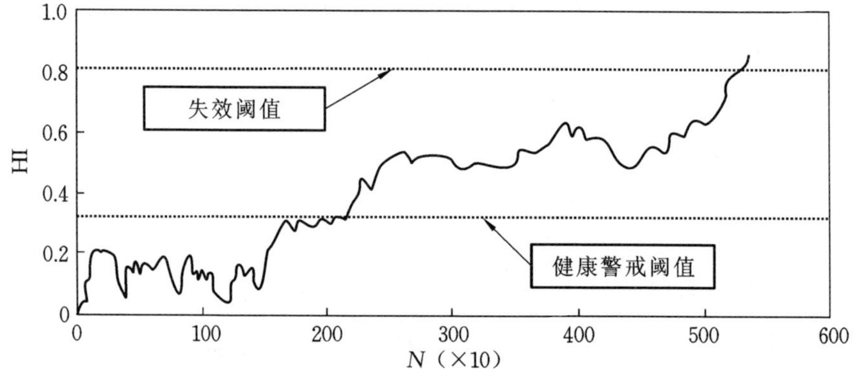

图 6.26　目标域夹送辊健康因子曲线

为了验证基于 DMN-SOM 构建的健康因子的有效性，我们将其与基于均方根值（RMS）构建的 HI 和基于 DMN-Yu 和主成分分析（DMN-PCA）构建的 HI 进行了对比分析。以夹送辊第一个周期的振动数据为例，我们得到了基于 RMS、基于 DMN-PCA 和基于 DMN-SOM 方法构建的 HI 曲线，如图 6.27 所示。从图中可以看出，这三个 HI 均随运行时间增长而增大，但基于 DMN-SOM 的 HI 的单调性优于基于 RMS 和基于 DMN-PCA 的 HI。

为了量化评估三个方法建立 HI 的优越性，我们利用相关性（correlation）和单调性（monotonicity）对各健康因子 HI 进行了评价分析。相关性表示 HI 与时间的线性关系，单调性则评估 HI 随时间增长而增大或减少的趋势，其表达式如下：

$$\mathrm{Cor}=\frac{\left|\sum_{i=1}^{N}(F_i-\overline{F})(l_i-\overline{l})\right|}{\sqrt{\sum_{i=1}^{N}(F_i-\overline{F})^2(l_i-\overline{l})^2}} \tag{6.72}$$

$$\mathrm{Mon}=\left|\frac{\text{Num of } \mathrm{d}F>0}{N-1}-\frac{\text{Num of } \mathrm{d}F<0}{N-1}\right| \tag{6.73}$$

F_i 为第 t 时刻的 HI；l_i 为第 t 时刻样本的采样值；N 为整个周期内的采样点数；$\mathrm{d}F$ 为 HI 序列的微分。

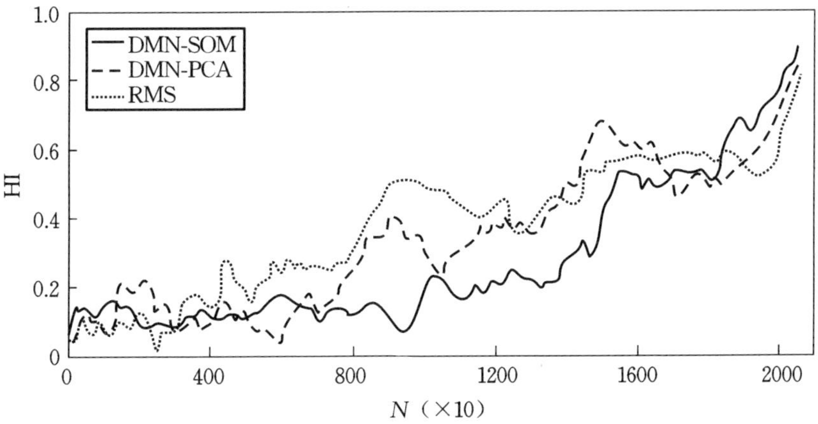

图 6.27　三种方法构建的夹送辊健康因子 HI 曲线

表 6.3 所示为不同方法建立的 HI 量化评价指标。从表中可以看出，基于 DMN-SOM 的 HI 的 Cor 和 Mon 明显高于基于 RMS 和 DMN-PCA 的 HI，也就是说基于 DMN-SOM 的 HI 具有更好的单调性和相关性，说明基于 DMN-SOM 的 HI 表征夹送辊退化状态的能力优于基于 RMS 和基于 DMN-PCA 的 HI。

表 6.3　不同方法建立的 HI 量化评价指标

夹送辊寿命周期	RMS		DMN-PCA		DMN-SOM	
	Cor	Mon	Cor	Mon	Cor	Mon
周期一	0.31	0.12	0.34	0.14	0.37	0.15
周期二	0.62	0.15	0.61	0.14	0.65	0.17
周期三	0.45	0.14	0.47	0.12	0.50	0.15

2. 夹送辊 RUL 预测分析

通常设备 HI 处于退化状态时利用其 HI 预测 RUL 才有意义，因此将夹送辊 HI 值大于 0.32 的 HI 序列数据作为分析对象对其进行预测分析。表 6.4 所示为源域和目标域的数据样本统计。从表中可以看出，第一源域寿命周期有 1290 个训练数据样本，即 1290 个 HI 数据点；第二源域寿命周期有 1140 个训练数据样本，即 1140 个 HI 数据点；目标域有 50 个训练数据样本，即 50 个 HI 数据点。

表 6.4　源域和目标域的数据样本统计

数据范围	寿命周期	训练样本数据量	HI 数据点的数量
第一源域	周期一	1290	1290
第二源域	周期二	1140	1140
目标域	周期三	50	50

为了验证加权 DT-LSTM 预测模型的有效性和优越性，我们将支持向量机(SVM)、LSTM 模型和 DT-LSTM 模型用于夹送辊 RUL 的预测。表 6.5 所示为 LSTM 模型、DT-LSTM 模型和加权 DT-LSTM 模型的初始参数。图 6.28 所示为不

表 6.5　LSTM 模型、DT-LSTM 模型和加权 DT-LSTM 模型的初始参数

模型	隐含单元数	学习率	正则化系数	迭代次数
LSTM	[100,100]	0.005	0.01	200
DT-LSTM	[100;100]	0.001	0.005	200
加权 DT-LSTM	[100,100]	0.001	0.001	100

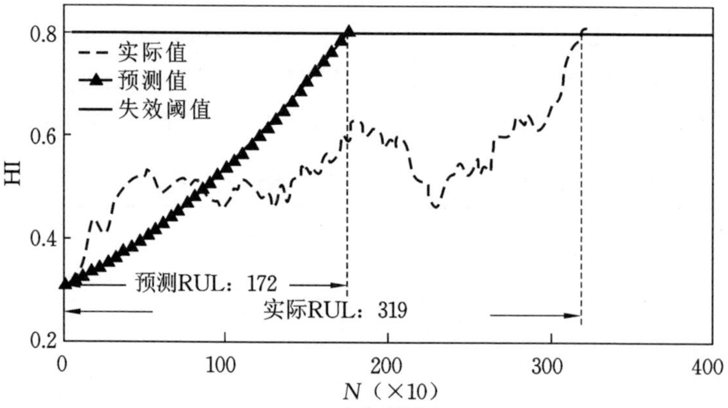

(a) SVM

图 6.28　不同方法的 RUL 预测结果

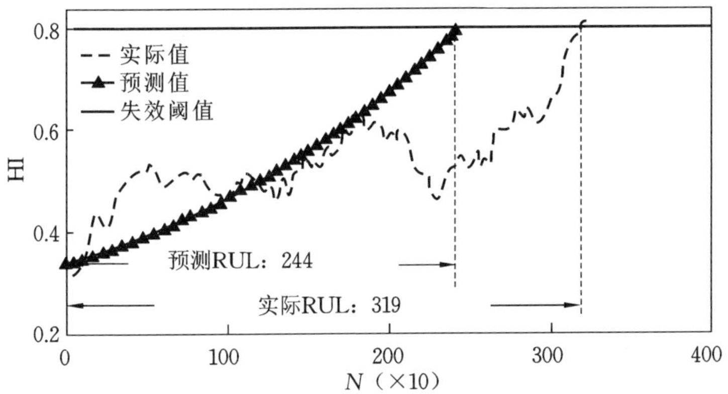

（b）LSTM

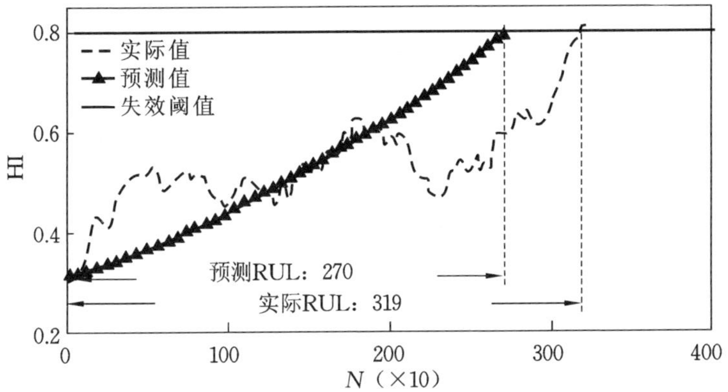

（c）LSTM

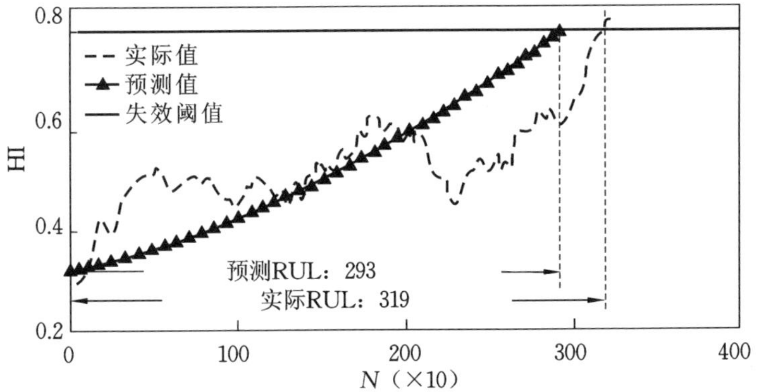

（d）加权DT-LSTM

续图 6.28

不同方法的 RUL 预测结果。从图中可以看出，加权 DT-LSTM 预测的 HI 最后达到失效阈值 0.8，其对应的 RUL 预测值也最接近实际 RUL 值。这说明加权 DT-LSTM

模型对夹送辊 RUL 预测的精度高于 DT-LSTM、SVM 和 LSTM 模型。

为了量化比较这四种预测方法的预测精度，我们利用两种预测误差计算方法对夹送辊的 RUL 预测精度进行了分析，其计算公式如下：

$$\mathrm{AE}=\mathrm{ARUL}-\mathrm{PRUL} \tag{6.74}$$

$$\mathrm{Er}=(\mathrm{ARUL}-\mathrm{PRUL})/\mathrm{ARUL}\times 100\% \tag{6.75}$$

ARUL 为夹送辊实际的 RUL；PRUL 为夹送辊预测的 RUL；AE 为夹送辊 RUL 预测的绝对误差；Er 为夹送辊 RUL 预测的误差率。

表 6.6 所示为四种方法预测误差的比较。从表中可以看出，SVM 预测的 AE 和 Er 在这四种方法中是最大的；DT-LSTM 预测的 AE 和 Er 为 49 和 15.36%，低于 LSTM；加权 DT-LSTM 模型预测的 AE 和 Er 分别为 26 和 8.15%，是四种方法中最小的。这说明基于迁移学习的两个 LSTM 模型能有效地辅助 LSTM 模型提高夹送辊的 RUL 预测精度，加权 DT-LSTM 能比 DT-LSTM 更准确地预测夹送辊的 RUL 是因为目标域的 LSTM 隐含层的权重对预测精度的贡献比源域的 LSTM 隐含层的权重更大，这也说明加权的共享隐含层迁移学习方法能更进一步提升共享隐含层迁移学习的预测精度。

表 6.6　四种方法预测误差的比较

方法	AE	Er
SVM	147	46.08%
LSTM	75	23.51%
DT-LSTM	49	15.36%
加权 DT-LSTM	26	8.15%

此外，为了探究不同源域对目标域 RUL 预测精度的影响，将 LSTM 模型在不同源域中学习的知识迁移至目标域对夹送辊 RUL 进行预测分析时，我们将不同源域学习的 LSTM 模型隐含层权重对共享隐含层权重的重要度进行了分析。图 6.29 所示为不同源域 LSTM 隐含层权重的重要度对目标域 RUL 预测精度的影响。图中，横坐标表示不同源域下 LSTM 模型隐含层权重的不同重要度值，如是单个源域进行迁移时，该值从 0.2 开始以 0.05 步长逐步递增至 0.8，共递增 13 次；如是两个源域进行迁移时，不同源域的 LSTM 隐含层权重的重要度为 $a_1=0.1$、$a_2=0.1$、$a_3=0.8$，a_1 和 a_2 以 0.025 递增，a_3 以 0.05 递减，直至 $a_1=0.4$、$a_2=0.4$、$a_3=0.2$，共计 13 次。从图中可以看出，相较单源域进行迁移，多源域进行迁移的 RUL 预测精度明显更高，这说明在目标域数据样本较少的情况下，多个源域有助于进一步提升目标域 RUL 的预测精度；不同源域 LSTM 模型隐含层权重的重要度对预测精度也有一定影响，当两个源域 LSTM 模型的隐含层权重的重要度和目标域 LSTM 模型

的隐含层重要度分别为 $a_1=0.275$、$a_2=0.275$、$a_3=0.45$ 时，目标域 RUL 预测精度最高。此外，我们得到了不同源域进行迁移且不同 LSTM 模型隐含层赋予不同重要度时，13 次测试得到的目标域 RUL 预测值的最大值、最小值和平均值，如表 6.7 所示。从表中可以看出，利用两个源域进行迁移时，RUL 预测的最小值为 283，高于单个源域进行迁移的 RUL 预测的最大值；不同单源域进行迁移时，预测精度也不一样。这说明不同源域数据样本会影响目标域 RUL 预测精度，不同源域 LSTM 隐含层权重对共享隐含层权重的重要度不同时，目标域的 RUL 预测值也会不同，这也进一步验证了 DT-LSTM 模型隐含层权重进行加权的必要性和有效性。

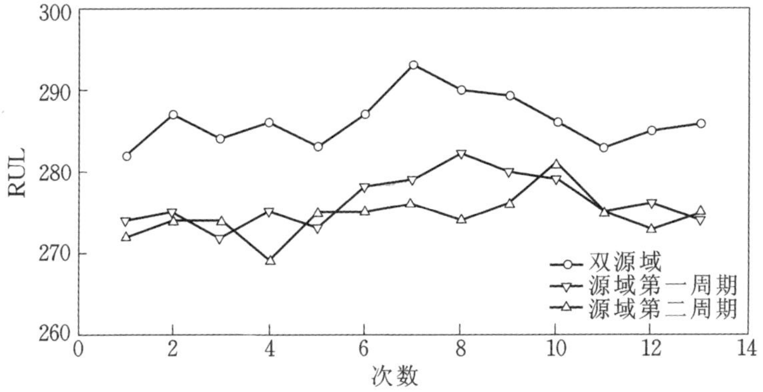

图 6.29　不同源域 LSTM 隐含层权重的重要度对目标域 RUL 预测精度的影响

表 6.7　多次预测测试结果分析

源域数据来源	最大值	最小值	平均值
第一源域(第一周期)	282	272	276.31
第二源域(第二周期)	281	269	274.54
两个源域(两个周期)	293	283	286.23

6.5　本章小结

本章针对机械设备渐发性故障特点以及退化故障数据样本少导致预测精度低的问题，建立了改进的直接 GM 模型、混合预测模型、深度迁移预测模型等，实现了少样本下油缸泄漏、进给系统定位误差、夹送辊剩余寿命的高精度分析，产生的结论如下。

(1) 建立了改进的直接 GM(1,1)预测方法，通过对摆缸泄漏劣化趋势的预测分析，验证了该方法的有效性，预测精度优于传统的 GM(1,1)和直接 GM(1,1)。

（2）考虑到不同的预测方法具有不同的优势，为了提升设备故障预测的精度，建立了基于 ART-RBF 网络的混合预测方法，首先利用 LS-SVM 和时变 AR 方法对设备退化指标参数进行预测分析，然后将这些预测结果输入 ART-RBF 模型获取最终的预测结果，最后通过对进给系统轴向定位误差的预测分析，验证了该混合预测方法的有效性，预测精度优于 LS-SVM 和 TVAR 预测模型。

（3）针对设备退化数据样本少导致其剩余寿命 RUL 预测精度低的问题，利用多个不同源域和目标域数据样本建立了基于加权共享隐含层的深度迁移 LSTM 预测模型，实现了少数据样本下设备 RUL 高精度预测分析。通过对目标域少样本下夹送辊 RUL 的预测分析，验证了该加权共享隐含层的深度迁移 LSTM 预测模型的有效性，预测性能优于单源域深度迁移 LSTM 和未加权共享隐含层的深度迁移 LSTM 模型。

参考文献

［1］ JIN XU，TAO TAN，MAO TU，et al.Improvement of grey models by least squares［J］.Expert Systems with Applications，2011，38(11)：13961-13966.

［2］ 吉培荣，黄巍松，胡翔勇.灰色预测模型特性的研究［J］.系统工程理论与实践，2001，(09)：105-108＋139.

［3］ BATES J M，GRANGER C W J. The combination of forecast［J］. Operational Research S0ciety，1969，20：451-468.

［4］ 朱文兴，龙艳萍，贾磊.基于 RBF 神经网络的交通流量预测算法［J］.山东大学学报（工学版），2007，(04)：23-27.

［5］ SUYKENS J A K，VANDEWALLE J.Least squares support vector machine classifiers［J］.Neural Processing Letters，1999，9(3)：293-300.

［6］ GRENIER Y.Time-dependent ARMA modeling of nonstationary signals［J］.IEEE Transactions on Acoustics，Speech，and Signal Processing，1983，31(4)：899-911.

［7］ KOHONEN T，SCHROEDER M R，HUANG T S.Self-Organizing Maps［M］.Springer Berlin Heidelberg，1997.

［8］ 吴海洋，陈鹏，郭波，等.基于注意力机制和 LSTM 的电力通信设备状态预测［J］.计算机与现代化，2020，(10)：12-16.

［9］ 欧明阳，杨代军，张存满.基于循环神经网络的 PEMFC 寿命预测［J］.电池，2020，50(02)：123-126.

［10］ HUANG J T，LI J，YU D，et al.Cross-language knowledge transfer using multilingual deep neural network with shared hidden layers［C］//2013 IEEE International Conference on Acoustics，Speech and Signal Processing.IEEE，2013：7304-7308.

第7章　总结与展望

7.1　总　　结

本书以机械设备故障诊断与预测为目的，以混合智能技术为主线贯穿全文，从无监督、有监督、深度学习、迁移学习和时序预测等方面介绍了混合智能故障诊断与预测方法，并进行了案例分析。主要结论体现在以下几个方面。

(1) 针对传统无监督故障诊断方法进行诊断分析时需事先确定聚类节点数而导致诊断精度低的问题，在分析自适应共振理论(ART)的基础上，结合模糊相似性聚类的优势，建立了基于ART模糊相似性聚类的无监督故障诊断方法，构建了软竞争ART模糊相似性聚类的无监督故障诊断模型，开发了集成软竞争ART模糊相似性聚类的无监督故障诊断方法，实现了齿轮、轴承等无标签故障数据样本的高精度诊断分析。

(2) 针对有监督增量式Fuzzy ARTMAP (FAM)模型受数据样本输入顺序及数据样本少等因素影响导致诊断精度低的问题，建立了特征参数敏感性不同的加权FAM、混合竞争的FAM、选择性集成FAM等多个不同的有监督混合智能诊断模型，实现了轴承、齿轮等不同故障类型的高精度高可靠诊断分析。

(3) 针对机械设备故障数据样本少、含噪强以及故障特征参数易隐藏于原始振动信号中而导致深度学习模型故障诊断精度低的问题，结合集成学习、决策层融合和特征融合等方法，构建了基于贝叶斯置信法的集成DMN-Yu诊断模型、多尺度信息决策融合的具有卷积注意力机制的胶囊神经网络诊断模型以及多尺度特征信息融合的ViT故障诊断方法，实现了少样本下轴承故障的高精度高鲁棒性的诊断分析。

(4) 针对变工况少样本下机械设备故障诊断精度低的问题，基于迁移学习方法，基于样本迁移、特征迁移机制，建立了基于样本迁移的选择性集成迁移SVM诊断模型、基于组合核函数半监督迁移成分的深度迁移故障诊断模型，实现了变工况少样本下设备故障高精度的诊断分析。

(5) 针对机械设备渐发性故障特点以及退化故障数据样本少导致预测精度低的问题，建立了改进的直接GM模型、混合预测模型、加权共享隐含层的深度迁移预测模型，实现了少样本下油缸泄漏、进给系统定位误差、夹送辊剩余寿命的高精度分析。

7.2 展　望

本书以混合智能技术为基础，介绍了多种面向无监督、有监督、深度学习、迁移学习和时序预测的混合智能故障诊断与预测模型。虽然这些方法对无标签故障数据样本、少故障样本、变工况数据样本等故障诊断和预测难题提供了很好的解决方案，但是机械设备故障诊断与预测的应用研究仍有许多问题需进一步探讨，依作者浅见，可大致归纳为以下几点。

(1) 现有基于浅层机器学习或深度学习的混合智能故障诊断与预测方法的研究大多使用单一物理场信息(如只有振动信息)，造成故障诊断信息不完备。众所周知，机械设备故障信息常表现在动力学、声学、摩擦学、热力学等多物理场，因此仅用某一物理场造成诊断信息不完备，易引起故障漏检和误判，尤其对于早期、微弱和复合故障，其故障特征往往在任何一个物理场都不明显，只有综合利用多物理场信息才有望提高故障诊断和预测的精度。

(2) 现有的基于浅层机器学习和深度学习的混合智能故障诊断方法大多由几种智能技术简单组合而成，而各种智能技术的内在机理联系研究较少，尤其是浅层机器学习和深度学习的融合研究更少，未能形成有机融合的混合智能故障诊断与预测框架，导致混合智能故障诊断与预测的优势未能充分发挥。因此，有机融合各类智能技术的优势，取长补短，构造完备的混合智能诊断和预测框架，是混合智能诊断与预测方法的主要研究方向。

(3) 目前混合智能故障诊断与预测方法的研究大多仍停留在实验验证阶段，对于早期、微弱和复合故障进行诊断分析的案例不多，实用化的混合智能故障诊断与预测系统屈指可数。根据工程实际应用的需要，研究早期、微弱和复合故障的混合智能诊断与预测技术并开发实用化故障诊断系统是混合智能诊断与预测亟须解决的问题。

(4) 现有的基于浅层机器学习和深度学习的混合智能故障诊断方法大多数采用“黑箱”模式进行诊断分析，导致其诊断的物理意义难以被理解，使人无法对其诊断过程进行解析，进而无法知晓哪些特征参数或因素影响诊断结果，从而难以对设备的维护提供有效措施。因此，探明混合智能故障诊断过程的物理意义及解析性，是提升机械设备故障诊断精度及提供维护措施的关键。

(5) 现有数据驱动的浅层机器学习和深度学习的智能故障诊断方法完全是从大量数据中挖掘相关诊断和预测知识，却没有对设备故障机理加以考虑，从而导致设备的诊断精度及维护措施有待提高。因此，研究数据驱动的诊断模型与故障机理模型融合方法，对提升设备故障诊断精度和提供维护措施具有重要作用。

参考文献

[1] 雷亚国,何正嘉.混合智能故障诊断与预示技术的应用进展[J].振动与冲击,2011,30(09):129-135.

[2] YAGUO LEI,BIN YANG,XINWEI JIANG,et al.Applications of machine learning to machine fault diagnosis:A review and roadmap[J].Mechanical Systems and Signal Processing,2020,138:106587.